U0223286

高等学校"十三五"规划教材
市政与环境工程系列研究生教材

基础环境化学工程原理

主编　吴忆宁　李永峰
主审　康彩艳　赵艳红

哈尔滨工业大学出版社

内 容 简 介

本书较全面、系统地阐述了环境工程原理及相应的生态技术。全书共分为6章,第1章绪论,让读者对环境污染控制工程有基本的认识,为深入理解、掌握和正确利用环境工程技术原理与具体的污染控制过程打下良好的基础;第2章流体的流动过程,主要介绍流体的宏观运动规律,讨论流体流动过程的基本原理和流体在管内流动的规律;第3章沉降与过滤,简要地介绍重力沉降、离心沉降及过滤等分离法的操作原理,以及设备、颗粒在流体中做重力沉降或离心沉降时受到流体的阻力作用;第4章传热与传质,主要介绍一般传递过程中的传热与传质两种基本物理现象,研究热能传递与能量转换的过程,分析传热与传质过程的基本规律;第5章吸收机制,主要介绍相组成的表示方法、吸收的气液相平衡关系及其应用、吸收机理及传质速率方程、吸收塔的有关计算等;第6章吸附机理,主要介绍了各种吸附机理。

本书可作为高等学校环境科学与工程系、生物系等相关专业的本科及研究生教材,同时还可作为环保系统、农林系统的培训教材,也适合相关科研、技术人员参考。

图书在版编目(CIP)数据

基础环境化学工程原理/吴忆宁,李永峰主编. —哈尔滨:哈尔滨工业大学出版社,2017.6

ISBN 978 - 7 - 5603 - 6132 - 1

Ⅰ.①基⋯ Ⅱ.①吴⋯ ②李⋯ Ⅲ.①环境化学-化学工程 Ⅳ.①X13

中国版本图书馆 CIP 数据核字(2016)第 167249 号

策划编辑 贾学斌
责任编辑 何波玲
出版发行 哈尔滨工业大学出版社
社 址 哈尔滨市南岗区复华四道街 10 号 邮编 150006
传 真 0451 - 86414749
网 址 http://hitpress.hit.edu.cn
印 刷 黑龙江艺德印刷有限责任公司
开 本 787mm×1092mm 1/16 印张 15 字数 362 千字
版 次 2017 年 6 月第 1 版 2017 年 6 月第 1 次印刷
书 号 ISBN 978 - 7 - 5603 - 6132 - 1
定 价 35.00 元

(如因印装质量问题影响阅读,我社负责调换)

前　　言

环境工程是一门独特的技术学科,它主要关注的问题是环境污染物及其对环境的影响。最早的环境工程应用于处理人类废物的历史,可以追溯到人类认识到废物会携带疾病这一性质之后。据介绍,早期人类历史上所出现的有关水质的文献记载大概出现在公元前 2000年,是用煮沸和过滤的方法来净化水。环境工程学就是在人类同环境污染做斗争、保护和改善生存环境的过程中形成的,是环境科学的一个分支。主要研究运用工程技术和有关学科的原理和方法,保护和合理利用自然资源,防治环境污染,以改善环境质量。

环境化学工程原理是环境类及其相近专业的一门主干课程,它是综合运用数学、物理、化学、计算技术等基础知识,分析和解决环境工程领域内环境治理过程中各种物理操作问题的技术基础课,是以环境工程学中涉及的一些基本概念和一些常见的单元操作作为研究对象,系统地研究这些单元操作的基本原理、典型设备的结构、典型工艺以及在环境工程实践中的应用,为后续专业课程的学习打下坚实的基础。

本书较全面、系统地阐述了环境工程原理及相应生态技术。全书共分为 6 章,第 1 章绪论,让读者对环境污染控制工程有基本的认识,为深入理解、掌握和正确利用环境工程技术原理与具体的污染控制过程打下良好的基础。第 2 章流体的流动过程,研究流体的宏观运动规律,讨论流体流动过程的基本原理和流体在管内流动的规律。第 3 章沉降与过滤,简要地介绍重力沉降、离心沉降及过滤等分离法的操作原理及设备、颗粒在流体中作重力沉降或离心沉降时,要受到流体的阻力作用。第 4 章传热与传质,主要介绍一般传递过程中的传热与传质两种基本物理现象,研究热能传递与能量转换过程,分析传热与传质过程的基本规律。第 5 章吸收机制,主要介绍相组成的表示方法、吸收的气液相平衡关系及其应用、吸收机理及传质速率方程、吸收塔的有关计算等。第 6 章吸附机理,简介了各种吸附机理。

本书可作为高等学校环境科学与工程系、生物系等有关专业的本科及研究生教材,同时还可作为环保系统、农林系统的培训教材,亦适合相关科研、技术人员参考。本书由哈尔滨工业大学、东北林业大学、哈尔滨工程大学和哈尔滨理工大学的专家们编写。李永峰、王鲁宁、艾恒雨编写第 1 章,吴忆宁编写第 2 章至第 6 章。广西师范大学康彩艳教授和中国交通部高级工程师赵艳红主审。

城市水资源与水环境重点实验室项目(HKC201509)为本书提供了技术成果和资金的支持。

由于时间紧以及编者水平有限,书中有未尽之处还请读者指正。

编　者

2017 年 1 月

目　　录

第1章 绪 论

1.1 环境工程基础

1.1.1 环境工程学的概念

环境工程是一门独特的技术学科,它主要关注的问题是环境污染物及其对环境的影响。最早的环境工程应用于处理人类废物的历史,可以追溯到人类认识到废物会携带疾病这一性质之后。据介绍,早期人类历史上所出现的有关水质的文献记载大概出现在公元前2000年,是用煮沸和过滤的方法来净化水。

环境工程学就是在人类同环境污染做斗争、保护和改善生存环境的过程中形成的,是环境科学的一个分支。它主要研究运用工程技术和有关学科的原理和方法,保护和合理利用自然资源,防治环境污染,以改善环境质量。

环境工程原理是环境类及其相近专业的一门主干课程,它是综合运用数学、物理、化学、计算技术等基础知识,分析和解决环境工程领域内环境治理过程中各种物理操作问题的技术基础课,是以环境工程学中涉及的一些基本概念和一些常见的单元操作作为研究对象,系统地研究这些单元操作的基本原理、典型设备的结构、典型工艺以及在环境工程实践中的应用,为后续专业课程的学习打下坚实的基础。

1.1.2 环境污染与环境工程学

"环境"是与某个中心事物相关的周围事物的总称,是一个相对的概念。环境学科中涉及的环境,其中心事物从狭义上讲是人类,从广义上讲是地球上所有的生物。环境污染是人类面临的主要环境问题之一,它主要是由于人为因素造成环境质量恶化,从而扰乱和破坏了生态系统、生物生存和人类生活条件的一种现象。狭义地说,环境污染是指由有害物质引起的大气、水体、土壤和生物的污染。

环境工程的研究内容是环境资源的质量和可利用性,以及那些会对它们产生影响的废物流。环境资源包括生物生存的地球 – 大气系统中的所有自然物质。然而,环境工程关注更多的是两种主要的环境流体 —— 水和空气,土壤也受到人们的关注,但是与水和空气相比,其受关注的程度要小一些。

环境工程的中心任务是利用环境学以及工程学的方法,研究环境污染控制理论、技术、措施和政策,以改善环境质量,保证人类的身体健康和生存以及社会的可持续发展。人们需要做一系列的工作来实现这个目标,例如,对环境污染做出评价;设计并运行处理工艺和排放控制设施来满足环境质量标准的需要;设计控制战略等,也包括帮助起草环境污染控制标准。环境工程学是在吸收土木工程、卫生工程、化学工程、机械工程等经典学科基础理论和技术方法的基础上,为了改善环境质量而逐步形成的一门新兴的学科,它脱胎于上述经典学科,但无论是学科任务还是研究对象都与这些学科有显著的区别,其学科内涵远远超过了这些学科。随着环境工程学的广泛研究,其发展之迅速更向反应工程、应用微生物学、生态学、生物工程、计算机与信息工程以及社会学的各个学科渗透,使其理论体系日趋完善,学科分支日趋扩展,并逐渐成为具有鲜明特色的独立学科体系,具体如图1.1所示。

- 环境工程学
  - 环境净化与污染控制技术及原理
    - 水质净化与水污染控制工程
    - 空气净化与大气污染控制工程
    - 固体废弃物处理处置与管理
    - 物理污染控制工程
    - 土壤净化与污染控制工程
    - 废物资源化技术
  - 生态修复与构建技术及原理
  - 清洁生产理论及技术原理
  - 环境规划管理与环境系统工程
  - 环境工程监测与环境质量评价

图1.1 环境工程学的学科体系

1.2 污染治理与单元操作

1.2.1 水污染控制工程

水污染控制工程是以工程技术措施防止、减轻乃至消除水环境的污染,改善和保持水环境质量,保障人们健康,以及有效地保护和合理地综合利用水资源。它主要是由给水与排水工程特别是水处理工程发展起来的。给水处理的目标是将从水源取来的水经过处理后使之满足特定的使用用途,而所采用的处理工艺随水源的不同和应用目的的不同而有所变化。排水处理是将使用过的水进行废水处理。废水在被排放到环境之前,需要收集起来用物理、化学和生物的方法进行处理,需要使用何种特定的废水处理工艺取决于水的使用情况和处理后的废水排放到何处。

最初,人们在生活和生产中产生的废水只是随意的排放,致使庭院、街道等污秽不堪,影响了人们的正常生活,因此人们开始探索污水的排放方式,出现了渗坑、渗井。这种排放方式仅仅把污水从地面排放转移为地下排放,仍会污染地下水。大约公元前3750年前,在印度的尼普尔人们修建了拱形水道。我国早在公元前2000多年前在濉阳就设有给水管道。在早期的欧洲,随着工商业的发展,城市人口不断增加,污水、污物也随之增多,而且随意排放,导致城市及其附近水体的环境卫生愈加恶劣,霍乱、痢疾等传染病盛行。这与缺乏必要的下水道系统使地下饮用水源受到污染有直接的关系。于是从19世纪初开始,在欧美一些大城市开始建造下水道工程。因此,水质工程从历史上看具有两个主要的目标:一个是提供外观和口味都良好的饮用水,另一个是防止流行病通过饮用水传播。水质工程的另外一个重要目标是晚些时候才出现的,即保护我们的自然环境免受废水污染的不利影响。

氧化塘是另一种自然处理方法,其利用自然生长的藻菌共生系统对污水进行自然生物处理。我国在2 000多年前就利用城镇和农村附近的水塘处理污水和人畜粪便,并通过生长的藻类、水草等用于养鱼、养鸭、养鹅等。随着工业不断发展,产生的工业废水的数量越来越大,其中所含污染物的种类和数量也越来越多,包括重金属、放射性元素、有机毒物等,其中有些是致癌、致畸和致突变物质。因此人们积极研究、开发和应用了一些经济、节能和有效的单元处理方法,如化学沉淀、吸附、溶剂萃取、蒸发浓缩、电解、膜分离、氧化还原等。水处理方法种类繁多,归纳起来可以分为物理法、化学法和生物法三大类,具体内容见表 1.1。

表 1.1 水的物理、化学、生物处理法

物理法		化学法		生物法		
处理方法	主要原理	处理方法	主要原理	处理方法		主要原理
沉淀	重力沉降作用	中和法	酸碱反应	好氧处理法	活性污泥法	生物吸附、生物降解
离心分离	离心沉降作用	化学沉淀法	沉淀反应、固液分离		生物膜法	
气浮	浮力作用	氧化法	氧化反应		流化床法	
过滤 砂滤	物理阻截作用	还原法	还原反应	生态技术	氧化塘	生物吸附、生物降解
过滤 晒网过滤	物理阻截作用	电解法	电解反应		土地渗滤	生物降解、土壤吸附
反渗透	渗透压	超临界分解法	热分解、氧化还原反应、游离基反应等		湿地系统	生物降解、土壤吸附、植物吸附
膜分离	物理截留等	汽提法	污染物在不同相间的分配	厌氧处理法	厌氧消化池	生物吸附、生物降解
蒸发浓缩	水与污染物的蒸发性差异	吹脱法	污染物在不同相间的分配		厌氧接触法	
		萃取法	污染物在不同相间的分配		厌氧生物滤池	
		吸附法	界面吸附		高效厌氧反应器	
		离子交换法	离子交换	厌氧 – 好氧联合工艺		生物吸附、生物降解、硝化 – 反硝化、生物摄取与排出
		电渗析法	离子迁移			
		混凝法	电中和吸附架桥作用			

物理法是利用物理作用在处理过程中不改变污染物的化学性质而分离水中污染物的一类方法;化学法是利用化学反应的作用,通过改变污染物在水中的存在形式,使之从水中去除,或者使污染物彻底氧化分解、转化成无害物质,从而达到水质净化和污水处理的目的;生物法是利用生物特别是微生物的作用,使水中的污染物分解、转化成无害物质的一类方法。

1.2.2 大气污染控制工程

大气污染控制是一门综合性很强的技术,影响大气环境质量的因素很多,仅考虑各个污染源的单项治理是不够的,必须考虑区域性的综合防治,从各个单元的治理过渡到区域的治理。空气中污染物的种类繁多,根据其存在的状态,可分为颗粒/气溶胶状态污染物和气态污染物(图 1.2)。空气中的污染物不但能引起各种疾病,危害人体健康,还会引起大气组分的变化,导致气候变化,从而影响树木、农作物等的生长。

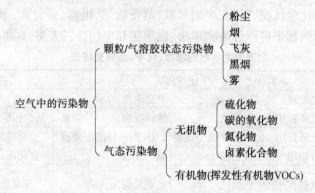

图 1.2　空气中的污染物分类

根据对主要大气污染物的分类统计表明,其主要来源有三大方面:燃料燃烧、工业生产过程和交通运输。前两类污染源统称为固定源,交通运输工具(机动车、火车、飞机等)则称为流动源。

自 20 世纪 70 年代的能源危机以来,为了节约能源,普遍开始建造密闭性房屋以增加保暖效果。室内空调的普遍采用和室内装潢的流行,都严重影响着室内空气质量。国外学者调查表明室内空气污染物种类已高达 900 多种,其中主要包括甲醛等挥发性有机物、O_3、CO、CO_2、氡等。

近几十年来开始受到人们关注的几种其他空气污染问题简要概述如下。

(1) 酸沉降。

酸沉降是指大气中的酸性物质以降水的形式或者在气流作用下迁移到地面的过程。酸沉降包括"湿沉降"和"干沉降"。湿沉降通常指 pH 低于 5.6 的降水,包括雨、雪、雾、冰雹等各种降水形式。最常见的就是酸雨,这种降水过程称为湿沉降。干沉降是指大气中的酸性物质在气流的作用下直接迁移到地面的过程。美国对于酸沉降的研究和立法所做的努力,大部分都是集中在治理东部发电用煤炭燃烧所产生的含硫物质上,这些含硫物质导致了东部一些州酸沉降的发生。

(2) 平流层的臭氧损耗。

氯氟烃(CFCs) 被广泛用作空调和冰箱的工作流体,它们也被用作气溶胶喷雾推进剂和发泡剂。经过这些使用途径后,大量的氯氟烃被排放到大气中。在低层大气中氯氟烃是不起反应的,可是,一旦到达距地球表面 15 ～ 50 km 的高空,受到紫外线的照射,就会生成新的物质和氯离子,氯离子可产生一系列氧化多达上千到 10 万个臭氧分子的反应,而本身不受损害。这样,臭氧层中的臭氧被消耗得越来越多,臭氧层变得越来越薄,局部区域例如南极上空甚至出现臭氧层空洞。

(3) 有害空气污染物。

1990 年,《联邦清洁空气法修正案》中有一部分内容明确指定了 189 种物质为有害空气污染物(HAPs)。这项法规要求那些每年排放某种有害空气污染物的量超过 10 t,或所有的有害空气污染物的量之和超过 25 t 的排放源,必须使用最大可达控制技术(MACT)来减少污染物的排放。

（4）生物质烹调用炉。

在世界范围内，最大的空气污染问题可能是在发展中国家的农村地区，烹调用炉燃烧的排放物。通常情况下，没有烟道或通风口，燃烧后产生的副产物直接被排放到生活空间中。在做饭期间，室内空气中一氧化碳、悬浮颗粒物和苯并（α）芘的浓度经测量要大大高于那些受污染的城市空气。

大气污染控制技术可分为分离法和转化法两大类。分离法是利用污染物与空气的物理性质的差异使污染物从空气或废气中分离的一类方法；转化法是利用化学反应或生物反应，使污染物转化成无害物质或易于分离质，从而使空气或废气得到净化与处理的一类方法。常见的大气污染控制技术见表 1.2。

表 1.2　大气污染控制技术

处理技术	主要原理
机械除尘	重力沉降作用、离心沉降作用
过滤除尘	物理阻截作用
静电除尘	静电沉降作用
湿式除尘	惯性碰撞作用、洗涤作用
物理吸收法	物理吸收
化学吸收法	化学吸收
吸附法	界面吸附作用
催化氧化法	氧化还原作用
生物法	生物降解作用
燃烧法	燃烧反应
稀释法	扩散

1.2.3　土壤污染控制工程

通过各种途径就能进入土壤环境中的物质种类十分繁多，有的是有益的，有的是有害的；有的在少量情况下是有益的，而在多量情况下是有害的；有的虽无益，但也无害。我们把进入土壤环境中的足以影响土壤环境正常功能，降低作物产量和生物学质量，有害于人体健康的那些物质，统称为土壤环境污染物。根据污染物的性质，可以把土壤环境污染物大致分为无机污染物和有机污染物两大类。土壤中的污染物主要有重金属、挥发性有机物、原油等。土壤的重金属污染主要是由于人为活动或自然作用释放出的重金属经过物理、化学或生物的过程，在土壤中逐渐积累而造成的。土壤的有机污染主要是由化学品的泄漏、非法投放、原油泄漏等造成的。与水污染和大气污染不同，土壤污染通常是局部性的污染，但是在一些情况下通过地下水的扩散，也会造成区域性污染。

根据土壤环境主要污染物的来源和土壤环境污染的途径，可以把土壤环境污染的发生类型归纳为：

（1）水质污染型。

污染源主要是工业废水、城市生活废水和受污染的地面水体。经由水体污染所造成的土壤环境污染，其分布特点是：由于污染物质大多以污水灌溉形式从地表进入土体，所以污染物一般集中于土壤表层。但是随着时间的延续，某些污染物可随水自上向土体下部迁移，一直到达地下水层。它的特点是沿已被污染的河流或干渠呈树枝状或呈片状分布。

（2）大气污染型。

土壤环境污染物来自被污染的大气。经由大气的污染而引起的土壤环境污染，主要表现在：工业或民用煤的燃烧所排放出的废气中含有大量的酸性气体；工业废气中的颗粒状富有物质（包括飘尘）；炼铝厂、磷肥厂、砖瓦窑厂等排放的含氟废气，即会直接影响周围农作物，又会造成土壤的氟污染；原子能工业、核武器的大气层试验产生的放射性物质随降雨、降尘而进入土壤，对土壤环境产生放射性污染。

（3）固体废弃物污染。

在土壤表面直接处理处置的固体废物、废渣，不仅占用大量耕地，而且通过大气扩散或降水淋滤使周围地区的土壤受到污染。其污染特征属电源性质，主要是造成土壤环境的重金属污染，以及油类、病原菌和某些有害有机物的污染。

（4）农业污染型。

农业污染型就是由于农业生产的需要而不断地使用化肥、农药、城市垃圾堆肥等引起的土壤环境污染。其中主要污染物质是化学农药和污泥中的重金属。污染物质主要集中于表层或耕层，其分布比较广泛，属于面源污染。

（5）综合污染型。

对于同一区域受污染的土壤，其污染源同时来自受污染的地面水体和大气，或同时遭受固体废物，以及农药、化肥的污染。因此，土壤环境的污染往往是综合污染型的。

由于土壤的物理结构和化学成分较复杂，污染土壤的净化比废水与废气处理困难得多。污染土壤的净化技术可分为物理法、化学法和生物法。表1.3列出了几种代表性的土壤净化方法。

表1.3　土壤净化方法

处理技术	主要原理
客土法	稀释作用
隔离法	物理隔离（防止扩散）
清洗法（萃取法）	溶解作用
吹脱法（通气法）	挥发作用
热处理法	热分解作用、挥发作用
电化学法	电场作用（移动）
焚烧法	燃烧反应
微生物净化法	生物降解作用
植物净化法	植物转化、植物挥发、植物吸收／固定

1.2.4　危险废物管理

危险废物又称为"有害废物""有毒废渣"，关于危险废物的定义，各国、各组织有自己的提法，还没有在国际上形成统一的意见。

人类接触危险废物的历史已经相当悠久了。自然界本身就存在着许多有害物质，但这些危险物质的数量以及其和人类的接触是极其有限的。随着工业革命在欧洲兴起并迅速在世界各地蔓延发展至今，它给人类带来的不仅是超过历史上任何时期的物质文明发展，同时还带来了超过所有时期产生数量综合的危险废物。危险废物之所以会引起危害主要是由于这些废物具有危害特性，这些特性主要包括可燃性、腐蚀性、急性毒性、浸出毒性、反应性、传染性、放射性等。

危险废物的管理主要包括两个目标。第一个目标是开发和应用正确使用、处理和处置危险废物的方法，以防止其造成污染。过去二十几年来在正确管理危险废物方面已经取得了巨大的进步。第二个目标是识别和修复由于过去不适当的使用、储存和处置危险废物而被污染的废物场。表 1.4 列出了几种危险废物的处理方法及原理。

表 1.4　几种危险废物的处理方法及原理

处理技术	主要原理
焚烧	燃烧反应
固化/稳定化	用适当的添加剂与污染物混合，以降低其毒性并减少迁移率
化学浸取	置换反应、氧化还原反应、配合反应
生物浸取	微生物的生长代谢、淋溶作用、吸附作用、转化作用

1.3　生物过程

1.3.1　好氧生物处理技术

好氧生物处理是在有氧的情况下，利用好氧微生物（主要是好氧菌，包括兼性微生物）的生物氧化作用来进行的。由于微生物具有来源广、易培养、繁殖快、对环境适应性强、易变异等特性，因此在使用上能较容易地采集菌种进行培养增殖，并在特定条件下进行驯化使之适应有毒工业废水的水质条件。微生物的生存条件温和，新陈代谢过程中不需高温高压，它是不需投加催化剂的催化反应，用生化法促使污染物的转化过程与一般化学法相比优越得多。

除活性污泥法外，生物滤池、生物转盘、污水灌溉和生物塘等也都是废水好氧生物处理的方法。向生活污水注入空气进行曝气，并持续一段时间以后，污水中即生成一种絮凝体。这种絮凝体主要是由大量繁殖的微生物群体所构成的，它有巨大的表面积和很强的吸附性能，称为活性污泥。活性污泥由活性的微生物、微生物自身氧化的残留物、吸附在活性污泥上不能被生物降解的有机物和无机物组成，其中微生物是活性污泥的主要组成部分。活性污泥中的微生物又是由细菌、真菌、原生动物、后生动物等多种微生物群体相结合所组成的一个生态系。

活性污泥在运行中最常见的故障是在二次沉淀池中泥水的分离问题。造成污泥沉降问题的原因从效果上分类有污泥膨胀、微小絮体、不絮凝、起泡沫和反硝化。所有的活性污泥沉降性问题，皆因污泥絮体的结构不正常造成的。活性污泥颗粒的尺寸差别很大，其幅度从游离个体细菌的 $0.5 \sim 5.0\ \mu m$，直到直径超过 $1\ 000\ \mu m(1\ mm)$ 的絮体。污泥絮体最大尺寸取决于它的黏聚强度和曝气池中紊流剪切作用的大小。

活性污泥的净化过程与机理分为三个部分：初期去除与吸附作用、微生物的代谢作用和絮凝体的形成与凝聚沉降。

① 初期去除与吸附作用。它引起了污水与活性污泥接触后很短的时间内就出现了很高的有机物（COD）去除率的现象。由于污泥表面积很大且表面具有多糖类黏质层，因此，污水中悬浮的和胶体的污染物质是被絮凝和吸附去除的。

② 微生物的代谢作用。在有氧的条件下,活性污泥中的微生物以污水中各种有机物作为营养,将一部分有机物合成新的细胞物质,将另一部分有机物则进行分解代谢,最终形成 CO_2 和 H_2O 等稳定物质。

③ 絮凝体的形成与凝聚沉降。为了使菌体从水中分离出来,现多采用重力沉降法。如果每个菌体都处于松散状态,由于其大小与胶体颗粒大体相同,它们将保持稳定的悬浮状态,沉降分离是不可能的。为此,必须使菌体凝聚成为易于沉降的絮凝体。絮凝体的形成是通过丝状细菌来实现的。

1.3.2　厌氧生物处理技术

长期以来好氧生物处理技术,尤其是活性污泥法一直是我国城市污水处理厂的主体工艺,它具有处理效率高、出水水质好的特点,但它也存在能耗高、运行费用大、剩余污泥产量多等缺点。随着大批城镇污水处理厂建设事业的发展,急需开发能耗低、剩余污泥产量少、适合中小型污水处理厂的新工艺。厌氧生物处理技术因其具有能耗低、污泥产量少的特点,在许多发展中国家的城市污水处理中得到广泛应用。厌氧生物处理工艺传统上称为厌氧消化,也称为污泥消化。过去它多用于城市污水处理厂的污泥、有机废料以及部分高浓度有机废水的处理。20 世纪 50 年代后,随着环境污染的加剧和全球性能源危机的日益突出,在废水处理领域内,人们开始对厌氧生物处理工艺产生了新的认识和估价。尤其是 20 世纪 70 年代以来,生物相分离技术提出以后,研究开发的第二代厌氧生物处理工艺和装置,使废水厌氧生物处理系统的有机负荷率和处理效率大大提高,进一步拓展了厌氧生物处理的应用领域。厌氧生物处理方法和基本功能有酸发酵和甲烷发酵。

废水厌氧生物处理是指在无氧分子条件下通过厌氧微生物的作用,将废水中的各种复杂有机物分解转化成甲烷和二氧化碳等物质的过程,也称为厌氧消化。与好氧过程的根本区别在于不以分子态氧作为受氢体,而以化合态氧、碳、硫、氮等作为受氢体。厌氧生物处理是一个复杂的微生物化学过程,依靠三大主要类群的细菌,即水解产酸细菌、产氢产乙酸细菌和产甲烷细菌的联合作用完成。传统观点认为,有机物的厌氧生物处理分为两个阶段:产酸(或酸化)阶段和产甲烷(或甲烷化)阶段。产酸阶段几乎包括所有的兼性细菌;产甲烷阶段的细菌主要为产甲烷细菌。Bryant 认为,厌氧消化过程划分为三个连续的阶段,即水解产酸阶段、产氢产乙酸阶段和产甲烷阶段。

按微生物生长状态厌氧生物处理技术分为厌氧活性污泥法和厌氧生物膜法;按投料、出料及运行方式厌氧生物处理技术分为分批式、连续式和半连续式。厌氧活性污泥法包括普通消化池、厌氧接触工艺、上流式厌氧污泥床反应器等;厌氧生物膜法包括厌氧滤池、厌氧流化床、厌氧生物转盘等。

根据厌氧消化中物质转化反应的总过程是否在同一反应器中并在同一工艺条件下完成,厌氧生物处理技术又可分为一步厌氧消化与两步厌氧消化等。厌氧活性污泥法包括普通消化池、厌氧接触工艺、上流式厌氧污泥床反应器等。

1.3.3　生物脱氮除磷技术

生物脱氮除磷主要是指利用微生物的生命活动过程,对废水中的污染物进行转移和转化,从而使废水得到净化的处理方法。通过微生物酶的作用,在好氧条件下污染物最终被分

解成 CO_2 和 H_2O；在厌氧条件下污染物最终形成的则是 CH_4、CO_2、H_2S、N_2、H_2 和 H_2O 以及有机酸和醇等。

1.3.3.1　生物脱氮

生物脱氮就是利用适当的运行方式,将自然界中的氮循环现象运用到废水生物处理系统中,从而取得废水中脱氮的效果。生物处理过程中,废水中的含氮有机物首先被异氧型微生物氧化分解为氨氮,然后由自养型硝化细菌将氨氮转化为 NO_3^-,最后再由反硝化细菌将 NO_3^- 还原转化为 N_2 和 NO_2,从而达到脱氮的目的。

(1) 氨化作用。

含氮有机物经微生物降解释放出氨的过程,称为氨化作用。在未处理的废水中,含氮化合物主要以有机氮的形式存在。它们在氨化菌的作用下,发生氨化反应,其反应式为

$$RCHNH_2COOH + O_2 \longrightarrow RCOOH + CO_2 + NH_3$$

(2) 硝化作用。

硝化作用是由氨到 NO_3^- 的生物氧化过程,而 NO_2^- 为反应过程中主要的中间产物。首先,在亚硝酸菌的作用下,氨转化为 NO_2^-,称为氨化作用(矿化作用),这是有机氮转化为氨的生物转化形式;在硝酸菌的作用下,NO_2^- 进一步转化为 NO_3^-。其反应式如下:

$$2NH_4^+ + 3O_2 \xrightarrow{\text{亚硝酸细菌}} 2NO_2^- + 2H_2O + 4H^+$$

$$NO_2^- + 0.5O_2 \longrightarrow NO_3^-$$

总反应式为

$$NH_4^+ + 2O_2 \longrightarrow NO_3^- + H_2O + 2H^+$$

$$NO_2^- + NH_4^+ + 2H_2CO_3 + HCO_3^- + O_2 \xrightarrow{\text{硝酸细菌}} C_5H_7O_2N + NO_3^- + H_2O$$

亚硝酸菌和硝酸菌为好氧自养菌,以无机碳化合物为碳源,从 NH_4^+ 或 NO_2^- 氧化反应中获取能量。

(3) 反硝化作用。

反硝化是异养型兼性厌氧菌,在缺氧的条件下,以硝酸盐氮为电子受体,以有机物为电子供体进行厌氧呼吸,将硝酸盐氮还原为 N_2 或 N_2O,同时降解有机物。参与这一反应的微生物是反硝化细菌。其反应如下:

$$NO_3^- + 5H \longrightarrow \frac{1}{2}N_2 + 2H_2O + OH^-$$

$$NO_2^- + 3H \longrightarrow \frac{1}{2}N_2 + H_2O + OH^-$$

1.3.3.2　生物除磷的原理

生物除磷就是利用聚磷菌一类的细菌,过量地、超出其生理需要地从外部摄取磷,并将其以聚合形态储藏在体内,形成高磷污泥排除系统,从而达到从废水中除磷的效果。

1.3.3.3　生物除磷工艺

(1) 厌氧 - 好氧除磷工艺。

厌氧 - 好氧除磷工艺主要是通过排出富含磷的剩余污泥,来达到除磷的目的。它的优点是:水力停留时间比较短;BOD 的去除率大致与一般的活性污泥系统相同;磷的去除率大致在 76% 左右;沉淀污泥含磷率(重量 - 体积百分含量) 约为 4%,污泥的肥效好;混合液的

污泥体积指数(SVI) 低于 100,易沉淀,不膨胀;同时工业流程简单,建设费用及运行费用都较低;而且厌氧反应器能够保持良好的厌氧状态。其缺点是除磷率难以进一步提高,且在沉淀池内容易产生磷的释放现象。

(2)Phostrip 工艺。

与厌氧－好氧除磷工艺相比,Phostrip 工艺除磷效果很高,处理后水中含磷量一般都低于1 mg/L;产生的污泥含磷量高,适于作为肥料;可以根据生物需氧量(BOD)与磷含量的比值(BOD/P值) 来灵活地调节回流污泥与混凝污泥的比例。但是本工艺流程复杂,运行管理比较麻烦,建设和运行费用高。

1.3.3.4　生物脱氮工艺

(1) 活性污泥脱氮系统。

活性污泥法脱氮传统工艺是以氨化、硝化和反硝化这三个反应过程为基础的三级活性污泥法。在第一级曝气池内,废水中的生化需氧量(BOD)、化学需氧量(COD) 被去除,有机氮被转化为 NH_3 或 NH_4^+;废水经沉淀后进入第二级硝化曝气池,在这里进行硝化反应,使NH_3 及 NH_4^+ 氧化为 $NO_3^- - N$;在第三级的反硝化反应器内 $NO_3^- - N$ 被最终还原为氮气,并逸往大气。在这一级应采取厌氧－缺氧交替的运行方式。

这种系统由于将污泥分成数级分隔开来,各级构筑物中生物相较单一,去氮、硝化和反硝化作用都比较稳定,处理效果好,但是处理设备多,造价高,管理不便。

根据脱氮时所用的碳源,可将传统的活性污泥法脱氮系统分为内源碳和外加碳源两类。在传统的多级工艺上,还开发了单级污泥系统,就是将去碳和硝化在一个曝气池中进行。

缺氧－好氧活性污泥法脱氮工艺是将反硝化反应器放在系统的最前端,故又称为前置反硝化生物脱氮系统。反硝化、硝化和去碳是在两个不同的反应器内分别完成的。与传统的活性污泥脱氮系统相比,缺氧－好氧活性污泥法脱氮工艺有如下优点:无须外加碳源;可不必另行投碱以调节 pH;出水水质较高;流程简单,建设费用和运行费用较低。目前,这种工艺被广泛应用。

(2) 生物膜脱氮系统。

生物膜法脱氮工艺至今大多数还处于小试、中试及半生产性试验阶段。生物滤池、生物转盘、生物流化床等常用的生物膜法处理构筑物均可设计使其具有去除含碳有机物和硝化／反硝化功能。目前所研究的生物膜脱氮系统几乎都是将硝化和反硝化分离开来。在好氧去碳和硝化部分,可以使用普通的好氧生物滤池,也可以使用普通的活性污泥曝气池;而缺氧的反硝化反应器,可以使用缺氧的生物滤池,也可以使用缺氧的生物转盘及缺氧生物流化床。同活性污泥法一样,反硝化反应器可以在去碳、硝化反应器的前面,也可以在后面。

1.3.3.5　同步脱氮除磷(A^2/O) 工艺

A^2/O 工艺为厌氧－缺氧－好氧脱氮工艺的简称,这是一种典型的应用广泛的生物脱氮除磷工艺。

污水首先进入厌氧反应器与回流污泥混合,在兼性厌氧发酵菌的作用下将部分易生物降解的大分子有机物转化为乙酸,发生氨化反应;聚磷菌在吸收乙酸的同时释放出体内的磷。在缺氧反应器,反硝化菌利用污水中的有机物和经混合液回流而带来的硝酸盐进行反硝化,同时去碳脱氮。在好氧反应器,有机物浓度相当低,有利于自养硝化菌生长繁殖,进行硝化反应,同时聚磷菌过量摄磷。最后,通过沉淀,排除剩余污泥达到除磷的目的。

1.4　背景知识和概念

1.4.1　浓度和其他度量单位

1.4.1.1　浓度

浓度有多种表示方法。在含有组分 A 的混合物中,A 的浓度可以用单位体积混合物中含有组分 A 的质量或物质的量(mol)表示。为了方便起见,1 mol 化学元素或化合物的质量等于它的相对原子质量或相对分子质量,单位为 g。流体体积最常用的表达方式是立方厘米(cm^3)、升(L)或立方米(m^3),其中 $1\ m^3 = 1\ 000\ L = 10^6\ cm^3$。因而,表示水中污染物浓度常用的单位是 mg/L 或 mol/L,后者常用特殊符号 M 来表示,称为物质的量浓度。空气中表示组分浓度的单位通常用 μg/L 或 mol/m^3。

1.4.1.2　质量浓度与物质的量浓度

(1)质量浓度。

单位体积混合物中某组分的质量称为该组分的质量浓度,以符号 ρ 表示,单位为 kg/m^3。质量浓度定义式为

$$\rho = m/V$$

式中　m——混合物中组分的质量,kg;

　　　V——混合物的体积,m^3。

若混合物由 N 个组分组成,则混合物的总质量浓度为

$$p = \sum_{i=1}^{N} \rho_i$$

(2)物质的量浓度。

以单位体积溶液里所含溶质的物质的量来表示溶液组成的物理量,称为溶质的物质的量浓度。

1.4.2　物质衡算

物质守恒是环境工程中最重要的原理。其基本思想很简单,那就是:物质既不会凭空产生,也不会通过迁移和转化过程而消失。在工业生产的过程中,投入的原料不可能全部转化成产品,会有一部分废弃物排放到环境中。这些废弃物则在不同的环境条件下,以不同的种类、形态、数量、浓度、排放方式、去向、时间和速率进入环境。但随着科技的进步与发展,过去的废物在今天可能会变废为宝。

物质衡算是依据质量守恒定律,进入与离开某一操作规程的物料质量之差,等于该过程中累积的物料质量,即

输入量 - 输出量 = 累积量

对于练习操作的过程,若各物理量不随时间改变,即处于稳定存在状态时,过程中不应有物料的积累,则物料衡算关系为

$$输入量 = 输出量$$

可以把物质守恒应用到流体存在于开放或封闭的容器内的环境系统中。一个开放的容器允许与周围环境有物质交换,而一个封闭容器内的内容物是独立的。一个容器可以代表一个实际存在的器皿或罐子,也可以简单地代表空间中所选定的某一受控体积。图1.3 为用于表示环境系统的部分模型容器及其物质流程图。

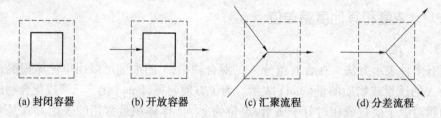

(a) 封闭容器　　　(b) 开放容器　　　(c) 汇聚流程　　　(d) 分差流程

图 1.3　用于表示环境系统的部分模型容器及其物质流程图

常见的应用物质守恒定理的一些物种及其属性见表 1.5。

表 1.5　常见的应用物质守恒定理的一些物种及其属性

水的物质的量或质量	悬浮颗粒物的数量或质量
空气的物质的量或质量	微生物的数量或质量
化学元素的物质的量或质量	离子所带电荷的当量值
特定化合物的物质的量或质量	化学元素的氧化态

1.4.3　能量衡算

与质量衡算相同,进行能量衡算时,首先需要确定衡算系统。开放系统是当能量和物质都能够穿越系统的边缘时的系统;封闭系统是只有能量可以穿越边界而物质不能穿越边界的系统。根据热力学第一定律,任何系统经过某一过程时,其内部能量的变化等于该系统从环境吸收的热量与它对外做的功之差,即

$$\Delta E = Q - W$$

式中　　Q——系统内物料从外界吸收的能量,kJ;

　　　　W——系统内物料对外界所做的功,kJ;

　　　　ΔE——系统内部总能量的变化量,kJ。

物质的总能量 E 是内能、动能、势能和静压能的总和,即

$$E = E_内 + E_动 + E_势 + E_{静压}$$

系统内部能量的变化等于输出系统的物质携带的总能量与输入系统的物质携带的总能量之差加上系统内部能量的积累。因此,对于任意衡算系统,能量衡算方程可以表述为:

输出系统的物料的总能量 - 输入系统的物料的总能量 + 系统内物料能量的积累 = 系统从外界吸收的热量 - 系统对外界所做的功

1.4.4　传递速率

传递速率是单位时间内传递过程的变化率,它表明了过程进行得快慢。在生产中,过程速率比平衡关系更为重要。如果一个过程可以进行,但速率十分缓慢,则该过程无生产应用价值。

　　在某些过程中,传递速率与过程推动力成正比,与过程阻力成反比,即

$$传递速率 = 推动力 / 阻力$$

　　过程的传递速率是决定设备结构、尺寸的重要因素,传递速率大时,设备尺寸可以小些。由于过程不同,推动力与阻力的内容各不相同。通常,过程离平衡状态越远,则推动力越大,达到平衡时,推动力为零。

第 2 章　流体的流动过程

讨论流体流动的问题,着眼点不在于流体的分子运动,而是把流体看成是大量质点组成的连续介质。因为质点的大小与管道或设备的尺寸相比是微不足道的,可认为质点间是没有间隙的,使用连续函数描述。但是,高真空下的气体,连续性假定不能成立。

流体流动主要是研究流体的宏观运动规律,讨论流体流动过程的基本原理和流体在管内流动的规律。运用流体流动的规律可以解决管径的选择及管路的布置;估计输送流体所需的能量,确定流体输送机械的形式及其所需的功率;测量流体的流速、流量及压强等,为强化设备操作及设计高效能设备提供最适宜的流体流动条件。

2.1　流体流动中的作用力

流动中的流体受到的作用力可分为体积力和表面力两种。体积力作用于流体的每个质点上,并与流体的质量成正比,所以也称为质量力,对于均质流体也与流体的体积成正比。流体在重力场运动时受到的重力及在离心力场运动时受到的离心力都是典型的体积力。单位质量的流体所受体积力随空间位置和时间而变,它是时间和空间位置的函数。此外,在流体中还可能作用着其他性质的体积力,如带电流体所受的静电力,有电流通过流体所受的电磁力等,本书中仅讨论与环境工程有关的惯性力和重力。

表面力即作用在所取的流体分离体表面上的力。这种力指的是分离体以外的流体通过接触面作用在分离体上的力,表面力与表面积成正比。若取流体中任一微小平面,作用于其上的表面力可分为垂直于表面的力和平行于表面的力。前者称为压力,后者称为剪力(或切力)。单位面积上所受的压力称为压强,单位面积上所受的剪力称为剪应力。

2.1.1　质量力和密度

流体在重力场运动时受到的重力,是典型的质量力,均质流体所受的重力与流体的体积和密度成正比。

单位体积的流体所具有的质量称为密度,通常用 ρ 来表示,单位为 kg/m^3。

$$\rho = \frac{m}{V} \tag{2.1}$$

式中　m—— 流体的质量,kg;
　　　V—— 流体的体积,m^3。

在一定的压力与温度下,流体的密度为定位值。液体的密度基本不随压力改变,仅随温度而变,查取液体密度时,要指明其温度。气体是可压缩的,若压力变化不大,密度改变也不大时,可按不可压缩流体处理。由于真实气体的压力、温度与体积之间的关系复杂,一般在常温常压下按理想气体考虑。

理想气体的密度,可按理想气体定律计算

$$\rho = \frac{pM}{RT} \tag{2.2}$$

式中　　p——压强,kPa;

　　　　M——气体的相对分子质量,g/mol;

　　　　R——气体常数,$R = 8.314$ J/mol·K;

　　　　T——气体的热力学温度,K。

当指定气体在某状态下(T_1, p_1)的密度(ρ_1)已知时,还可以借助式(2.3)获得该气体在其他状态(T_2, p_2)的密度(ρ_2),换算公式为

$$\rho_2 = \rho_1 \times \left(\frac{p_2}{p_1}\right)\left(\frac{T_1}{T_2}\right) \tag{2.3}$$

例 2.1　试求干空气在 101.3 kPa,20 ℃ 及 80 ℃ 条件下的密度。

解　在工程计算过程中,为简便起见,常将干空气的组成视为:O_2 的摩尔分数为 21%,N_2 的摩尔分数为 79%。据此可由式(2.3)求得空气的平均摩尔质量为

$$\overline{M}/(\text{kg} \cdot \text{mol}^{-1}) = 0.21 \times 32 + 0.79 \times 28 \approx 29$$

将已知条件代入式(2.2),则可求出空气在 101.3 kPa 及 20 ℃ 条件下的密度为

$$\rho/(\text{kg} \cdot \text{m}^{-3}) = \frac{pM}{RT} = \frac{101.3 \times 29}{8.314 \times 293} = 1.206$$

由式(2.3)求出空气在 101.3 kPa 及 80 ℃ 条件下的密度为

$$\rho_2/(\text{kg} \cdot \text{m}^{-3}) = \rho_1 \times \left(\frac{p_2}{p_1}\right)\left(\frac{T_1}{T_2}\right) = 1.206 \times \frac{293}{353} = 1.001$$

将计算值与文献值相比较,误差极小,但随着气体压强的增加,由式(2.2)计算的误差也随之增加,所以,应采用专用公式计算高压下的气体密度。

气体混合物的密度,以 1 m³ 混合物为基准,$\rho_1, \rho_2, \cdots, \rho_n$ 为各组分的密度,$x_1, x_2, \cdots, x_n$ 为各组分的体积分数,则混合气体的密度为

$$\rho = \rho_1 x_1 + \rho_2 x_2 + \cdots + \rho_n x_n \tag{2.4}$$

对理想气体混合物,式(2.3)中各组分的体积分数可以用摩尔分数代替之。

液体混合物的密度,可取 1 kg 混合物为基准,$\rho_1, \rho_2, \cdots, \rho_n$ 为各组分的密度,$a_1, a_2, \cdots, a_n$ 为各组分的质量分数,则其密度为

$$\frac{1}{\rho} = \frac{a_1}{\rho_1} + \frac{a_2}{\rho_2} + \cdots + \frac{a_n}{\rho_n} \tag{2.5}$$

例 2.2　已知 30 ℃ 时苯的密度为 869 kg/m³,甲苯的密度为 858 kg/m³,对二甲苯的密度为 852 kg/m³。试求含苯 60%(质量分数)、甲苯 30%(质量分数)、对二甲苯 10%(质量分数)的苯 – 甲苯 – 对二甲苯溶液的密度。

解　依据式(2.5)计算,得

$$\frac{1}{\rho_L}/(\text{m}^3 \cdot \text{kg}^{-1}) = \frac{0.6}{869} + \frac{0.3}{858} + \cdots + \frac{0.1}{852} = 1.16 \times 10^{-3}$$

则

$$\rho_L = 862 \text{ kg/m}^3$$

单位质量物体的体积称为比体积,以 v 表示,它是密度的倒数,$v = \frac{1}{\rho}$,其单位为 m³/kg,

作用于单位体积流体上的重力称为流体的重度,以 γ 表示,则

$$\gamma = \frac{G}{V} \tag{2.6}$$

式中　γ——流体的重度,N/m^3;

　　　　G——流体的重量,N;

　　　　V——流体的体积,m^3。

因重量 G 等于质量 m 与重力加速度 g 的乘积,所以重度与密度的关系可表示为

$$\gamma = \rho g \tag{2.7}$$

相对密度是物质的密度与标准大气压下温度为 $4\ ℃$ 的水的密度之比,以 d 表示,则

$$d = \frac{\rho}{\rho_{水}} \tag{2.8}$$

流体的相对密度可借助比重计测量,方法简便易行。通常在工程手册中可查到部分常见液体的相对密度曲线图,图2.1 所示为硫酸溶液的相对密度曲线图。利用相对密度曲线图可查出液体在各种温度、浓度条件下的相对密度数据,用式(2.7) 即可换算成液体的密度。

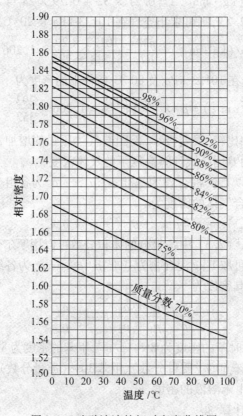

图 2.1　硫酸溶液的相对密度曲线图

例 2.3　试确定温度为 $60\ ℃$、质量分数为 70% 的硫酸溶液的密度。

解　硫酸溶液的密度可借助其相对密度曲线图确定。由图2.1查得$60\ ℃$、质量分数为 70% 的硫酸溶液的相对密度为 1.575,水的密度以 $1\ 000\ kg/m^3$ 计。

由式(2.8) 可得硫酸溶液的密度为

$$(1.575 \times 1\ 000)\,\text{kg/m}^3 = 1\ 575\ \text{kg/m}^3$$

2.1.2　压力和压强

2.1.2.1　压力和压强的定义及计量

垂直作用于任意流体微元表面的力称为压力。很明显,作为表面力的压力大小与受力面积成正比,受力面积越大,所受压力越大。通常,把流体单位表面积上所受的压力称为流体的静压强,简称压强,用 p 表示,即

$$p = \frac{F}{A} \tag{2.9}$$

式中　p—— 流体的静压强,N/m^2;

F—— 垂直作用于流体表面的压力,N;

A—— 作用面的表面积,m^2。

静压强的法定计量单位是 N/m^2,即 Pa(帕斯卡)。此外,过去用的压强单位很多,如物理大气压(atm)、工程大气压(at)、巴(bar) 等。在工程实践过程中,有时为了简便直观,还常用流体柱的高度来表示流体压强的大小,如毫米汞柱(mmHg)、米水柱(mH_2O) 等。若将式(2.9) 中流体对作用面在垂直方向上的作用力 F 替换成高度为 z 的流体柱的重力,则有

$$p = \frac{F}{A} = \frac{Az\rho g}{A} = z\rho g \tag{2.10}$$

或

$$z = \frac{p}{\rho g}\ (\text{m 流体柱}) \tag{2.11}$$

以上各压强单位之间的换算关系如下:

$$1\ \text{atm} = 1.033\ \text{kg f/cm}^2 = 760\ \text{mmHg} = 10.33\ \text{mH}_2\text{O} = 1.013\ 3\ \text{bar} = 1.013 \times 10^5\ \text{Pa}$$

$$1\ \text{at} = 735.6\ \text{mmHg} = 10\ \text{mH}_2\text{O} = 0.980\ 7\ \text{bar} = 9.807 \times 10^4\ \text{Pa}$$

由式(2.11) 可知,在压强一定的条件下,当流体的密度不同时,z 值不同,所以书写单位时应说明流体的种类。

例 2.4　将 1 标准物理大气压转换为用 mmHg 及 mH_2O 表示。

解　由 $1\ \text{atm} = 1.013\ 3 \times 10^5\ \text{Pa}$,代入式(2.11) 可分别求得

$$1\ \text{atm} = \frac{1.013\ 3 \times 10^5}{13\ 600 \times 9.807}\ \text{mHg} \approx 0.76\ \text{mHg} = 760\ \text{mmHg}$$

$$1\ \text{atm} = \frac{1.013\ 3 \times 10^5}{1\ 000 \times 9.807}\ \text{mmHg} = 10.33\ \text{mmHg}$$

流体压力采用两种表示方法:一种是绝对压力,另一种是表压力。

大气压力是地表以上空气对地球表面的压力,简称大气压。由于地表高度不同及气候影响,各地大气压力不同。标准大气压是标准状态下海平面上的压力,以单位 atm 表示。

绝对压力是以绝对零值(绝对真空) 为基准起算的压力。它表示了压力的真实大小,它总是正值。在气体状态方程式中的压力都是绝对压力。绝对压力可能大于大气压力,也可能小于大气压力。

压力常用仪表来测量,所用仪表本身受大气压力的作用,在大气中的读数为零。因此多数压力仪表测得的压力只是实际压力与当地大气压力的差值。这种压力差值是被测压力对

大气压力的相对值,习惯称为表压力(或表压强)。表压力是以当地大气压作为基准零值计算的压力,它与绝对压力的关系为

$$绝对压力 = 大气压 + 表压力$$

当绝对压力大于大气压时,表压力为正值;当绝对压力小于大气压时,表压力为负值,此时呈现真空状态,习惯上用真空度表示,负的表压力就是真空度。因此当绝对压力小于大气压时,真空度与绝对压力的关系为

$$绝对压力 = 大气压 - 真空度$$

当绝对压力为零时,真空度最大,称为完全真空。理论最大真空为一个大气压力,但实际上把容器内抽成完全真空是很难实现的,只要压力降低到液体的饱和蒸气压时,液体就开始沸腾汽化,致使压力不再降低。

图 2.2 表示绝对压力、大气压力、表压力与真空度之间的关系。在环境流体计算中常以表压强表示。

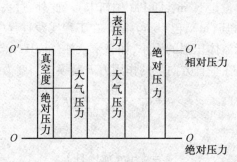

图 2.2 几种压力之间的关系图

目前,工业上广泛使用的测压表多为弹簧管结构。弹簧管压强表的结构如图 2.3 所示,是利用金属弹簧管经受压后,产生弹性变形的原理来测量压强的。

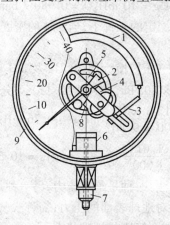

图 2.3 弹簧管压强表的结构

1— 金属弹簧管;2— 指针;3— 连杆;4— 扇形齿轮;
5— 弹簧;6— 底座;7— 测压接头;8— 小齿轮;9— 外壳

必须指出,大气压强的数值并不是固定不变的,它随大气的温度、湿度及所在地区的海拔高度而变,计算时应以当时、当地气压表上的读数为准。在未加说明的情况下,大气压强

均以标准大气压(即 101.3 kPa)计算。

此外,为避免混淆,当系统的压强以表压或真空度表示时,应在其单位的后面用括号注明,例如 30 kPa(真空度)、400 kPa(表)等。凡未加注明的则视为绝对压强。

例 2.5 由某压强表测出的读数为 5 at,试换算成绝对压强(MPa)。

解 因为压强表的读数为表压值,1 at = 98.07 kPa,因题目未给出当地大气压强值,故当地大气压强可按 101.3 kPa 计算。

由

$$绝对压强 = 表压强 + 大气压强$$

得

$$p = (5 \times 98.07 \times 10^3 + 101.3 \times 10^3)\,\text{Pa} = 591\ 650\ \text{Pa} = 0.591\ 7\ \text{MPa}$$

2.1.2.2 压强的特性

图 2.4 所示为液体在一水平管路中的稳定流动过程。

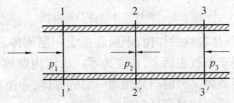

图 2.4　流体静压强的特性

① 取截面 1—1′ 至 2—2′ 间的流体柱来研究。由于流体在截面 1—1′ 上的压强 p_1 相对于截面 1—1′ 至 2—2′ 间的流体柱而言,具有推进作用,方向指向截面 1—1′ 至 2—2′ 间的流体柱内部,截面 1—1′ 至 2—2′ 间的流体柱将在 P_1 的推动下沿管轴方向向前运动;而流体在截面 2—2′ 上的压强 P_2 相对于截面 1—1′ 至 2—2′ 间流体的运动而言,则起阻碍作用,方向也是指向截面 1—1′ 至 2—2′ 间的流体柱内部。

② 取截面 2—2′ 至 3—3′ 间的流体柱来研究。此时截面 2—2′ 上的压强 p_2 对截面 2—2′ 至 3—3′ 间的流体柱而言则具有推进作用,方向将指向截面 2—2′ 至 3—3′ 间的流体柱的内部。由此可以获得流体静压强的重要特性之一:流体静压强的方向总是和作用面相垂直,并指向所考虑的那部分流体的内部。

由于系统为稳定流动系统,在指定截面上的压强应为常数。对截面 2—2′ 上的压强 p_2 而言,在对截面 1—1′ 至 2—2′ 间和对截面 2—2′ 至 3—3′ 间的流体柱作用时,虽作用方向相反但数值相等。据此则可获得流体静压强的重要特性之二:流体系统中任意一点的压强在各个方向上相等。

了解流体静压强的特性很有必要,它可以帮助人们对流体系统进行受力分析,以解决工程实际问题。

2.1.3 剪力、剪应力和黏滞性

流体流动时存在内摩擦力,流体在流动时必须克服内摩擦力做功。所谓内摩擦力就是一种平行于流体微元表面的表面力。通常把这种力称为剪力,单位面积上所受的剪力称为剪应力。

流体都具有一定的特性。黏性指流体流动时在流体内部显示出的一种抵抗剪切变形的

特性。流体黏性表现了流体内部摩擦力的性质。可通过以下试验观察流体黏性的物理本质。

如图2.5所示,设有一速度均匀的流体,以速度u_∞流过一块与速度u_∞的方向平行的静止平板,观察平板前沿某处法线Oy上各点的流速,紧贴平板表面的一层的流体速度为零,沿平板外法线方向,流体速度由零渐增,至离平板相当远的位置,流体速度才接近原来的速度u_∞。

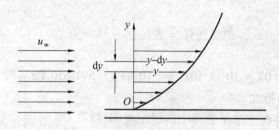

图2.5　黏性流体速度分布曲线

速度如此分布是由于流体黏性的作用,平板表面上一层流体因流体分子与平板之间有附着力的作用,使流体黏附于平板表面上,速度为零。由于内摩擦力的作用,使距薄板稍远一层的流体速度减慢,该层流体又影响与其相邻一层的流体,并使其速度减慢,如此沿Oy方向影响下去,形成如图2.5所示的速度分布曲线。

由速度分布曲线可看出,流速慢的流体层对流速快的流体层起到阻滞作用,流速快的流体层对流速慢的流体层起到拖拉作用。这样,在速度不同的流体层互相滑动时,便产生一种摩擦力。它发生在流体内部,为区别于固体之间的摩擦力,称为内摩擦力。流体的黏性大,流体抵抗剪切变形的能力强,产生的内摩擦力也大。

试验证实,内摩擦力F的大小与速度梯度$\mathrm{d}u/\mathrm{d}y$及接触面积A成正比,其表达式如下

$$F = \mu A \frac{\mathrm{d}u}{\mathrm{d}y} \qquad\qquad (2.12(\mathrm{a}))$$

式中　μ—— 流体黏性性质的比例常数,称为黏性系数或称为动力黏度,简称黏度。

式2.12(a)称为流体的内摩擦定律,亦称为牛顿黏性定律。

流体层间单位面积上所产生的内摩擦力称为内摩擦应力,以τ表示,则

$$\tau = \frac{F}{A} = \mu \frac{\mathrm{d}u}{\mathrm{d}y} \qquad\qquad (2.12(\mathrm{b}))$$

此式亦为牛顿黏性定律的表达式。

流体的黏性与流体的种类有关,不同的流体有着不同的黏性,温度对流体的黏性有较大影响,温度升高,流体黏性降低,气体温度升高,其黏性加大。

压力改变时,液体的黏性基本不变;压力变化不大时,气体的黏性可视为不变。

在 SI 单位中

$$[\mu] = \left[\frac{\tau}{\mu/y}\right] = \frac{\mathrm{N/m^2}}{(\mathrm{m/s})/\mathrm{m}} = \frac{\mathrm{N \cdot s}}{\mathrm{m^2}} = \mathrm{Pa \cdot s}$$

在物理单位制中

$$[\mu] = \left[\frac{\tau}{\mu/y}\right] = \frac{达因/厘米^2}{(厘米/秒)/厘米} = \frac{达因 \cdot 秒}{厘米^2} = \mathrm{P}$$

规定 $\frac{1}{100}$P $= 1$ cP;P 称泊,cP 称厘泊。

手册中查得的黏度多以 cP 或 P 表示,它们之间的换算关系为

$$1 \text{ Pa·s} = 10 \text{ P} = 1\ 000 \text{ cP}$$

混合物的黏度只能用专门的经验公式计算。

动力黏度 μ 与密度 ρ 的比值,称为运动黏度,以 ν 表示,即

$$\nu = \frac{\mu}{\rho} \tag{2.13}$$

运动黏度的单位为 m²/s,物理单位制中运动黏度的单位为斯托克斯,以 St 表示(1 St = 100 mm²/s)。

流体都是有黏性的,称为实际流体或黏性流体。黏性流体可分为牛顿型流体和非牛顿型流体。剪应力与速度梯度的关系符合牛顿黏性定律的流体称为牛顿型流体,包括全部气体和大部分液体。还有很多黏性流体不符合牛顿黏性定律,称为非牛顿型流体。牛顿型流体与非牛顿型流体的特性见表 2.1。

表 2.1　牛顿型流体与非牛顿型流体的特性

类型		典型举例	特　点	剪应力表达式
牛顿型流体		气体、水、大多数液体	剪应力正比于法向速度梯度	$\tau = \mu \dfrac{du}{dy}$
非牛顿型流体	塑性流体	油墨、木浆	剪应力超过某临界值后才能流动,剪应力正比于法向速度梯度	$\tau = \tau_0 + \mu \dfrac{du}{dy}$
	假塑性流体	高分子溶液油漆	表观黏度随速度梯度的增大而降低	$\tau = k\left(\dfrac{du}{dy}\right)^n$ $n < 1$
	涨塑性流体	高固体含量的悬浮液	表观黏度随速度梯度的增大而增加	$\tau = k\left(\dfrac{du}{dy}\right)^n$ $n > 1$

例 2.6　从某手册中查得水在 40 ℃ 时的黏度为 0.656 cP(厘泊),试换算成 Pa·s 单位。

解　$1 \text{ cP} = 0.01 \text{ P} = 0.01 \dfrac{dyn·s}{cm^2} = \dfrac{1}{100} \times \dfrac{\frac{1}{100\ 000}N·s}{\left(\frac{1}{100}\right)^2 m^2} = \dfrac{1}{1\ 000}\dfrac{N·s}{m^2} = \dfrac{1}{1\ 000}\text{Pa·s}$

或　　　　　　　　　　　　　　$1 \text{ Pa·s} = 1\ 000 \text{ cP}$

则　　　　　　　　　　$0.656 \text{ cP} = 65.6 \times 10^5 \text{ Pa·s}$

2.1.4　压缩性和热胀性

流体受压时体积缩小、密度增大的性质,称为流体的压缩性;流体受热时体积膨胀、密度减小的性质,称为流体的热胀性。

2.1.4.1 液体的压缩性和热胀性

液体的压缩性用压缩系数表示,它表示单位压强增加所引起的体积变化率,记为 β,单位为 m^2/N,数学表达式为

$$\beta = \frac{1}{\rho} = \frac{\Delta\rho}{\Delta p} \tag{2.14}$$

或

$$\beta = -\frac{1}{V}\frac{\Delta V}{\Delta p} \tag{2.15}$$

式中　　ρ——液体原密度,kg/m^3;

　　　　$\Delta\rho$——液体密度变化量,kg/m^3;

　　　　Δp——作用在液体上的压强增加量,Pa;

　　　　V——液体原体积,m^3;

　　　　ΔV——液体体积变化量,m^3。

当 Δp 为正时,ΔV 必然为负。换言之,压力与体积的变化方向刚好相反,压力增大时体积缩小。式(2.15)中负号的目的是使 β 保持为正值。压缩系数 β 越大,则液体的压缩性越大。

表2.2 为水在 0 ℃ 不同压强下的压缩系数。

表2.2　水在 0 ℃ 不同压强下的压缩系数

压强 /MPa	0.49	0.981	1.961	3.923	7.845
β	0.538×10^{-9}	0.536×10^{-9}	0.531×10^{-9}	0.528×10^{-9}	0.515×10^{-9}

液体的热胀性,用热胀系数 α 表示,它表示温度增加 1 K 时,液体密度或体积的相对变化率,数学表达式为

$$\alpha = \frac{1}{\rho} = \frac{\Delta\rho}{\Delta p} \tag{2.16}$$

或

$$\alpha = -\frac{1}{V}\frac{\Delta V}{\Delta p} \tag{2.17}$$

由于密度与温度的变化方向也正好相反,式(2.17)中加一负号,以使 α 始终为正值。α 的单位为 K^{-1}。

由此可知,流体的热胀性和压缩性不仅与压力有关,而且受到温度的影响。表2.3 为水在一个大气压下的密度随温度的变化值。

表2.3　水在一个大气压下的密度随温度的变化值

温度 /℃	密度/($kg \cdot m^{-3}$)	温度 /℃	密度/($kg \cdot m^{-3}$)
0	999.9	50	988.1
5	1 000	60	983.2
10	999.7	70	977.8
20	998.2	80	971.8
30	995.7	90	965.3
40	992.2	100	958.4

表2.3 表明,温度超过 5 ℃ 之后,密度随温度的增加而减少,但减少的比例很小。在温

度较低时(10 ~ 20 ℃),温度每增加 1 ℃,水的密度减小约为 1.5/10 000;在温度较高时
(90 ~ 100 ℃),水的密度减小也只有 7/1 000。密度的减小意味着体积增大,因此随着温度
的升高,水的体积发生膨胀,但膨胀的比例很小,一般情况下可以忽略不计。

2.1.4.2　气体的压缩性和热胀性

压力和温度的改变对气体密度的影响很大,因此气体具有十分显著的压缩性和热胀
性。在压力不很高、温度不太低的条件下,气体的压缩性和热胀性可用理想气体状态方程来
描述,即

$$\frac{p}{\rho} = R_g T \tag{2.18}$$

式中　R_g —— 气体常数,单位为 J/(kg · K),R_g 的值与气体的性质有关,而与气体的状态无
关。

对于同一种气体 R_g 为一常数,不同气体的 R_g 值各不相同。当温度不变时,有

$$\frac{p}{\rho} = 常数 \tag{2.19}$$

式(2.19)表明,温度不变时气体的密度与压力成正比,压力增大 1 倍,则密度也会增大
1 倍。当然,密度的增加存在一个极限,不可能无限度地增加。

令式(2.18)中压力为常数,则有

$$\rho T = 常数 \tag{2.20}$$

上式说明,压力不变时密度与温度成反比,温度增大 1 倍,则密度减小 1 倍。但是,在气
体温度降到其液化温度时,上式不再适用。

对于速度远低于声速的低速气流($v < 68$ m/s),若压强和温度变化较小,在通风工程中
的气流密度非常小,可按不可压缩流体来处理。

2.1.5　表面张力特性

流体分子间存在着相互吸引力,液体内部的每个分子都受到周围其他分子的吸引,且因
各方向的吸引力相等而处于平衡状态,但在自由液面附近的情况却不相同。对于靠近液体
与气体的交界面,又称自由液面附近的液体分子,来自液体内部的吸引力大于来自液面外部
气体分子的吸引力。力的不平衡对界面液体表面造成微小的作用,将液体表层的分子拉向
液体内部,使液面有收缩到最小的趋势。这种因吸引力不平衡所造成的,作用在自由液面的
力称为表面张力。表面张力不仅在液体与气体接触的界面上发生,而且还会在液体与固体
(如水银和玻璃)或两种不渗混的液体(如水银和水等)的接触面上发生。

气体不存在表面张力,气体因其分子的扩散作用而不存在自由界面。表面张力是液体
的特有性质。

表面张力的大小可用表面张力系数来表示。表面张力系数是指液体自由表面与其他介
质相交曲线上单位线性长度所承受的作用力,记为 σ,单位为 N/m。液体自由表面与其他介
质的交线,在液体与固体接触时最为明显。试管中自由液面与试管壁接触的周长即为相交
曲线,其长度为 $2\pi r$,整个自由液面所承受的表面张力则为 $2\pi r\sigma$。表面张力系数与液体的种
类和温度有关,可由试验测定,也可在相关资料中查出。表 2.4 列出了部分液体的表面张力
系数。

表 2.4　部分液体的表面张力系数

种类	相接触介质	温度/℃	$\sigma/(N \cdot m^{-1})$	种类	相接触介质	温度/℃	$\sigma/(N \cdot m^{-1})$
水	空气	0	0.075 6	定子油	空气	20	0.031 7
水	空气	20	0.072 8	甘油	空气	20	0.022 3
水	空气	60	0.066 2	四氯化碳	空气	20	0.026 8
水	空气	100	0.058 9	橄榄油	空气	20	0.032
苯	空气	20	0.028 9	氧	空气	-193	0.015 7
肥皂液	空气	20	0.025	氦	空气	-247	0.005 2
水银	空气	20	0.465	乙醚	空气	20	0.016 8
水银	水	20	0.38	乙醚	水	20	0.009 9

　　液体的表面性质取决于液体内部分子间的吸引力和与相邻介质接触面的附着力的相对大小,也就是与表面张力有关。水滴落在洁净的玻璃板上,立即就蔓延开去,因为水滴内分子的吸引力小于水分子与玻璃的附着力,或者说水的表面张力较小。而水银滴落在玻璃上会紧缩成小球状在玻璃上滚动,因为水银分子间吸引力比水银与玻璃的附着力大,即水银的表面张力较大。凡是液体内分子间吸引力大于液体与固体间附着力时,称该液体对此固体不湿润,该液体称为不湿润液体;相反,液体分子间的吸引力小于液体与固体间的附着力时,称该液体对此固体湿润,该液体称为湿润液体。水对玻璃湿润,水是湿润液体;水银对玻璃不湿润,水银是不湿润液体。容器内盛装湿润液体时,贴近器壁的液体表面向上弯曲;细小的试管插入后,由于表面张力的牵引作用管内液面上升。容器内盛装不湿润液体时,贴近器壁的液体表面向下弯曲,细小的试管插入后,由于表面张力作用管内液面下降。上述现象即毛细管现象,如图 2.6 所示。

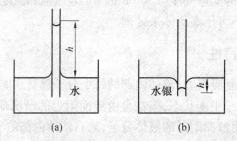

图 2.6　水和水银的毛细管现象

　　力都有其方向性,表面张力也不例外。图 2.6(a) 中湿润液体贴近管壁的液面向上弯曲,弯曲液面在图中表现为曲线,表面张力沿曲线的切线方向斜指向上,表面张力的作用是将细管中液体提升一个高度。图 2.6(b) 中不湿润液体贴近管壁的液面向下弯曲,弯曲液面在图中表现为曲线,表面张力沿曲线的切线方向斜指向下,表面张力使细管中液体下降了一个高度。

　　细管插入湿润液体或不湿润液体中,液体沿管壁上升或下降的现象都称为毛细管现象,所用细管称为毛细管。毛细管现象是表面张力造成的,通过简单的推导可以计算毛细管中液体上升或下降的高度。水在毛细管中上升的高度为 h 时,液柱的质量为 $\pi r^2 h \rho g$,方向为垂直向下,液体表面张力为 $2\pi r \sigma$,方向沿曲线切线方向斜指向上。若切线与垂直线的夹角为 α,则表面张力在垂直方向的分量为 $2\pi r \cos \alpha$,方向为垂直向上。平衡时液柱质量与表面张力的垂直分量相等,由此可列出方程

$$\pi r^2 h\rho g = 2\pi r\sigma\cos\alpha$$

式中　　r——毛细管半径，m；

　　　　ρ——水的密度，kg/m^3；

　　　　σ——水的表面张力系数，N/m；

　　　　α——液体曲面切线与管壁的夹角，称为湿润角或接触角。

对于湿润液体，例如水，$\alpha = 0° \sim 9°$；对于不湿润液体，例如水银，$\alpha = 130° \sim 180°$。相对而言，不湿润液体的接触角要大很多。

由上式解出 h：

$$h = \frac{2\sigma}{r\rho g}\cos\alpha \qquad\qquad (2.21)$$

上式表明液体上升的高度与表面张力成正比，与毛细管半径及液体密度成反比。细小的毛细管可使 h 增大。这种正反比关系的物理意义是显而易见的。

水银在毛细管中的下降高度，仍可用式(2.21)计算。对于 20 ℃ 的水和水银，在毛细管中上升和下降的高度分别为

$$h_{H_2O} = \frac{15}{r}$$

$$h_{Hg} = \frac{5.07}{r}$$

式中，h 和 r 均以 mm 计。可见，管径越小，则 h 越大。

2.2　流体静力学方程

流体静力学主要研究静止流体内部静压力的分布规律，即研究流体在外力作用下处于静止或相对静止的规律。流体静力学的基本原理在工业生产中有着广泛的应用，本节主要介绍流体静力学的基本原理及其应用。

2.2.1　静力学基本方程

流体在相对静止状态下，受重力和压力作用，处于平衡状态。由于重力为地心吸力，可以看作是不变的，变化的是压力，所以流体静力学规律实质上是静止流体内部压力（压强）变化的规律。描述这一规律的数学表达式，称为流体静力学基本方程式，此方程式可通过下面的方法推导而得。

在密度为 ρ 的静止流体中，取一微元立方体，其边长分别为 dx、dy、dz，它们并分别与 x、y、z 轴平行，如图 2.7 所示。

由于流体处于静止状态，因此所有作用于该立方体上的力在坐标轴上的投影之代数和应等于零。

对于 z 轴，作用于该立方体上的力有：

① 作用于下底面的压力为 $p dx dy$。

② 作用于上底面的压力为 $-\left(p + \dfrac{\partial p}{\partial z}dz\right)dx dy$。

③ 作用于整个立方体的重力为 $-\rho g p dx dy dz$。

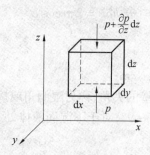

图 2.7　微元流体的静平衡

z 轴方向力的平衡可写成

$$p\mathrm{d}x\mathrm{d}y - \left(p + \frac{\partial p}{\partial z}\mathrm{d}z\right)\mathrm{d}x\mathrm{d}y - \rho gp\mathrm{d}x\mathrm{d}y\mathrm{d}z = 0$$

即

$$-\frac{\partial p}{\partial z}\mathrm{d}x\mathrm{d}y\mathrm{d}z - \rho g\mathrm{d}x\mathrm{d}y\mathrm{d}z = 0$$

上述各项除以 $\mathrm{d}x\mathrm{d}y\mathrm{d}z$,则 z 轴方向力的平衡式可简化为

$$-\frac{\partial p}{\partial z} - \rho g = 0 \tag{2.22(a)}$$

对于 x、y 轴,作用于该立方体的力仅有压力,亦可写出其相应力的平衡式,简化后得

x 轴
$$-\frac{\partial p}{\partial x} = 0 \tag{2.22(b)}$$

y 轴
$$-\frac{\partial p}{\partial y} = 0 \tag{2.22(c)}$$

式(2.22(a))、(2.22(b))、(2.22(c))称为流体平衡微分方程式,积分该微分方程组,可得到流体静力学基本方程式。

将式(2.22(a))、(2.22(b))、(2.22(c))分别乘以 $\mathrm{d}x$、$\mathrm{d}y$、$\mathrm{d}z$,并相加后得

$$\frac{\partial p}{\partial x}\mathrm{d}x + \frac{\partial p}{\partial y}\mathrm{d}y + \frac{\partial p}{\partial z}\mathrm{d}z = -\rho g\mathrm{d}z \tag{2.22(d)}$$

上式等号的左侧即为压强的全微分 $\mathrm{d}p$,于是

$$\mathrm{d}p + \rho g\mathrm{d}z = 0 \tag{2.22(e)}$$

对于不可压缩流体,$\rho =$ 常数,积分上式,得

$$\frac{p}{\rho} + gz = 常数 \tag{2.22(f)}$$

液体可视为不可压缩的流体,在静止的液体中任取两点,如图 2.8 所示,则有

$$\frac{p_1}{\rho} + gz_1 = \frac{p_2}{\rho} + gz_2 \tag{2.23(a)}$$

为讨论方便,对式(2.23(a))进行适当的变换,即使点 1 处于容器的液面上,设液面上方的压强为 p_0,距液面 h 处的点 2 压强为 p,式(2.23(a))可改写为

$$p = p_0 + \rho gh \tag{2.23(b)}$$

式(2.23)、(2.23(a))及(2.23(b))称为液体静力学基本方程式,说明在重力场作用下,静止液体内部压强的变化规律。由式(2.23(b))可见:

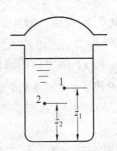

图 2.8　静止液体内的压强分布

① 当容器液面上方的压强 p_0 一定时,静止液体内部任一点压强 p 的大小与液体本身的密度 ρ 和该点距液面的深度 h 有关,因此,在静止的、连续的同一液体内,处于同一水平面上各点的压强都相等。

② 当液面上方的压强 p_0 有改变时,液体内部各点的压强 p 也发生同样大小的改变。

③ 式(2.23(b))可改写为 $\dfrac{p - p_0}{\rho g} = h$

上式说明压强或压强差的大小可以用一定高度的液体柱表示,这就是前面所介绍可以用 $mmHg$、mmH_2O 等单位来计量的依据。当用液体高度来表示压强或压强差时,必须注明是何种液体,否则就失去了意义。

式(2.23)、(2.23(a))及(2.23(b))是以恒密度推导出来的。液体的密度可视为常数,而气体的密度除随温度变化外还随压强而变化,因此也随它在容器内的位置高低而改变,但在环境工程中这种变化一般可以忽略。因此,式(2.23)、(2.23(a))及(2.23(b))也适用于气体,所以这些公式统称为流体静力学基本方程式。

值得注意的是,上述方程式只能用于静止的连通着的同一种连续流体。

例 2.7　如图 2.9 所示的开口容器内盛有油和水。油层高度 $h_1 = 0.7$ m、密度 $\rho_1 = 800$ kg/m^3,水层高度 $h_2 = 0.6$ m、密度 $\rho_2 = 1\,000$ kg/m^3。

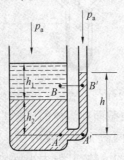

图 2.9　例 2.7 附图

(1) 判断下列两关系是否成立,即

$$p_A = p_{A'}$$

$$p_B = p_{B'}$$

(2) 计算水在玻璃管内的高度 h。

解　(1)$p_A = p_{A'}$ 的关系成立。因为 A 及 A' 两点在静止的连通着的同一流体内,并在同一水平面上,所以截面 A—A' 称为等压面。

$p_B = p_{B'}$ 的关系不能成立。因 B 及 B' 两点虽在静止流体的同一水平面上，但不是连通中的同一流体，即 B—B' 截面不是等压面。

（2）由上面讨论知，$p_A = p_{A'}$，而 p_A 与 $p_{A'}$ 都可以用流体静力学基本方程式计算，即

$$p_A = p_a + \rho_1 g h_1 + \rho_2 g h_2$$
$$p_{A'} = p_a + \rho_2 g h$$

于是

$$p_a + \rho_1 g h_1 + \rho_2 g h_2 = p_a + \rho_2 g h$$

简化上式并将已知值代入，得

$$800 \times 0.7 + 1\,000 \times 0.6 = 1\,000\,h$$

解得

$$h = 1.16 \text{ m}$$

2.2.2　静力学方程的应用

2.2.2.1　压强与压强差的测量

测量压强的仪表很多，现仅介绍以流体静力学基本方程式为依据的测压仪器，这种测压仪器统称为液柱压差计，可用来测量流体的压强或压强差，较典型的有下述两种。

（1）U 管压差计。

U 管压差计的结构如图 2.10 所示，它是一根 U 形玻璃管，内装有液体作为指示液。指示液要与被测流体不互溶，不起化学作用，且其密度应大于被测流体的密度。

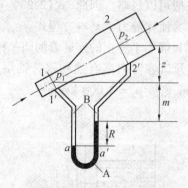

图 2.10　U 管压差计的结构

当测量管道中 1—$1'$ 与 2—$2'$ 两截面处流体的压强差时，可将 U 管的两端分别与 1—$1'$ 及 2—$2'$ 两截面测压口相连通，由于两截面的压强 p_1 和 p_2 不相等，所以在 U 管的两侧便出现指示液面的高度差 R，R 称为压差计的读数，其值大小反映 1—$1'$ 与 2—$2'$ 两截面间的压强差 $(p_1 - p_2)$ 的大小。$(p_1 - p_2)$ 与 R 的关系式，可根据流体静力学基本方程式进行推导。

图 2.10 所示的 U 管底部装有指示液 A，其密度为 ρ_A，U 管两侧臂上部及连接管内均充满待测流体 B，其密度为 ρ_B。图中 a、a' 两点都在连通着同一种静止流体内，并且在同一水平面上，所以这两点的静压强相等，即 $p_a = p_{a'}$。根据流体静力学基本方程式可得

$$p_a = p_1 + \rho_B g(m + R)$$
$$p_{a'} = p_2 + \rho_B g(z + m) + \rho_A g R$$

于是

$$p_1 + \rho_B g(m + R) = p_2 + \rho_B g(z + m) + \rho_A gR$$

整理上式,得压强差$(p_1 - p_2)$的计算式为

$$p_1 - p_2 = (\rho_A - \rho_B)gR + \rho_B gz \tag{2.24}$$

当被测管段水平放置,$z = 0$,则上式可简化为

$$p_1 - p_2 = (\rho_A - \rho_B)gR \tag{2.24(a)}$$

U 管压差计不但可用来测量流体的压强差,也可测量流体在任一处的压强。若 U 管一端与设备或管道某一截面连接,另一端与大气相通,这时读数 R 所反映的是管道中某截面处流体的表压强或真空度。

(2) 微差压差计。

由式(2.24(a))可以看出,若所测量的压强差很小,U 管压差计的读数也就很小,有时难以准确读出 R 值。为把读数 R 放大,除了在选用指示液时,尽可能地使其密度ρ_A与被测流体的密度ρ_B相接近外,还可采用图 2.11 所示的微差压差计。

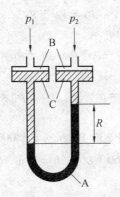

图 2.11 微差压差计

其特点是:

① 压差计内装有两种密度相近且不互溶的指示液 A 和 C,而指示液 C 与被测流体 B 亦应不互溶。

② 为了读数方便,使 U 管的两侧臂顶端各装有扩大室,俗称为"水库"。扩大室的截面积要比 U 管的截面积大很多,即使 U 管内指示液的液面差很大,但两扩大室内的指示液 C 的液面变化却很微小,可以认为维持等高。

于是压强差$(p_1 - p_2)$便可用下式计算,即

$$p_1 - p_2 = (\rho_A - \rho_C)gR$$

上式中的$(\rho_A - \rho_C)$是两种指示液的密度差,而式(2.24(a))中的$(\rho_A - \rho_B)$是指示液与被测流体的密度差。

例 2.8 水在如图 2.12 所示的管道内流动。在管道某截面处连接一 U 管压差计,指示液为水银,读数 $R = 200$ mm、$h = 1\ 000$ mm。当地大气压强为 $1.013\ 3 \times 10^5$ Pa,试求流体在该截面的压强。

若换以空气在管内流动,而其他条件不变,再求该截面的压强。

取水的密度 $\rho_{H_2O} = 1\ 000$ kg/m^3,水银的密度 $\rho_{Hg} = 1\ 360$ kg/m^3。

为防止水银蒸气向空间扩散,通常在 U 管与大气相通一侧的水银面上灌一小段水。在本题中,因这段水柱很小,可忽略,故在图中没有画出。以后的例题或习题中亦会遇到类似

情况,就不再重述。

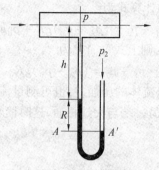

图 2.12　例 2.8 附图

解　(1) 水在管内流动时。过 U 管右侧的水银面作水平面 A—A',根据流体静力学基本原理知

$$p_A = p_{A'} = p_a$$

又由流体静力学基本方程式可得

$$p_A = p + \rho_{H_2O}gh + \rho_{Hg}gR$$

于是

$$p = p_a - \rho_{H_2O}gh - \rho_{Hg}gR \qquad (a)$$

式中

$$p_a = 101\ 330\ Pa, \rho_{H_2O} = 1\ 000\ kg/m^3$$

$$\rho_{Hg} = 1\ 360\ kg/m^3, h = 1\ m, R = 0.2\ m$$

所以

$$p/Pa = 101\ 330 - 1\ 000 \times 9.81 \times 1 - 13\ 600 \times 9.81 \times 0.2 = 64\ 840$$

由计算结果可知,该截面流体的绝对压强小于大气压强,故该截面流体的真空度为

$$(101\ 330 - 64\ 840)Pa = 36\ 490\ Pa$$

(2) 空气在管内流动时。此时,该截面流体的压强计算式可仿照式(a) 求解。设空气的密度为 ρ_B,则

$$p = p_a - \rho gh - \rho_{Hg}gR$$

由于 $\rho_A \ll \rho_{Hg}$,则上式可简化为

$$p \approx p_a - \rho_{Hg}gR$$

故

$$p/Pa \approx 101\ 330 - 13\ 600 \times 9.81 \times 0.2 = 74\ 650$$

或

$$p/Pa = 101\ 330 - 74\ 650 = 26\ 680(真空度)$$

例 2.9　如图 2.13 所示的密闭容器 A 与 B 内,分别盛有水和密度为 810 kg/m^3 的某溶液,A、B 间由一水银 U 管压差计相连。

(1) 当 $p_A = 29 \times 10^3\ Pa$(表压) 时,U 管压差计读数 $R = 0.25\ m, h = 0.8\ m$。试求容器 B 内的压强 p_B。

(2) 当容器 A 液面上方的压强减小至 $p_A = 29 \times 10^3\ Pa$(表压),而 p_B 不变,U 管压差计的读数为多少?

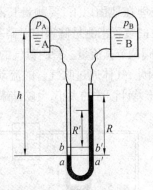

图 2.13　例 2.9 附图

解　（1）容器 B 内的压强 p_B　根据静力学基本原则，水平面 a—a' 是等压面，所以 $p_a = p_{a'}$。由静力学基本方程式得

$$p_a = p'_A + p_A\left(h - \frac{R - R'}{2}\right)$$

$$p_{a'} = p_B + p_B g(h - R) + \rho_{Hg}gR$$

所以

$$p_B = p_A + (\rho_A - \rho_B)gh - (\rho_{Hg} - \rho_B)gR$$

将已知数代入上式得

$p_B/\text{Pa} = 29 \times 10^3 + (1\,000 - 810) \times 9.81 \times 0.8 - (13\,600 - 810) \times 9.81 \times 0.25 = -876.4$

（2）由于容器 A 液面上方压强下降，U 管压差计读数减小，则 U 管左侧水银面上升 $(R - R')/2$，右侧水银面下降 $(R - R')/2$。水平面 b—b' 为新的等压面，即 $p_b = p_{b'}$。根据流体静力学基本方程式得

$$p_b = p'_A + p_A g\left(h - \frac{R - R'}{2}\right)$$

$$p_{b'} = p_B + p_B g\left(h - R + \frac{R - R'}{2}\right) + \rho_{Hg}gR'$$

所以

$$R' = \frac{p'_A - p_B + (\rho_A - \rho_B)g\left(h - \dfrac{R}{2}\right)}{\left(\rho_{Hg} - \dfrac{\rho_B}{2} - \dfrac{\rho_A}{2}\right)g}$$

将已知数代入上式得

$$R'/\text{m} = \frac{20\,000 + 876.4 + (1\,000 - 810) \times 9.81 \times \left(0.8 - \dfrac{0.25}{2}\right)}{\left(13\,600 - \dfrac{810}{2} - \dfrac{1\,000}{2}\right) \times 9.81} = 0.178$$

2.2.2.2　液位的测量

化工厂中经常要了解容器里的储存量，或要控制设备里的液面，因此要进行液位的测量。大多数液位计的作用原理均遵循静止液体内部压强变化的规律。

最原始的液位计是在容器底部器壁及液面上方器壁处各开一小孔，两孔间玻璃管相连。玻璃管内所示的液面高度即为容器内的液面高度。这种构造易于破损，而且不便于远

处观测。若容器离操作室较远或埋在地面以下,要测量其液位可采用图 2.14 所示的装置。

例 2.10　用远距离测量液位的装置来测量储罐内对硝基氯苯的液位,其流程如图 2.14 所示。自管口通入压缩氮气,用调节阀调节其流量。管内氮气的流速控制得很小,只要在鼓泡观察器内看出有气泡缓慢逸出即可。因此,气体通过吹气管的流动阻力可以忽略不计。管内某截面上的压强用 U 管压差计来测量。压差计读数的大小,反映储罐内液面的高度。

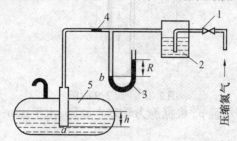

图 2.14　例 2.10 附图

1— 调节阀;2— 鼓泡观察器;3—U 管压差计;4— 吹气管;5— 储罐

现已知 U 管压差计的指示液为水银,其上读数 $R = 100$ mm,罐内对硝基氯苯的密度 $\rho = 1\ 250$ kg / m³,储罐上方与大气相通,试求储罐中液面离吹气管出口的距离 h。

解　由于吹气管内氮气的流速很小,且管内不能存有液体,故可以认为管子出口 a 处与 U 管压差计 b 处的压强近似相等,即 $p_a \approx p_b$。

若 p_a 与 p_b 均用表压强表示,根据流体静力学基本方程式得

$$p_a = \rho g h, p_b = \rho_{Hg} g R$$

所以

$$h/\text{m} = \rho_{Hg} R / \rho = 13\ 600 \times 0.1/1\ 250 = 1.09$$

2.3　流体动力学基本方程

环境工程中所涉及的流体大多是沿密闭或敞开的管(渠)道流动,液体从低位流到高位或从低压流到高压,需要输送设备对液体提供能量。从高位向设备输送一定量的液料时,高位设备所需的安装高度等问题,都是在流体输送过程中经常遇到的。要解决这些问题,必须找出流体的流动规律。反映流体流动规律的有连续性方程式和伯努利方程式。

2.3.1　流量与流速

(1)流量。

单位时间内流过管道任一截面的流体量称为流量。若流体量用体积来计量,称为体积流量,以 V_s 表示,其单位为 m³/s;若流体量用质量来计量,则称为质量流量,以 W_s 表示,其单位为 kg/s。

体积流量与质量流量的关系为

$$W_s = V_s \rho \tag{2.25}$$

式中　ρ —— 水的密度,kg / m³。

（2）流速。

单位时间内流体在流动方向上所流经的距离称为流速，以 u 表示，其单位为 m/s。

试验表明，流体流经管道任一截面上各点的流速沿管径而变化，即在管截面中心处为最大，越靠近管壁流速将越小，在管壁处的流速为零。流体在管截面上的速度分布规律较为复杂，在工程计算中为简便起见，流体的流速通常指整个管截面上的平均流速，其表达式为

$$u = \frac{V_s}{A} \tag{2.26}$$

式中　A—— 与流动方向相垂直的管道截面，m^2。

流量与流速的关系为

$$W_s = V_s\rho = uA\rho \tag{2.27}$$

由于气体的体积流量随温度和压强而变化，因而气体的流速亦随之而变。因此采用质量流速就较为方便。

质量流速，指单位时间内流体流过管路截面积的质量，以 G 表示，其表达式为

$$G = \frac{W_s}{A} = \frac{V_s\rho}{A} = u\rho \tag{2.28}$$

式中　G—— 质量流速，亦称质量通量，kg/$(m^2 \cdot s)$。

必须指出，任何一个平均值都不能全面代表一个物理量的分布。式（2.26）所表示的平均流速在流量方面与实际的速度分布是等效的，但在其他方面则并不等效。

一般管道的截面均为圆形，若以 d 表示管道内径，则

$$u = \frac{V_s}{\frac{\pi}{4}d^2}$$

于是

$$d = \sqrt{\frac{4V_s}{\pi u}} \tag{2.29}$$

流体输送管路的直径可根据流量及流速进行计算。流量一般由生产任务所决定，而合理的流速则应在操作费与基建费之间通过经济权衡来决定。某些流体在管路中的常用流速范围见表2.5。

表 2.5　某些流体在管路中的常用流速范围

流体的类别及状态	流速范围/$(m \cdot s^{-1})$	流体的类别及状态	流速范围/$(m \cdot s^{-1})$
自来水（3.04×10^5 Pa 左右）	$1 \sim 1.5$	过热蒸汽	$30 \sim 50$
水及低黏度液体（$1.013 \sim 10.13 \times 10^5$ Pa）	$1.5 \sim 3.0$	蛇管、螺旋管内的冷却水	> 1.0
高黏度液体	$0.5 \sim 1.0$	低压空气	$12 \sim 15$
工业供水（8.106×10^5 Pa 以下）	$1.5 \sim 3.0$	高压空气	$15 \sim 25$
锅炉供水（8.106×10^5 Pa 以下）	> 3.0	一般气体（常压）	$10 \sim 20$
饱和蒸汽	$20 \sim 40$	真空操作下气体	< 10

从表 2.5 可以看出,流体在管路中适宜流速的大小与流体的性质及操作条件有关。

按式(2.29)算出管径后,还需从有关手册中选用标准管径来替代,然后按标准管径重新计算流体在管路中的实际流速。

例 2.11　某厂要求安装一根输水量为 30 m³/h 的管路,试选择合适的管径。

解　根据式(2.29)计算管径:

$$d = \sqrt{\frac{4V_s}{\pi u}}$$

式中

$$V_s = \frac{30}{3\ 600} \text{m}^3/\text{s}$$

参考表 2.5,选取水的流速 $u = 1.8$ m/s,则

$$d/\text{m} = \sqrt{\frac{\dfrac{30}{3\ 600}}{\pi \times 0.785 \times 1.8}} = 0.077$$

查五金手册确定选用 $\phi 89 \times 4$(外径为 89 mm,壁厚为 4 mm)的管子,其内径为

$$d = [89 - (4 \times 2)]\text{mm} = 81 \text{ mm} = 0.081 \text{ m}$$

因此,水在输送管内的实际流速为

$$u/(\text{m} \cdot \text{s}^{-1}) = \frac{\dfrac{30}{3\ 600}}{0.785 \times 0.081^2} = 1.62$$

2.3.2　连续性方程

设流体在图 2.15 所示的管道中做连续稳定流动,从截面 1—1 流入,从截面 2—2 流出,若在管道两截面之间流体无漏损,根据质量守恒定律,从截面 1—1 进入的流体质量流量 W_{s1} 应等于从截面 2—2′ 流出的流体质量流量 W_{s2},即

$$W_{s1} = W_{s2}$$

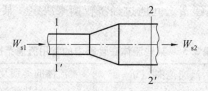

图 2.15　连续性方程的推导

由式(2.27)得

$$u_1 A_1 \rho_1 = u_2 A_2 \rho_2 \tag{2.30(a)}$$

此关系可推广到管道的任一截面,即

$$W_s = u_1 A_1 \rho_1 = u_2 A_2 \rho_2 = \cdots = uA\rho = \text{常数} \tag{2.30(b)}$$

上式称为连续性方程。若流体不可压缩,$\rho =$ 常数,则上式可简化为

$$V_s = u_1 A_1 = u_2 A_2 = \cdots = uA = \text{常数} \tag{2.30(c)}$$

式(2.30(b))和(2.30(c))说明,不可压缩流体不仅流经各截面的质量流量相等,它们

的体积流量也相等。

式(2.30(a))、(2.30(b))和(2.30(c))均称为管内稳定流动的连续性方程。它反映了在稳定流动中,流量一定时,管路各截面上流速的变化规律。

管道截面大多为圆形,故式(2.30(c))又可改写成

$$\frac{u_1}{u_2} = \left(\frac{d_2}{d_1}\right)^2 \qquad (2.30(d))$$

式(2.30(d))表明,管内不同截面流速之比与其相应管径的平方成反比。

例 2.12　在稳定流动系统中,水连续从粗管流入细管,粗管内径 $d_1 = 10$ cm,细管内径 $d_2 = 5$ cm,当流量为 4×10^{-3} m³/s 时,求粗管内和细管内水的流速。

解　根据式(2.26),得

$$u_1/(\text{m} \cdot \text{s}^{-1}) = \frac{V_s}{A_1} = \frac{4 \times 10^{-3}}{\frac{\pi}{4} \times 0.1^2} = 0.51$$

根据不可压缩流体的连续性方程:

$$u_1 A_1 = u_2 A_2$$

由此

$$\frac{u_2}{u_1} = \left(\frac{d_1}{d_2}\right)^2 = \left(\frac{10}{5}\right)^2 = 4$$

$$u_2/(\text{m} \cdot \text{s}^{-1}) = 4 u_1 = 4 \times 0.51 = 2.04$$

2.3.3　总能量衡算和伯努利方程

理想正压流体在有势彻体力作用下做定常运动时,运动方程沿流线积分而得到表达运动流体机械能守恒的方程,称为伯努利方程,由著名的瑞士科学家 D·伯努利于 1738 年提出。伯努利方程是流体动力学中重要的方程式,可用于求定流体中各点的位置、所含能量等。伯努利方程可通过总能量衡算的方法求得。可以取流体流动中任一微元体从牛顿第二定律出发来推导,亦可以根据流体流功系统总能量衡算来推导。

2.3.3.1　总能量衡算

在图 2.16 所示的稳定流动系统中,流体从截面 1—1′ 流入,从截面 2—2′ 流出。流体本身所具有的能量有以下几种形式:

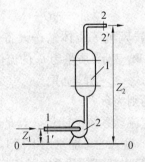

图 2.16　伯努利方程的推导
1— 换热设备;2— 输送设备

（1）位能。

流体因受重力作用，在不同的高度处具有不同的位能。相当于质量为 m 的流体自基准水平面升举到某高度 Z 处所做的功，即

$$位能 = mgZ$$

位能是个相对值，随所选的基准水平面位置而定，在基准水平面以上为正值，以下为负值。

（2）动能。

流体以一定的速度运动时，便具有一定的动能，质量为 m，流速为 u 的流体所具有的动能 e 为

$$e = \frac{1}{2}mu^2$$

（3）静压能。

静止的流体内部任一处都具有一定的静压强，流动着的流体内部任何位置也都具有一定的静压强。如果在内部有液体流动的管壁上开孔，并与一根垂直的玻璃管相接，液体便会在玻璃管内上升，上升的液体高度便是运动着流体在该截面处的静压强的表现。流动流体通过某截面时，由于该处流体具有一定的压力，这就需要对流体做相应的功，以克服此压力，才能把流体推进系统里去。故要通过某截面的流体只有带着与所需功相当的能量时才能进入系统。流体所具有的这种能量称为静压能或流动功。

设质量为 m，体积为 V_1 的流体通过图 2.16 所示的截面 1—1′ 时，把该流体推进此截面所流过的距离为 V_1/A_1，则流体带入系统的静压能 e_p 为

$$e_p = p_1 A_1 \frac{V_1}{A_1} = p_1 V_1$$

（4）内能。

内能是储存于物质内部的能量，它决定于流体的状态，因此与流体的温度有关。压力的影响一般可忽略，单位质量流体的内能以 U 表示，质量为 m 的流体所具有的内能为

$$内能 = mU$$

除此之外，能量也可以通过其他途径进入流体。它们是：

① 热：若管路上连接有换热设备，单位质量流体通过时吸热或放热，以 Q_e 表示。质量为 m 的流体吸收或放出的热量为

$$热量 = mQ_e$$

② 功：若管路上安装了泵或鼓风机等流体输送设备向流体做功，便有能量输送给流体。单位质量流体获得的能量以 W_e 表示，质量为 m 的流体所接受的功为

$$功 = mW_e$$

流体接受外功为正，向外做功则为负。

根据能量守恒定律，连续稳定流动系统的能量衡算是以输入的总能量等于输出的总能量为依据的。流体通过截面 1—1′ 输入的总能量用下标 1 标明，经过截面 2—2′ 输出的总能量用下标 2 标明，则对图 2.16 所示流动系统的总能量衡算为

$$mU_1 + mgZ_1 + \frac{mu_1^2}{2} + p_1 V_1 + mQ_e + mW_e$$

$$= mU_2 + mgZ_2 + \frac{mu_2^2}{2} + p_2V_2 \tag{2.31}$$

将上式的每项除以 m，其中 $V/m = v$ 为比容，得到单位质量流体为基准的总能量衡算式

$$U_1 + gZ_1 + \frac{u_1^2}{2} + p_1v_1 + Q_e + W_e = U_2 + gZ_2 + \frac{u_2^2}{2} + p_2v_2 \tag{2.32(a)}$$

$$\Delta U + g\Delta Z + \frac{\Delta u^2}{2} + \Delta(pv) = Q_e + W_e \tag{2.32(b)}$$

式(2.31) 中所包括的能量可划分为两类：一类是机械能，即位能、动能和静压能，功也可以归入此类。此类能量在流体流动过程中可以相互转变，亦可转变为热或流体的内能。另一类包括内能和热，它们在流动系统内不能直接转变为机械能。考虑流体输送所需能量及输送过程中能量的转变和消耗时，可以将热和内能撇开而只研究机械能相互转变的关系，这就是机械能衡算。

2.3.3.2　流动系统的机械能衡算式与伯努利方程

设流体是不可压缩的，式(2.32(a)) 中的 $v_1 = v_2 = 1/\rho$；流动系统中无换热设备，式中 $Q_e = 0$；流体温度不变，则 $U_1 = U_2$。流体在流动时，为克服流动阻力而消耗一部分机械能，这部分能量转变成热，致使流体的温度略微升高，而不能直接用于流体的输送。从实用上说，这部分机械能是损失掉了，因此常称为能量损失。设单位质量流体在流动时因克服流动阻力而损失的能量为 $\sum h_f$，其单位为 J/kg，于是式(2.32(a)) 成为

$$gZ_1 + \frac{u_1^2}{2} + \frac{p_1}{\rho} + W_e = gZ_2 + \frac{u_2^2}{2} + \frac{p_2}{\rho} + \sum h_f \tag{2.33(a)}$$

或

$$g\Delta Z + \frac{\Delta u^2}{2} + \frac{\Delta p}{\rho} = W_e - \sum h_f \tag{2.33(b)}$$

若流体流动时不产生流动阻力，则流体的能量损失 $\sum h_f = 0$，这种流体称为理想流体。实际上这种流体并不存在。但这种设想可以使流体流动问题的处理变得简单，对于理想流体流动，又没有外功加入，即 $\sum h_f = 0$，$W_e = 0$ 时，式(2.32(a)) 可简化为

$$gZ_1 + \frac{u_1^2}{2} + \frac{p_1}{\rho} = gZ_2 + \frac{u_2^2}{2} + \frac{p_2}{\rho} \tag{2.34}$$

式(2.34) 称为伯努利方程。式(2.33(a)) 和(2.33(b)) 为实际流体的机械能衡算式，习惯上也称为伯努利方程。

2.3.3.3　伯努利方程的物理意义

①式(2.34) 表示理想流体在管道内做稳定流动而又没有外功加入时，在任一截面上的单位质量流体所具有的位能、动能、静压能之和为一常数，称为总机械能，以 E 表示，其单位为 J/kg。即单位质量流体在各截面上所具有的总机械能相等，但每种形式的机械能不一定相等，这意味着各种形式的机械能可以相互转换，但其和保持不变。

②如果系统的流体是静止的，则 $u = 0$，没有运动，就无阻力，也无外功，即 $\sum h_f = 0$，$W_e = 0$，于是式(2.33(a)) 变为

$$gZ_1 + \frac{p_1}{\rho} = gZ_2 + \frac{p_2}{\rho}$$

上式即为流体静力学基本方程。

③式(2.33(a))中各项单位为 J/kg,表示单位质量流体所具有的能量。应注意 gZ、$\dfrac{u^2}{2}$、$\dfrac{p}{\rho}$ 与 W_e、$\sum h_f$ 的区别,前三项是指在某截面上流体本身所具有的能量,后两项是指流体在两截面之间所获得和所消耗的能量。

式中 W_e 是输送设备对单位质量流体所做的有效功,是决定流体输送设备的重要数据。单位时间输送设备所做的有效功称为有效功率,以 N_e 表示,即

$$N_e = W_e \times W_s \tag{2.35}$$

式中 W_s—— 流体的质量流量,所以 N_e 的单位为 J/s 或 W。

④ 对于可压缩流体的流动,若两截面间的绝对压强变化小于原来绝对压强的 $20\% \left(\text{即} \dfrac{p_1 - p_2}{p_1} < 20\% \right)$ 时,伯努利方程仍适用,计算时流体密度 ρ 应采用两截面间流体的平均密度 ρ_m。

对于不稳定流动系统的任一瞬间,伯努利方程式仍成立。

⑤ 如果流体的衡算基准不同,式(2.33(a))可写成以下不同形式:

a. 以单位质量流体为衡算基准时,将式(2.33(a))各项除以 g,则得

$$Z_1 + \frac{u_1^2}{2g} + \frac{p_1}{\rho g} + \frac{W_e}{g} = Z_2 + \frac{u_2^2}{2g} + \frac{p_2}{\rho g} + \frac{\sum h_f}{g}$$

令

$$H_e = \frac{W_e}{g}, H_f = \frac{\sum h_f}{g}$$

则

$$Z_1 + \frac{u_1^2}{2} + \frac{p_1}{\rho} + H_e = Z_2 + \frac{u_2^2}{2} + \frac{p_2}{\rho} + H_f \tag{2.36}$$

上式各项的单位为 $\dfrac{N \cdot m}{kg \cdot \dfrac{m}{s^2}} = N \cdot m/N = m$,表示单位质量的流体所具有的能量。常把 Z、$\dfrac{u^2}{2g}$、$\dfrac{p}{\rho g}$ 与 H_f 分别称为位压头、动压头、静压头与压头损失,H_e 则称为输送设备对流体所提供的有效压头。

b. 以单位体积流体为衡算基准时,将式(2.33(a))各项乘以流体密度 ρ,则

$$Z_1 \rho g + \frac{u_1^2}{2}\rho + p_1 + W_e \rho = Z_2 \rho g + \frac{u_2^2}{2}\rho + p_2 + \rho \sum h_f \tag{2.37}$$

上式各项的单位为 $\dfrac{N \cdot m}{kg} \cdot \dfrac{kg}{m^3} = N \cdot m/m^2 = Pa$,表示单位体积流体所具有的能量,简化后即为压强的单位。

采用不同衡算基准的伯努利方程式(2.36)与式(2.37)对流体输送管路的计算很重要。

2.3.3.4 伯努利方程的应用

伯努利方程是流体流动的基本方程,结合连续性方程,可用于计算流体流动过程中流体的流速、流量、流体输送所需功率等问题。

应用伯努利方程解题时,需要注意以下几点:

① 作图与确定衡算范围。

根据题意画出流动系统的示意图,并指明流体的流动方向。定出上下游截面,以明确流动系统的衡算范围。

② 截面的选取。

两截面均应与流动力向相垂直,并且在两截面间的流体必须是连续的。所求的未知量应在截面上或在两截面之间,且截面上的 Z、u、p 等有关物理量,除所需求取的未知量外,都应该是已知的或能通过过其他关系计算出来。

两截面上的 Z、u、p 与两截面间的 $\sum h_f$ 都应相互对应一致。

③ 基准水平面的选取。

选取基准水平面的目的是为了确定流体位能的大小,实际上在伯努利方程式中所反映的是位能差($\Delta Z = Z_2 - Z_1$)的数值,所以,基准水平面可以任意选取,但必须与地面平行。Z值是指截面中心点与基准水平面间的垂直距离。为了计算方便,通常取基准水平面通过衡算范围的两个截面中的任一个截面。如果该截面与地面平行,则基准水平面与该截面重合,$Z = 0$;如果衡算系统为水平管道,则基准水平面通过管道的中心线,$\Delta Z = 0$。

④ 单位必须一致。

在用伯努利方程式之前,应把有关物理量换算成一致的单位。两截面的压强除要求单位一致外,还要求表示方法一致,即只能同时用表压强或同时使用绝对压强,不能混合使用。

下面举例说明伯努利方程的应用。

(1)确定设备间的相对位置。

例 2.13 将高位水箱内的水注入水池(图 2.17)。高位水箱和水池的压力均为大气压。要求水在管内以 0.5 m/s 的速度流动。设水在管内的压头损失为 1.2 m(不包括出口压头损失),试求高位水箱的液面应该比水池入口处高出多少米?

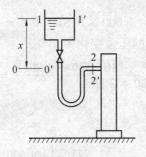

图 2.17 例 2.13 附图

解 取管出口高度的 0—0′ 为基准面,高位水箱的液面为 1—1′ 截面,因要求计算高位水箱的液面比水池入口处高出多少米,所以把 1—1′ 截面选在此即可直接算出所求的高度

x,同时在此液面处的 u_1 及 p_1 均为已知值。2—2′ 截面选在管出口处。在截面 1—1′ 及 2—2′ 间列伯努利方程：

$$gZ_1 + \frac{p_1}{\rho} + \frac{u_1^2}{2} = gZ_2 + \frac{p_2}{\rho} + \frac{u_2^2}{2} + \sum h_f$$

式中，$p_1 = 0$（表压），高位水箱截面与管截面相差很大，故高位水箱截面的流速与管内流速相比，其值很小，即 $u_1 = 0$，$Z_1 = x$，$p_2 = 0$（表压），$u_2 = 0.5 \ \mathrm{m/s}$，$Z_2 = 0$，$\sum h_f = 1.2 \ \mathrm{m}$。

将上述各项数值代入，则

$$9.81x = \frac{(0.5)^2}{2} + 1.2 \times 9.81$$

$$x = 1.2 \ \mathrm{m}$$

计算结果表明，动能项数值很小，流体位能的降低主要用于克服管路阻力。

（2）确定管路中流体的流量。

例 2.14 20 ℃ 的空气在直径为 80 mm 的水平管流过。现于管路中接一文丘里管，如图 2.18 所示。文丘里管的上游接一水银 U 管压差计，在直径为 20 mm 的喉颈处接一细管，其下部插入水槽中。空气流过文丘里管的能量损失可忽略不计。当 U 管压差计读数 $R = 25 \ \mathrm{mm}$，$h = 0.5 \ \mathrm{m}$ 时，试求此时空气的流量（当地大气压强为 $101.33 \times 10^3 \ \mathrm{Pa}$）。

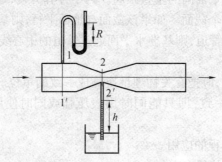

图 2.18　例 2.14 附图

解　文丘里管上游测压口处的压强为

$$p_1/\mathrm{Pa} = \rho_{\mathrm{Hg}} g R = 13\ 600 \times 9.81 \times 0.025 = 3\ 335（表压）$$

喉颈处的压强为

$$p_2/\mathrm{Pa} = -\rho g R = -1\ 000 \times 9.81 \times 0.5 = -4\ 905（表压）$$

空气流经截面 1—1′ 与 2—2′ 的压强变化为

$$\frac{p_1 - p_2}{p_1} = \frac{(101\ 330 + 3\ 335) - (101\ 330 - 4\ 905)}{101\ 330 + 3\ 335} = 0.079 = 7.9\% < 20\%$$

故可按不可压缩流体来处理。

两截面间的空气平均密度为

$$\rho/(\mathrm{kg \cdot m^{-3}}) = \rho_m = \frac{M}{22.4} \times \frac{T_0 p_m}{T P_0} = \frac{29}{22.4} \times \frac{273 \times \left[101\ 330 + \frac{1}{2} \times (3\ 335 - 4\ 905)\right]}{293 \times 101\ 330} = 1.20$$

在截面 1－1′ 与 2－2′ 之间列伯努利方程式，以管道中心线作基准水平面。两截面间无外功加入，即 $W_e = 0$；能量损失可忽略，$\sum h_f = 0$。据此，伯努利方程式可写为

$$gZ_1 + \frac{u_1^2}{2} + \frac{p_1}{\rho} = gZ_2 + \frac{u_2^2}{2} + \frac{p_2}{\rho}$$

式中

$$Z_1 = Z_2 = 0$$

所以

$$\frac{u_1^2}{2} + \frac{3\ 335}{1.2} = \frac{u_2^2}{2} - \frac{4\ 905}{1.2}$$

简化得

$$u_2^2 - u_1^2 = 13\ 733$$

可简化得

$$u_1 A_1 = u_2 A_2 \tag{a}$$

得

$$u_2 = u_1 \frac{A_1}{A_2} = u_1 \left(\frac{d_1}{d_2}\right)^2 = u_1 \left(\frac{0.08}{0.02}\right)^2$$
$$u_2 = 16u_1 \tag{b}$$

将式(b)代入式(a),即

$$(16u_1)^2 - u_1^2 = 13\ 733$$

解得

$$u_1 = 7.34 \ \text{m/s}$$

空气的流量为

$$V_h / (\text{m}^3 \cdot \text{h}^{-1}) = 3\ 600 \times \frac{\pi}{4} d_1^2 u_1 = 3\ 600 \times \frac{\pi}{4} \times 0.08^2 \times 7.34 = 132.8$$

(3)确定管路中流体的压强。

例 2.15　水在如图 2.19 所示的虹吸管内做定态流动,管路直径没有变化,水流经管路的能量损失可以忽略不计,试计算管内截面 2—2′、3—3′、4—4′ 和 5—5′ 处的压强。大气压强为 $1.013\ 3 \times 10^5$ Pa。图中所标注的尺寸均以 mm 计。

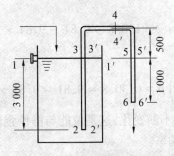

图 2.19　例 2.15 附图

解　为计算管内各截面的压强,应首先计算管内水的流速。先在储槽水面 1—1′ 及管子出口内侧截面 6—6′ 间列伯努利方程式,并以截面 6—6′ 为基准水平面。由于管路的能量损失忽略不计,即 $\sum h_f = 0$,故伯努利方程式可写为

$$gZ_1 + \frac{u_1^2}{2} + \frac{p_1}{\rho} = gZ_6 + \frac{u_6^2}{2} + \frac{p_6}{\rho}$$

其中,$Z_1 = 1$ m,$Z_6 = 0$,$p_1 = 0$(表压),$p_6 = 0$(表压),$u_1 \approx 0$。

将上列数值代入上式,并简化得

$$9.81 \times 1 = \frac{u_6^2}{2}$$

解得

$$u_6/(\text{m} \cdot \text{s}^{-1}) = 4.43$$

由于管路直径无变化,则管路各截面面积相等。根据连续性方程式知 $V_s = Au =$ 常数,故管内各截面的流速不变,即

$$u_2 = u_3 = u_4 = u_5 = u_6 = 4.43 \text{ m/s}$$

则

$$\frac{u_2^2}{2} = \frac{u_3^2}{2} = \frac{u_4^2}{2} = \frac{u_5^2}{2} = \frac{u_6^2}{2} = 9.81 \text{ J/kg}$$

因流动系统的能量损失可忽略不计,故水可视为理想流体,则系统内各截面上流体的总机械能 E 相等,即

$$E/(\text{J} \cdot \text{kg}^{-1}) = 9.81 \times 3 + \frac{101\ 330}{1\ 000} = 130.8$$

计算各截面压强时,应以截面 2—2′ 为基准水平面,则 $Z_2 = 0$,$Z_3 = 3$ m,$Z_4 = 3.5$ m,$Z_5 = 3$ m。

截面 2—2′ 处的压强:

$$p_2/\text{Pa} = \left(E - \frac{u_2^2}{2} - gZ_2\right)\rho = (130.8 - 9.81) \times 1\ 000 = 120\ 990$$

截面 3—3′ 处的压强:

$$p_3/\text{Pa} = \left(E - \frac{u_3^2}{2} - gZ_3\right)\rho = (130.8 - 9.81 - 9.81 \times 3) \times 1\ 000 = 91\ 560$$

截面 4—4′ 处的压强:

$$p_4/\text{Pa} = \left(E - \frac{u_4^2}{2} - gZ_4\right)\rho = (130.8 - 9.81 - 9.81 \times 3.5) \times 1\ 000 = 86\ 660$$

截面 5—5′ 处的压强:

$$p_5/\text{Pa} = \left(E - \frac{u_5^2}{2} - gZ_5\right)\rho = (130.8 - 9.81 - 9.81 \times 3) \times 1\ 000 = 91\ 560$$

从以上结果可以看出,压强不断变化,这是位能与静压强反复转换的结果。

(4) 确定输送设备的有效功率。

例2.16 如图2.20所示,用泵将储槽中密度为 1 200 kg/m³ 的溶液送到蒸发器内,储槽内液面维持恒定,其上方压强为 101.33×10^3 Pa,蒸发器上部的蒸发室内操作压强为 26 670 Pa(真空度),蒸发器进料口高于储槽内液面 15 m,进料量为 20 m³/h,溶液流经全部管路的能量损失为 120 J/kg,管路直径为 60 mm。求泵的有效功率。

解 取储槽液面为 1—1 截面,管路出口内侧为 2—2 截面,并以 1—1 截面为基准水平面在两截面间列伯努利方程。

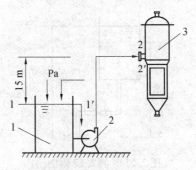

图 2.20　例 2.16 附图

1— 储槽;2— 泵;3— 蒸发器

$$gZ_1 + \frac{u_1^2}{2} + \frac{p_1}{\rho} + W_e = gZ_2 + \frac{u_2^2}{2} + \frac{p_2}{\rho} + \sum h_f$$

式中

$$Z_1 = 0 \text{ m}, Z_2 = 15 \text{ m}, p_1 = 0(\text{表压}), p_2 = -26\,670 \text{ Pa}(\text{表压}), u_1 = 0$$

$$u_2/(\text{m} \cdot \text{s}^{-1}) = \frac{\dfrac{20}{3\,600}}{0.785 \times 0.06^2} = 1.97$$

$$\sum h_f = 120 \text{ J/kg}$$

将上述各项数值代入,则

$$W_e/(\text{J} \cdot \text{kg}^{-1}) = 15 \times 9.81 + \frac{1.97^2}{2} + 120 - \frac{26\,670}{1\,200} = 246.9$$

泵的有效功率 N_e 为

$$N_e = W_e \times W_s$$

$$W_s/(\text{kg} \cdot \text{s}^{-1}) = V_s \times \rho = \frac{20 \times 1\,200}{3\,600} = 6.67$$

$$N_e/\text{kW} = 246.9 \times 6.67 \times 10^{-3} = 1.65$$

实际上泵所做的功并不是全部有效的,故要考虑泵的效率 η,实际上泵所消耗的功率(称轴功率) N 为

$$N = \frac{N_e}{\eta}$$

设本题泵的效率为 0.65,则泵的轴功率为

$$N/\text{kW} = \frac{1.65}{0.65} = 2.54$$

例 2.17　如图 2.21 所示,敞空容器液面与排液管出口的垂直距离 $h_1 = 9$ m。容器内径 $D = 3$ m,排液管内径 $d_0 = 0.04$ m,液体流过系统的能量损失可按 $\sum h_f = 40u^2$ 计算,式中 u 为流体在管内的流速。试求经 4 h 后,容器液面下降的高度。

解　本题属于不稳定流动问题。经 4 h 后容器内液面下降的高度可通过微分时间内的物料衡算和瞬间的伯努利方程求解。

在 $d\theta$ 时间内对系统做物料衡算。设 F'、D' 分别为瞬时进、出水效率,dA' 为 $d\theta$ 时间内的积累量,则 $d\theta$ 时间内的物料衡算为

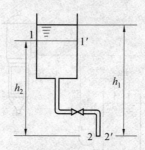

图 2.21   例 2.17 附图

$$F'\mathrm{d}\theta - D'\mathrm{d}\theta = \mathrm{d}A'$$

又设在 $\mathrm{d}\theta$ 时间内,容器内液面下降 $\mathrm{d}h$,液体在管内瞬间流速为 u,故

$$F' = 0, D' = \frac{\pi}{4}d_0^2 u, \mathrm{d}A' = \frac{\pi}{4}D^2\mathrm{d}h$$

代入上式,得

$$-\frac{\pi}{4}d_0^2 u\mathrm{d}\theta = \frac{\pi}{4}D^2\mathrm{d}h$$

$$\mathrm{d}\theta = -\left(\frac{D}{d_0}\right)^2\frac{\mathrm{d}h}{u} \tag{a}$$

式中瞬时液面高度 h(以排液管出口为基准)与瞬时流速 u 的关系,可由瞬时伯努利方程求得。

在瞬间液面 1—1 与管出口内侧截面 2—2 间列伯努利方程,并以 2—2 截面为基准水平面

$$gZ_1 + \frac{u_1^2}{2} + \frac{p_1}{\rho} = gZ_2 + \frac{u_2^2}{2} + \frac{p_2}{\rho} + \sum h_{\mathrm{f}}$$

式中

$$Z_1 = h, Z_2 = 0, p_1 = p_2, u_1 \approx 0, u_2 = u, \sum h_{\mathrm{f}} = 40\ u^2$$

将上述各项数值代入,得

$$9.81h = 40.5u^2, u_2 = 0.492\sqrt{h} \tag{b}$$

将式(b)代入式(a),得

$$\mathrm{d}\theta = -\left(\frac{D}{d_0}\right)^2\frac{\mathrm{d}h}{0.492\sqrt{h}} = -\left(\frac{3}{0.04}\right)^2\frac{\mathrm{d}h}{0.492\sqrt{h}} = 11\ 433\ \frac{\mathrm{d}h}{\sqrt{h}}$$

将上式积分

$$\theta_1 = 0, h_1 = 9\ \mathrm{m}$$

$$\theta_2 = 4 \times 3\ 600\ \mathrm{s}, h_2 = h\ \mathrm{m}$$

$$\int_{\theta_1}^{\theta_2}\mathrm{d}\theta = 11\ 433\int_{h_1}^{h_2}\frac{\mathrm{d}h}{\sqrt{h}}$$

$$h = 5.62\ \mathrm{m}$$

所以经 4 h 后容器内液面下降高度为

$$(9 - 5.62)\mathrm{m} = 3.38\ \mathrm{m}$$

2.4　流体流动现象

在使用伯努利方程进行流体流动过程有关参数计算时,必须先确定机械能损失的数值。本节将讨论能量损失产生的原因及管内速度分布等,为讨论流体流动时的阻力计算提供必要的基础。

2.4.1　流动中的动量传递

在图 2.5 中,沿流动方向相邻两流体层由于速度不同,它们的动量也就不同。速度较快的流体层中的流体分子,在随机运动的过程中有一些进入速度较慢的流体层中,与速度较慢的流体分子互相碰撞,使速度较慢的分子速度加快,动量增大。同时,速度较慢的流体层中亦有等量分子进入速度较快的流体层。流体层之间的分子交换使动量从速度大的流体层向速度小的流体层传递。由此可见,分子动量传递是由于流体层之间速度不相等,动量从速度大处向速度小处传递,这与在物体内部因温度不同,有热量从温度高处向温度低处传递类似。

牛顿黏性定律表达式就是表示这种分子动量传递的。式(2.12(b))可改写成下列形式

$$\tau = \frac{\mu}{\rho} \frac{\mathrm{d}(\rho u)}{\mathrm{d}y}$$

由于 $\nu = \dfrac{\mu}{\rho}$,则

$$\tau = \nu \frac{\mathrm{d}(\rho u)}{\mathrm{d}y} \tag{2.38}$$

式中　ρu——单位体积流体的动量, $\rho u = \dfrac{mu}{V}$;

　　　$\dfrac{\mathrm{d}(\rho u)}{\mathrm{d}y}$——动量梯度。

而剪应力的单位可表示为

$$[\tau] = \frac{\mathrm{N}}{\mathrm{m}^2} = \frac{\mathrm{kg} \cdot \mathrm{m/s}^2}{\mathrm{m}^2} = \frac{\mathrm{kg} \cdot \mathrm{m/s}}{\mathrm{m}^2 \cdot \mathrm{s}}$$

因此,剪应力可看作单位时间单位面积传递的动量,称为动量传递速率,动量传递速率与动量梯度成正比。

2.4.2　两种不同的流动形态和雷诺准数

为了探讨流动阻力损失与流速间的关系,英国物理学家雷诺于 1883 年经过试验,发现了流体流动有两种性质不同的流动形态,它们的内部规律有很大的差异,因而能量损失的机理也有不同解释。

雷诺试验是在如图 2.22 所示的装置中进行的。由水箱 A 引出玻璃管 B,用出口阀 C 调节水的流量。容器 D 内装有密度与水相近的颜色水,经细管 E 流入玻璃管 B 中,阀门 F 可调节颜色水的流量。

试验装置设置在周围环境无振动的室内,这样对试验性能影响最小。

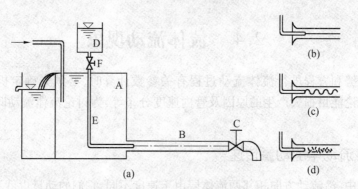

图 2.22　流态试验装置

试验开始时,打开阀门 C,使玻璃管 B 内水的流速很小,然后打开阀门 F,放出少量颜色水,这时可见玻璃管内颜色水呈一细直的流线,不同液层间毫不相混。这种流动形态称为层流,如图 2.22(b)所示。继续开大阀门 C,则流速增加,到某一临界流速 u_k 时,颜色水出现摆动,呈现一曲折流线,如图 2.22(c)所示。阀门继续开大,则颜色水迅速与周围清水掺混,如图 2.22(d)所示。此时液体质点的运动轨迹是随机的,有沿流动方向的位移,有垂直于流动方向的位移,流速的大小和方向随时间而变化,这种流动状态称为湍流。

层流流动中,流体质点沿流体流动方向做有规则的一维分层流动,层次分明,互不混杂。与层流流动不同的湍流的基本特征是出现了速度的脉动,质点沿流动方向运动的同时,还做随机的脉动。

直管阻力损失与流体的流动形态有关,因此流动形态的判别是阻力计算的前提,用介于层流与湍流之间的临界流速来判别流动形态并不方便,因为临界流速随管道几何尺寸和流体种类而改变。

雷诺及其以后的试验者曾对直径不同的圆管和多种液体进行试验,发现流动形态与流速 u、管径 d、流体的黏性 μ 和密度 ρ 有关。雷诺将上述四个因素组合成一个无量纲准数,称为雷诺准数,用 Re 表示,即

$$Re = \frac{du\rho}{\mu} = \frac{du}{v} \tag{2.39}$$

对应于临界流速下的雷诺准数称为临界雷诺准数,用 Re_k 表示。虽然不同条件下的临界流速 u_k 不同,但试验表明对于任何管径和任何一种牛顿型流体,它们的临界雷诺准数都是相同的,其值约为 2 000,即

$$Re = \frac{du_k}{\mu} = 2\ 000 \tag{2.40}$$

这个雷诺准数的数值,是指在临界流速 u_k 下的雷诺准数。

对应于上临界流速的雷诺准数是不固定的,对于工程实际问题意义不大,这里不作为判别流动形态的依据。

$Re = 2\ 000 \sim 4\ 000$ 是下临界雷诺准数与上临界雷诺准数的变动范围,即由层流向湍流转变的过渡区。这样,若流体在管内流动:

① 当 $Re < 2\ 000$ 时,为层流区。

② 当 $2\ 000 < Re < 4\ 000$,有时出现层流,有时出现湍流,由试验设备所处的环境受扰动

情况所决定,此为过渡区。

③ 当 $Re > 4\ 000$ 时,一般都呈现湍流,此为湍流区。

这里要指出,以雷诺准数为判据,将流体流动划分为三个区域:层流区、过渡区和湍流区,但是只有两种流动形态,过渡区并非是一种流动形态,只是表示在该区域内出现层流或出现湍流,需视外界环境扰动情况而定。

应当指出,即使管内流动的流体做湍流流动,若用红墨水注入紧靠管壁附近的流体薄层中,则可发现有做直线流动的红墨水线。这说明,无论流体的湍流程度如何剧烈,在管壁处总是有一层做层流流动的流体薄层,此层流体称为层流内层(或称滞流底层)。

例 2.18　用内径 $d = 100$ mm 的管道输送流量为 12 kg/s 的水,如果水温为 5 ℃,试确定管内水的流动形态。如果用此管道输送同样质量流量的石油,已知石油密度 $\rho = 850$ kg/m³,运动黏度 $\nu = 1.14$ cm²/s,试确定石油的流动形态。

解　5 ℃ 水,ρ 取 1 000 kg/m³,$\mu = 1.5 \times 10^{-3}$ Pa·s。

输送水时:

$$V/(\text{m}^3 \cdot \text{s}^{-1}) = m_s / \rho_{水} = 12/1\ 000 = 0.012$$

$$u/(\text{m} \cdot \text{s}^{-1}) = \frac{4V}{\pi d^2} = \frac{4 \times 0.012}{\pi \times 0.1^2} = 1.53$$

$$Re = \frac{du\rho}{\mu} = \frac{0.1 \times 1.53 \times 10^3}{1.5 \times 10^{-3}} = 10\ 199 > 4\ 000$$

所以水的流动形态为湍流。

输送石油时:

$$\nu = 1.14\ \text{cm}^2/\text{s} = 1.14 \times 10^{-4}\ \text{m}^2/\text{s}$$

$$V/(\text{m}^3 \cdot \text{s}^{-1}) = m_s / \rho_{石油} = 12/850 = 0.014$$

$$u/(\text{m} \cdot \text{s}^{-1}) = \frac{4V}{\pi d^2} = \frac{4 \times 0.014}{\pi \times 0.1^2} = 1.78$$

$$Re = \frac{du}{\nu} = \frac{0.1 \times 1.53 \times 10^3}{1.14 \times 10^{-4}} = 1\ 561 < 2\ 000$$

所以石油的流动形态为层流。

例 2.19　有一圆管形风道,内径为 200 mm,输送的空气温度为 20 ℃,求气流保持层流时的最大流量。若输送的空气量为 250 kg/h,气流是层流还是湍流?

解　20 ℃ 的空气,$\nu = 15.06 \times 10^{-6}$ m²/s,$\rho = 1.205$ kg/m³。

(1)
$$Re = \frac{du}{\nu} = 2\ 000$$

$$u/(\text{m} \cdot \text{s}^{-1}) = \frac{2\ 000\nu}{d} = \frac{2\ 000 \times 15.06 \times 10^{-6}}{0.2} = 0.15$$

所以层流时的最大流量为

$$V_s = \frac{\pi}{4}d_2 u = \frac{\pi}{4} \times 0.2^2 \times 0.15\ \text{m}^3/\text{s} = 4.7 \times 10^{-3}\ \text{m}^3/\text{s} = 16.9\ \text{m}^3/\text{h}$$

$$m_s = V_s\rho = 4.7 \times 10^{-3} \times 1.205\ \text{kg/s} = 5.7 \times 10^{-3}\ \text{kg/s} = 20.2\ \text{kg/h}$$

(2)
$$V_s/(\text{m}^3 \cdot \text{s}^{-1}) = \frac{250}{3\ 600}/1.205 = 0.057\ 6$$

$$u/(\mathrm{m \cdot s^{-1}}) = \frac{4V}{\pi d^2} = \frac{4 \times 0.057\ 6}{\pi \times 0.2^2} = 1.83$$

$$Re = \frac{du}{\nu} = \frac{0.2 \times 1.83}{15.06 \times 10^{-6}} = 243\ 000 > 4\ 000$$

所以当输送空气量为 250 kg/h 时,气流为湍流。

2.4.3　流体在圆管内的流速分布

2.4.3.1　层流流体在圆管内的速度分布

无论是层流还是湍流,流体在管内流动时管截面上各点的速度随该点与管中心的距离而变化,这种变化关系称为速度分布。一般,管壁处流体质点流速为零,离开管壁后速度渐增,到管中心处速度最大。速度在管道截面上的分布规律则因流动形态而异。

(1)圆管内层流流动的速度分布。

当流体在圆管内流动,其雷诺数小于临界数值时,即 $Re < 2\ 000$,流体的流动形态为层流,各流速相互平行,无横向流动。

对于层流应用牛顿黏性定律分析速度分布,如图 2.23 所示,在一圆管中心取一半径为 r、长度为 l 的等直径圆柱体流体段,设两截面 1—1' 和 2—2' 中心距基准面的垂直高度为 z_1 和 z_2,压力分别为 p_1 和 p_2,取流速方向为正,作用于两截面的总压力为

$$F_1 = \pi r^2 p_1 \tag{1}$$

$$F_2 = \pi r^2 p_2 \tag{2}$$

作用于流体段的重力轴向分力为

$$\pi r^2 l \rho g \sin \theta \tag{3}$$

作用于流体段侧表面的黏性阻力为

$$2\pi r l r \tag{4}$$

根据牛顿黏性定律

$$\tau = \mu \frac{\mathrm{d}u}{\mathrm{d}r} \tag{5}$$

黏性阻力与流速方向相反,取负值;黏性应力 τ 取负值;因 u 随 r 的增大而减小,所以 $\mathrm{d}u/\mathrm{d}r$ 为负。

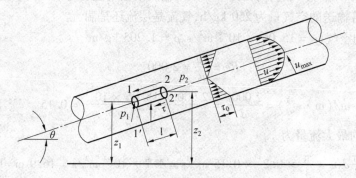

图 2.23　圆管内层流分析

由图 2.23 可知

$$\sin\theta = \frac{z_2 - z_1}{l} \tag{6}$$

对于稳定流动,满足力的平衡条件,则

$$\pi r^2(p_1 - p_2) + 2\pi r l u\frac{\mathrm{d}u}{\mathrm{d}r} - \pi r^2 l\rho g\sin\theta = 0 \tag{7}$$

将式(6)代入式(7),得到

$$\mathrm{d}u = -\frac{\rho g}{2\mu l}\left(\frac{p_1 - p_2}{\rho g} + z_1 - z_2\right)r\mathrm{d}r \tag{8}$$

列截面 1—1 和 2—2 的伯努利方程

$$h_{\mathrm{f}} = \frac{p_1 - p_2}{\rho g} + z_1 - z_2 \tag{9}$$

将式(9)代入式(8)得到

$$\mathrm{d}u = -\frac{\rho g h_{\mathrm{f}}}{2\mu l}r\mathrm{d}r \tag{10}$$

将上式积分,则

$$u = -\frac{\rho g h_{\mathrm{f}}}{4\mu l}r^2 + C \tag{11}$$

根据管壁的边值条件,当 $r = r_0$(圆管半径), $u = 0$,则

$$C = -\frac{\rho g h_{\mathrm{f}}}{4\mu l}r_0^2 \tag{12}$$

将式(12)代入式(11),则

$$u = -\frac{\rho g h_{\mathrm{f}}}{4\mu l}(r_0^2 - r^2) \tag{2.41}$$

当管路水平放置时,将 $h_{\mathrm{f}} = \dfrac{\Delta p}{\rho g}$ 代入式(2.41),则

$$u = -\frac{\Delta p}{4\mu l}(r_0^2 - r^2) \tag{2.42}$$

式(2.42)为圆管内流体层流动时的速度分布式,它表明速度在流动截面上按抛物线规律变化,如图 2.24(a)所示。

在管轴线上, $r = 0$,速度达到最大值,以 $u_{\max}$ 表示,则

$$u_{\max} = \frac{\Delta p}{4\mu l}r_0^2 \tag{2.43}$$

将式(2.43)代入式(2.42),则

$$u = u_{\max}\left(1 - \frac{r^2}{r_0^2}\right) \tag{2.44}$$

式(2.44)亦为管内层流时的速度分布表达式,速度分布情况如图 2.24(a)所示。以上推导出的管内层流速度分布与试验曲线很符合。

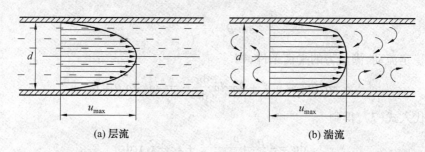

(a) 层流　　　　　　　　　　　(b) 湍流

图 2.24　　圆管内速度分布

（2）层流时的平均流速。

在如图 2.25 所示的管内层流流动的流体中,以管轴为中心,以 r 和 $r + dr$ 为半径作微小圆环,假定此微小圆环上速度相等,通过此微小圆环截面积的流量为

$$dV_s = 2\pi r dr u = 2\pi u r dr$$

将式（2.41）代入上式,则

$$dV_s = \frac{\pi \rho g h_f}{2\mu l}(r_0^2 - r^2) r dr$$

积分上式,积分限从 $0 \sim r_0$,则

$$V_s = \frac{\pi \rho g}{8\mu l} h_f r_0^4 \tag{2.45}$$

所以管内流体平均流速为

$$u = \frac{V_s}{A} = \frac{\rho g}{8\mu l} r_0^2 = \frac{1}{2} u_{max} \tag{2.46}$$

式（2.46）表明层流时,管截面平均流速为管中心最大流速的一半。

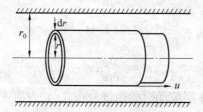

图 2.25　　平均流速的推导

（3）层流时流体的动能。

如图 2.25 所示,通过微小圆环截面的质量流量为

$$dm_s = 2\rho u \pi r dr$$

单位时间内通过该微小圆环截面流体的动能为

$$\begin{aligned}
dE &= (2\rho u \pi r dr)(u^2/2) \\
&= \pi \rho u^3 r dr \\
&= \pi \rho u_{max}^3 \left(1 - \frac{r^2}{r_0^2}\right)^3 r dr \\
&= 8\pi \rho u^3 \left(1 - \frac{r^2}{r_0^2}\right)^3 r dr
\end{aligned}$$

单位时间内通过圆管整个截面的动能为

$$E = -4\pi\rho r_0^2 u^2 \int_{r=0}^{r=r_0} \left(1 - \frac{r^2}{r_0^2}\right) \mathrm{d}\left(1 - \frac{r^2}{r_0^2}\right)$$

$$= \pi\rho r_0^2 u^3 \tag{2.47}$$

通过圆管整个截面每千克流体的动能为

$$\frac{E}{m_s} = \frac{\pi\rho r_0^2 u^2}{\pi r_0^2 \mu\rho} = u^2 \tag{2.48}$$

2.4.3.2　圆管内流体湍流流动的速度分布及流体动能

（1）湍流流动的速度分布。

流体湍流流动时，流体质点的运动情况比较复杂，目前还不能完全用理论方法得出其速度分布规律。

比较图 2.24（a）与（b），湍流时的速度分布曲线中部较平坦，靠近管壁处基本呈直线状，湍流时的层流内层的流体速度可视为呈线性分布，中部平坦部分可用普兰特提出的速度指数型分布规律表达

$$u = u_{\max}\left(1 - \frac{r}{r_0}\right)^{1/n} \tag{2.49}$$

或

$$u = u_{\max}\left(\frac{y}{r_0}\right)^{1/n} \tag{2.49(a)}$$

式中，y 为流体质点离壁面的距离，$y = r_0 - r$，$n = 6 \sim 10$，雷诺数越大，n 越大。当 $Re = 10^5$ 左右时，$n = 7$，此时称为 1/7 次方定律，此式为一经验公式。

以上速度分布规律，用于流动达到平稳（或充分发展）时才成立。管口附近，干扰影响未消失，弯管、分支、合流或阀门附近，流动受到干扰，速度分布曲线会发生变形。

（2）湍流时的平均速度。

假定流动符合 1/7 次方定律，则通过如图 2.25 所示的微小圆环截面的流体体积流量为

$$\mathrm{d}V_s = 2\pi r u_{\max}(y/r_0)^{1/7}\mathrm{d}r$$

$$= -2\pi u_{\max}(r_0 - y)(y/r_0)^{1/7}\mathrm{d}y$$

通过圆管截面的体积流量为

$$V_s = -2\pi u_{\max}r_0^2 \int_{r=r_0}^{y=0}\left(1 - \frac{y}{r_0}\right)\left(\frac{y}{r_0}\right)^{1/7}\mathrm{d}\left(\frac{y}{r_0}\right)$$

$$= -2\pi u_{\max}r_0^2\left[\frac{7}{8}\left(\frac{y}{r_0}\right)^{8/7} - \frac{7}{15}\left(\frac{y}{r_0}\right)^{15/7}\right]_{r_0}^{0}$$

$$= 2\pi u_{\max}r_0^2\left(\frac{7}{8} - \frac{7}{15}\right)$$

$$= (49/60)\,\pi r_0^2 u_{\max}$$

$$= 0.82\pi r_0^2 u_{\max}$$

平均速度为

$$u = \frac{V_s}{\pi r_0^2} = \frac{0.82\pi r_0^2 u_{\max}}{\pi r_0^2} = 0.82u_{\max} \tag{2.50}$$

由此可知湍流时平均速度约等于管中心处最大速度的 0.82 倍。

（3）湍流时流体的动能。

如图 2.25 所示,单位时间通过环形截面的动能为

$$(2\pi r\mathrm{d}r \cdot u\rho)(u^2/2)$$

$$= \rho\pi\left[u_{\max}\left(\frac{y}{r_0}\right)^{1/7}\right]^3(r_0 - y)\mathrm{d}(r_0 - y)$$

$$= -\rho\pi u_{\max}^3 r_0^2\left(1 - \frac{y}{r_0}\right)\left(\frac{y}{r_0}\right)^{3/7}\mathrm{d}\left(\frac{y}{r_0}\right)$$

单位时间通过圆管截面流体的动能为

$$-\pi\rho u_{\max}^3 r_0^2\int_{y/r_0=1}^{y/r_0=0}\left[\left(\frac{y}{r_0}\right)^{3/7} - \left(\frac{y}{r_0}\right)^{10/7}\right]\mathrm{d}\left(\frac{y}{r_0}\right)$$

$$= \pi\rho u_{\max}^3 r_0^2\left(\frac{7}{10} - \frac{7}{17}\right)$$

$$= \frac{49}{170}(\pi\rho r_0^2)\left(\frac{60u}{49}\right)^3$$

$$= 0.53\pi\rho r_0^2 u^3$$

通过圆管截面每千克流体的动能为

$$0.53\pi\rho r_0^2 u^3/\pi r_0^2 u\rho = 0.53u^2 \approx u^2/2$$

在总能量衡算中的动能项,未考虑速度分布,按平均速度取为 $u^2/2$。这种取法对湍流来说基本符合,对层流来说小了一半,但动能一项占总能量的分数很小,所以动能取法引起的误差可忽略。

2.4.3.3 圆管内层流与湍流的比较

综合上述,圆管内流体流动的基本性质与流动形态密切相关,速度分布却都是从中心向边缘逐渐变小,轴线速度最大,边缘速度为零。圆管内层流与湍流的比较见表 2.6。

表 2.6 圆管内层流与湍流的比较

	层流	湍流
速度分布	$u = u_{\max}\left(1 - \frac{r^2}{r_0^2}\right)$ $u_{\max} = \frac{\Delta p}{4\mu l}r_0^2$	$u = u_{\max}\left(1 - \frac{r}{r_0}\right)^{1/n}$ （$n = 7$ 较常用）
平均速度	$u = \frac{1}{2}u_{\max}$	$u = 0.82u_{\max}$
动能	u^2	$\frac{u^2}{2}$

2.4.4 边界层的概念

从前面介绍已知,由于流体有黏性,当它在管内流动时,会出现速度分布,其形态与流动状态直接相关。现在,进一步研究流体沿固体表面流动的情况,着重介绍靠近壁面,被称为边界层的那部分流体的流动现象。

2.4.4.1 边界层的形成和发展

（1）流体沿半无限平板流动。

如图 2.26 所示,当速度为 u_0,且速度分布均匀的流体与一无限固体平板前缘接触时,在

板面处的流体速度为零。随着距板面距离的增加,沿 x 方向的流速也增加,并且逐渐接近流体的主流速度 u_0,出现图示的速度分布形态。

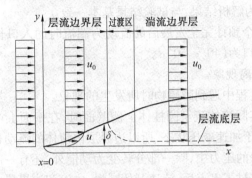

图 2.26　半无限平板壁面上的流动边界层

把黏性流体流动受固体表面影响的那部分流体称为边界层。边界层的厚度 δ 人为地取作流速达到99% 主体流速 u_0 处。图 2.26 所示虚线即为边界层界线,δ 为该处边界层厚度。边界层沿 x 方向可分为层流与湍流边界层,其临界点可由雷诺数求出。此时,雷诺数定义为 $Re = xu_0\rho/\mu$,称局部雷诺数,其中 x 是离平板前缘的距离。

对上述情况,试验数据表明:

$Re < 2 \times 10^5$　　　　　　　　边界层是层流

$2 \times 10^5 < Re < 3 \times 10^6$　　　边界层可能是层流也可能是湍流(视平板壁面情况而定)

$Re > 2 \times 10^6$　　　　　　　　边界层是湍流

值得注意的是,当边界层流动为湍流时,在紧靠近壁面处,仍有一层很薄的流体呈层流流动,称为层流底层。流体在层流底层中出现很大的速度梯度。在层流底层与边界层湍流部分之间有一区域,其中既非层流又非完全湍流,这是缓冲层。边界层内由于黏性剪应力引起的曳力称为表面曳力,或表面摩擦力。流体沿平板流动时,这是唯一的曳力。

(2) 流体在圆形直管内流动。

当流体以均匀流速 u_0 流入一个圆管时,边界层便会在管壁上形成,而且随离入口处越远变得越厚。因流体在边界层内受到阻滞,且总流量又维持不变,故在管中央的流体将被加速。即在管入口段流速不仅在径向有分布,而且还随入口距离 L_0 变化,是二维分布问题。在距管入口某一距离处,已形成的边界层在轴心处汇合,并且此后占据整个管截面,其厚度将不再变化。在此以后的流动成为完全发展了的流动,速度分布形态不再发生变化。在完全发展了的流动开始时,如果边界层仍为层流,则此后管内的流动保持层流流动;反之,如果边界层已经是湍流,则管内将保持湍流流动,如图 2.27 所示。

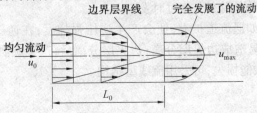

图 2.27　管入口附近的边界层

完全发展了的流动为层流时所需的入口长度 L_0 可以用下式估计：

$$L_0/d = 0.057\ 5Re \tag{2.51}$$

式中，d 为管内径。该式为解析结果，与试验结果基本一致。

目前，尚没有得到一个预计完全发展后的流动为湍流时的入口长度关系式。但试验表明，这个长度至少离管入口为 $(40 \sim 50)d$。

2.4.4.2　边界层分离现象

下面分析流体流动过程中遇到障碍物时所发生的现象。

如图 2.28 所示，当实际流体流至圆柱体上侧壁面时，在壁面上产生边界层。由于在 B 点之前，主流中的流线处于加速减压状态，所以边界层内流体的流动也必处于加速减压的情况，即 $dp/dx < 0$。所减少的压力中，除一部分转变为动能外，还有一部分消耗于克服黏性流动所引起的剪应力。但在过了 B 点后，流速开始减慢，主流和边界层中流动的流体又均处于减速加压的情况，即 $dp/dx > 0$，称为逆压强梯度。在此情况下，由于边界层内的剪应力和逆向压力梯度的双重作用，边界层中流体的流速逐渐变小，壁面附近的流体质点到达 P 点后，终于在 Re 相当低的情况下，动能消耗殆尽，而形成一个停滞点 P，在此点处速度为零，其压力要比上游的压力大。

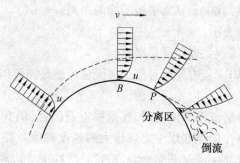

图 2.28　边界层分离现象

由于液体可视为不可压缩，所以后续流体的质点到达 P 点时，在较高压力的作用下，被迫离开壁面和原流线方向，将自己的部分静压能转变为动压能，脱离壁面，循另一条新的流线方向继续向下游流去。这种边界层脱离壁面的现象即称为边界层分离，P 点即称为分离点。

在 P 点的下游，由于形成了流体的空白区，所以在逆向压力梯度的作用下，必有倒流的流体来补充，这些倒流的流体当然不能靠近处于高压下的 P 点而被迫退回，产生旋涡。因此，在回流与主流之间，必存在一个分离面，如图 2.28 所示。这个分离面称为分界面。

由上述可知，边界层分离是旋涡形成的一个重要原因，这种现象通常在流道截面忽然扩大或流体绕物体（流线性物体除外）流过时发生。

综上所述，流动流体如遇流道扩大，便会产生逆压强梯度；在逆压强梯度与剪应力（摩擦力）的共同作用下，容易造成边界层分离；边界层分离后，产生旋涡，造成形体阻力，消耗了机械能。为了减少机械能损失，可采用流线型结构。

2.5　流体在管内的流动阻力

管路系统主要由直管和管件组成。管件包括弯头、三通、短管、阀门等。无论直管和管件都对流体流动有一定的阻力,消耗一定的机械能。直管造成的机械能损失称为直管阻力损失(或称沿程阻力损失),是由流体内摩擦而产生的。管件造成的机械能损失称为局部阻力损失,主要是流体流经管件、阀门及管截面的突然扩大或缩小等局部地方所引起的。在运用伯努利方程时,应先分别计算直管阻力和局部阻力损失的数值,然后进行加和。

2.5.1　管、管件及阀门

管路系统是由管、管件、阀门以及流体输送机械等组成的。当流体流经管和管件、阀门时,会产生漩涡而消耗能量。因此,在讨论流体在管内的流动阻力时,必须对管、管件以及阀门有所了解。

2.5.1.1　管

管子的种类很多,目前已在化工生产中广泛应用的有铸铁管、钢管、特殊钢管、有色金属管、塑料管及橡胶管等。钢管又有有缝与无缝之分;有色金属管又可分为紫铜管、黄铜管、铅管及铝管等。有缝钢管多用低碳钢制成;无缝钢管的材料有普通碳钢、优质碳钢以及不锈钢等。不锈钢管价格昂贵,适用于输送强腐蚀性的流体,如稀硝酸用管、混酸用管等。铸铁管常用于埋在地下的给水总管、煤气管及污水管等。输送浓硝酸、稀硫酸则应分别使用铝管及铅管。

管子的规格有以下几种表示方法:

① 用 $\Phi A \times B$ 表示,其中 A 指管外径,B 指管壁厚度,如 $\Phi108 \times 4$ 即管外径为 108 mm,管壁厚为 4 mm。这种方法常用于普通无缝钢管。

② 用公称直径 DN 表示,常用于承插式铸铁管、输水管及燃气输送管路。如 DN800 mm 管子,1/8 英寸管,800 和 1/8 并不等于内径或外径。

2.5.1.2　管件

管件为管与管的连接部件,它主要是用来改变管道方向、连接支管、改变管径及堵塞管道等,常用的管件有三通、弯头、活管接、大小头等。图 2.29 所示为管路中常用的几种管件。

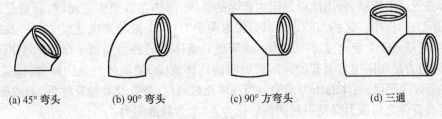

(a) 45° 弯头　　　　(b) 90° 弯头　　　　(c) 90° 方弯头　　　　(d) 三通

图 2.29　常用的几种管件

2.5.1.3　阀门

阀门装于管道中用以调节流量。常用的阀门有以下几种。

(1) 截止阀。

截止阀的构造如图 2.30(a) 所示,它是依靠阀盘的上升或下降来改变阀盘与阀座的距离,以达到调节流量的目的。

截止阀构造比较复杂,在阀体部分流体流动方向经数次改变,流动阻力较大。但这种阀门严密可靠,而且可较精确地调节流量,所以常用于蒸气、压缩空气及液体输送管道。若流体中含有悬浮颗粒时应避免使用。

(2)闸阀。

闸阀又称闸板阀,如图2.30(b)所示,闸阀是利用闸板的上升或下降,以调节管路中流体的流量。

闸阀的构造简单,液体阻力小,且不易被悬浮物堵塞,故常用于大直径管道。其缺点是闸阀阀体高,制造、检修比较困难。

(3)逆止阀。

逆止阀又称单向阀。其用途在于只允许流体沿单方向流动。如遇到有反向流动时,阀自动关闭,如图2.30(c)所示。逆止阀只能在单向开关的特殊情况下使用。离心泵吸入管路上就装有逆止阀,往复泵的进口和出口也装有逆止阀。

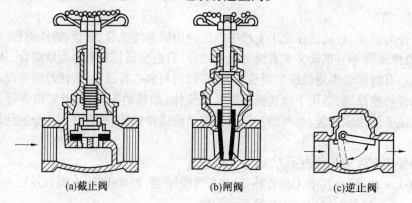

(a)截止阀 (b)闸阀 (c)逆止阀

图2.30 常用阀门的构造

除以上几种外,常用的阀门还有球阀、疏水阀、安全阀等。

2.5.2 管道阻力损失及通式

流体在管道中流动,管道内壁是阻力产生的外因,流体在管道中流动时,管壁受到流体压力和切应力的作用。这些力的合力可分解为两个力,一个是与来流速度方向一致的作用力,另一个是垂直于来流速度方向的力。而管壁对流体阻碍的力与前一个力大小相等方向相反,这种阻力是切向应力引起的。因管壁阻碍流体流动,使流体产生内摩擦,即直管(沿程)摩擦阻力,可引起流体的压力损失。当流体流过阀门、弯管及其他管件后,形成旋涡,由于在阀门及管件之后压力降低引起的前后压力差,称为局部阻力。

这样,把阻力分为直管摩擦阻力和局部阻力,这两种阻力构成了流体流动的总阻力。

如图2.31所示,取一段管路,由式(2.33(a))可知此段管路的能量损失为

$$W_f = g(z_1 - z_2) + \frac{u_1^2 - u_2^2}{2} + \frac{p_1 - p_2}{\rho}$$

即能量损失等于两截面1—1和2—2的位能、动能及压力能变化之和,但通常位能及动能变

化很小。若取水平管的直径不变,则
$$W_f \rho = h_f g \rho = p_1 - p_2 = \Delta p$$
即这一段管路的阻力损失引起了压力的降低,所以 $\Delta p = \Delta p_f$,称压力损失。

　　由于机械能衡算式形式不同,所以阻力损失一项的单位有 $W_f(\mathrm{J/kg})$、$h_f(\mathrm{J/N})$、$h_f \rho g(\mathrm{J/m^3})$ 之分。

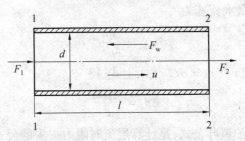

图 2.31　管内流体流动时压力与剪力的平衡

　　如图 2.31 所示,取一段等直径水平管段,长度为 l,速度为 u,以截面 1—1 和 2—2 与管内壁间的流体柱为控制体,截面 1—1 的压力 F_1、截面 2—2 的压力 F_2 及剪切力 F_w 三力达到平衡,则

$$F_1 - F_2 - F_w = 0 \tag{2.52}$$

且

$$F_1 - F_2 = (p_1 - p_2)\frac{\pi}{4}d^2 = \Delta p_f \frac{\pi}{4}d^2 \tag{2.53}$$

$$F_w = \pi d l \tau_w \tag{2.54}$$

将式(2.53)、(2.54) 代入式(2.52),得

$$\Delta p_f = \frac{4l\tau_w}{d} \tag{2.55}$$

　　式(2.54) 表示摩擦损失 Δp_f 与剪应力 τ_w 的关系。因 Δp_f 与 u 有关,所以将式(2.55) 中 Δp_f 以流体动能的倍数表示,于是

$$\Delta p_f = 8\left(\frac{\tau_w}{\rho u^2}\right)\left(\frac{l}{d}\right)\frac{\rho u^2}{2} \tag{2.56}$$

令

$$\lambda = 8\frac{\tau_w}{\rho u^2} \tag{2.57}$$

并代入式(2.56) 中,则

$$\Delta p_f = \lambda \frac{l}{d}\frac{\rho u^2}{2} \tag{2.58}$$

$$W_f = \frac{\Delta p_f}{\rho} = \lambda \frac{l}{d}\frac{u^2}{2} \tag{2.58(a)}$$

$$h_f = \frac{\Delta p_f}{\rho g} = \lambda \frac{l}{d}\frac{u^2}{2g} \tag{2.58(b)}$$

　　式(2.58)、(2.58(a)) 及式(2.58(b)) 为计算管内流体摩擦损失的通用计算式。式中 λ 与剪应力有关,称为摩擦系数,是无量纲的。

在导出式(2.57)时,并未指定流体形态,故它适用于层流也适用于湍流,只是在层流和湍流两种流动形态下,摩擦损失的性质有所不同,其 λ 的求法也不相同。以下将分别介绍层流摩擦系数与湍流摩擦系数。

2.5.3 圆管内层流的阻力损失

由式(2.43)知管内最大流速为

$$u_{\max} = \frac{\Delta p_f}{4\mu l} r_0^2$$

将式(2.46)、$u_{\max} = 2u$ 及 $r_0 = d/2$ 代入上式,得

$$\Delta p_f = \frac{32\mu l u}{d^2} \tag{2.59}$$

式(2.59)称哈根 – 泊谡叶公式,是计算层流时阻力损失的公式,说明层流时压力损失与速度一次方成正比。对比式(2.58)与式(2.59),得

$$\lambda = 64\,\frac{\mu}{du\rho} = \frac{64}{Re} \tag{2.60}$$

式(2.60)为层流时直管摩擦系数计算式,λ 只与雷诺数有关,λ 与 Re 在双对数坐标上呈一直线关系。层流时,应用式(2.60)计算摩擦阻力损失更为方便。

2.5.4 量纲分析法

当流体做湍流流动时,不能用层流时摩擦损失的计算方法来计算其摩擦损失,因为此时牛顿黏性定律已不适用于湍流。因影响湍流摩擦阻力损失的因素较多,至今从理论上来计算湍流时的摩擦损失还有困难。

对于这类复杂问题,如果采用试验的方法,将会很困难。例如,流体因内摩擦而出现的压力损失 Δp_f 与下列几个因素有关:管径 d、管长 l、平均速度 u、流体黏度 μ、流体密度 ρ、绝对粗糙度 Δ 等,即 $\Delta p_f = f(d,l,u,\rho,\mu,\Delta)$。试验时先固定6个变量中的5个如 l,u,ρ,μ,Δ,求 d 与 Δp_f 的关系,每个变量取10个试验值,6个变量都这样做,如 ρ 与 Δp_f 的关系做10个试验值,要选10种液体做实物,将给试验工作带来很大的难度,总计需要 10^6 次试验,且最终得到大量的试验数据,难以综合分析使用。

利用量纲分析方法,将变量组合成无量纲数群。用无量纲数群代替单个变量,无量纲数群数目比单个变量数目少,这样给试验工作带来了可能与方便。

量纲分析方法的基础是量纲的一致性,又称量纲和谐性,指的是物理方程所包含的各项量纲相等。例如伯努利方程 $z + p/\rho g + u^2/2g = C$,方程中每一项都具有长度的量纲。

这一有量纲的物理方程,可转变为无量纲方程,用常数项 C 去除方程的每一项,则得无量纲方程

$$z/C + \frac{p}{\rho g C} + \frac{u^2}{2gC} - 1 = 0$$

因此,对于复杂的物理现象,不能导出物理方程时,可将有关的物理量组成无量纲数群,再通过试验,定出数群之间的定量关系式为经验关系式,在工程技术中使用它,与理论公式具有同等的重要性。

　　量纲分析法所得到的无量纲数群的数目等于有因次的独立变量数 n 减去基本量纲数 m，称为白金安 π 定理。

　　如对影响压力损失 Δp_f 的因素进行分析，得知它与管径 d、管长 l、流速 u、流体密度 ρ、流体黏度 μ 以及管壁的绝对粗糙度 Δ 有关，这 7 个物理量用一般函数式表示如下

$$f(d,l,u,\rho,\mu,\Delta,\Delta p_f) = 0 \tag{2.61}$$

　　这 7 个物理量，涉及的基本量纲有 3 个，即长度 L、质量 M 和时间 T。按照 π 定理，无量纲数群的数目为 $7-3=4$ 个。令这 4 个无量纲数群为 π_1、π_2、π_3 及 π_4，则式（2.61）可转换为

$$\Phi(\pi_1,\pi_2,\pi_3,\pi_4) = 0 \tag{2.62}$$

π_1,π_2,π_3,π_4 可按下述步骤求得。

　　① 列出各个物理量的量纲：

Δp_f——压力损失　　　　　　　　　　　　　$MT^{-2}L^{-1}$

d——圆管直径　　　　　　　　　　　　　　L

u——流体速度　　　　　　　　　　　　　　LT^{-1}

l——管长　　　　　　　　　　　　　　　　L

ρ——流体密度　　　　　　　　　　　　　　ML^{-3}

μ——流体黏度　　　　　　　　　　　　　　$MT^{-1}L^{-1}$

Δ——管壁绝对粗糙度　　　　　　　　　　L

　　② 按下述条件选择 m 个（此例中 $m=3$）物理量作为 $(n-m)$ 个无量纲数群（又称无量纲准数）的核心物理量：

　　a. 不包含待定的物理量（本例中为 Δp_f）。

　　b. m 个物理量应当包括问题所涉及的全部基本量纲，但它们本身却又不能组成无量纲准数。本例中选 d、u、μ 作为 4 个无量纲准数 π_1、π_2、π_3、π_4 的核心物理量，且 d、u、μ 构不成无量纲准数。

　　③ $(n-m)$ 个物理量分别与这 m 个选定的核心物理量组合成 $(n-m)$ 个无量纲准数 π，每个无量纲准数 π 由 $(m+1)$ 个物理量组成。本例中 $(n-m)$ 个剩余物理量为 l、Δ、ρ、Δp_f，将分别与 d、u、μ 组合成 4 个无量纲准数，则

$$\pi_1 = d^a u^b \mu^c l \tag{2.63}$$

$$\pi_2 = d^e u^f \mu^g \Delta \tag{2.64}$$

$$\pi_3 = d^h u^i \mu^j \rho \tag{2.65}$$

$$\pi_4 = d^k u^l \mu^m \Delta p_f \tag{2.66}$$

　　将 π_1 的量纲展开，得

$$M^0 T^0 L^0 = L^{a+b-c+1} T^{-b-c} M^c$$

因等式两端量纲相等，则

对质量 M　　　　　　　　　　　$c=0$

对时间 T　　　　　　　　　　　$-b-c=0$

对长度 L　　　　　　　　　　　$a+b-c+1=0$

联立求解，得

$$c=0, b=0, a=-1$$

代入式(2.63)得

$$\pi_1 = \left(\frac{l}{d}\right) \tag{2.67}$$

将 π_2 的量纲展开,按量纲相等得参数 $g = 0, f = 1, e = -1$,代入式(2.64)得

$$\pi_2 = \left(\frac{\Delta}{d}\right) \tag{2.68}$$

将 π_3 的量纲展开,按量纲相等得参数 $j = -1, i = 1, h = 1$,代入式(2.65)得

$$\pi_3 = \left(\frac{du\rho}{\mu}\right) = (Re) \tag{2.69}$$

将 π_4 的量纲展开,按量纲相等得参数 $m = -1, l = -1, k = 1$,代入式(2.66)得

$$\pi_4 = \left(\frac{\Delta p_f d}{\mu u}\right)$$

将 d、u、μ 的基本量纲 L、LT^{-1}、$MT^{-1}L^{-1}$ 代入 π_4 的准数方程中,经整理得

$$\pi_4 = \left(\frac{\Delta p_f}{\rho u^2}\right) \tag{2.70}$$

在 π_4 中包含待定的物理量 Δp_f,称为被决定准数,其他 π_1、π_2、π_3 准数称为决定准数。令 $\dfrac{\Delta p_f}{\rho u^2} = E_u$,由此得出湍流流动时摩擦阻力损失的准数一般关系式

$$E_u = f\left(\frac{l}{d}, \frac{\Delta}{d}, Re\right) \tag{2.71}$$

或

$$\frac{\Delta p_f}{\rho u^2} = a\left(\frac{l}{d}\right)^b \left(\frac{du\rho}{\mu}\right)^c \left(\frac{\Delta}{d}\right)^e \tag{2.72}$$

式(2.72)中,$\dfrac{\Delta p_f}{\rho u^2}$ 表示压力与惯性力之比,称为欧拉准数;$\dfrac{l}{d}$ 为管子长度与直径之比,反映管子的几何特性;$Re = du\rho/\mu$,表征惯性力与黏性力比值关系,反映流体的湍动程度;$\dfrac{\Delta}{d}$ 反映管壁绝对粗糙度 Δ 与管径之比,称为相对粗糙度,反映管壁的几何特性。

④π 定理的物理意义及几点解释:

a. π 定理的物理本质是以研究对象中含有全部基本量纲的物理量作为基本物理量,再与其余物理量组合成无量纲准数,来描述物理量之间的关系。

b. π 定理由 n 个有量纲的变量组成 $(n - m)$ 个无量纲准数,函数结构简化,试验变量大为减少,试验变为现实了。

c. π 定理是研究复杂物理现象的一种手段,只是对复杂现象中各物理量之间关系进行研究,正确组合成无量纲准数,但它不能代替对物理现象本身的研究。

d. 进行量纲分析之前,确定与物理现象有关的因素时,不应忽视重要的物理量,也不能把不必要的物理量划进来。这样,才能得出正确的准数关系。

e. 量纲分析法只是将有量纲的变量组合成 $(n - m)$ 个无量纲准数,但准数方程的系数与指数需通过试验确定。

f. 在选定 m 个基本物理量时,在符合②的原则下可任意选择,如本例可选 d、u、ρ 或 l、ρ、

μ 作为基本物理量,经过变换最终均会得到式(2.72) 的结果。

g. 如果把湍流状态摩擦阻力损失式(2.72) 的准数关联中,去掉 Δ/d 项,则得

$$\frac{\Delta p_f}{\rho u^2} = a\left(\frac{l}{d}\right)^b \left(\frac{du\rho}{\mu}\right)^c \tag{2.73}$$

将式(2.59) 加以变换,则得

$$\frac{\Delta p_f}{\rho u^2} = 32\left(\frac{l}{d}\right)\left(\frac{\mu}{du\rho}\right) \tag{2.74}$$

对比式(2.73) 与式(2.74),若令式(2.73) 中的 $a = 32, b = 1, c = -1$,则两式相同。式(2.73) 可视为层流与湍流状态摩擦阻力的表达通式。

2.5.5　圆管内湍流的阻力损失

试验证明,对于均匀直管,流体流动的阻力损失是与管长 l 成正比的,因此对于湍流流动,可以取式(2.72) 中 l/d 一项的指数 $b = 1$,则式(2.72) 变成如下形式

$$\frac{\Delta p_f}{\rho u^2} = a\left(\frac{l}{d}\right)\left(\frac{du\rho}{\mu}\right)^c \left(\frac{\Delta}{d}\right)^e \tag{2.75}$$

对照式(2.58)

$$\Delta p_f = \lambda \frac{l}{d} \cdot \frac{\rho u^2}{2}$$

可以得出

$$\lambda = \varphi\left(Re, \frac{\Delta}{d}\right) \tag{2.76}$$

通过试验可以获得摩擦系数(λ) 与流动形态(Re) 和管道相对粗糙度$\left(\dfrac{\Delta}{d}\right)$ 的关系。

2.5.5.1　莫狄摩擦系数图

为了计算方便,通过试验把摩擦系数 λ 与 Re 和 Δ/d 之间的关系绘于双对数坐标内,这就是莫狄摩擦系数图(图 2.32),图中有 4 个不同的区域。

(1) 层流区。

当 $Re \leqslant 2\,000$ 时,$\lg \lambda$ 随 $\lg Re$ 的增大呈线性下降,斜率为 -1,表达这一直线的关系式为

$$\lambda = \frac{64}{Re}$$

须注意的是,这一线性下降关系说明,层流流动时的阻力损失并非如式(2.58) 直观表示的那样与流体流速的平方成正比,而是与流速的一次方成正比,这称为层流阻力的一次方定律。

(2) 过渡区。

当 $2\,000 < Re < 4\,000$ 时,管内流动随外界条件的影响而出现不同的流动形态,摩擦系数也因之出现波动。为了保险起见,在工程计算中一般按湍流处理,将相应湍流时的曲线延伸,以便查取 λ 值。

(3) 湍流区。

当 $Re \geqslant 4\,000$ 且在图 2.32 中虚线以下时,流体流动进入湍流区。λ 值随 Re 的增大而减

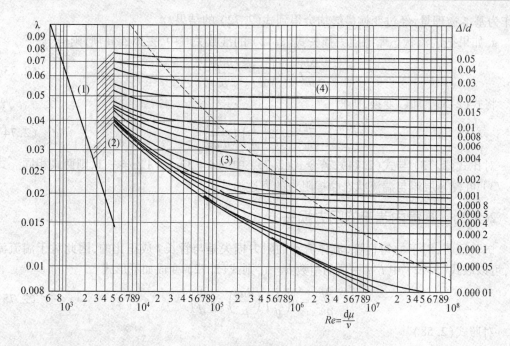

图 2.32　莫狄摩擦系数图

小,Re 增大到一定值以后,λ 值随 Re 的增大下降缓慢。

（4）完全湍流区。

图 2.32 虚线以上区域,λ 与 Re 曲线近乎水平直线,即 Re 到足够大时,摩擦系数基本上不随 Re 的变化而变化。在此区域内 λ 值近似为常数,此时流体流动阻力取决于涡流黏度 ε,而分子黏度 μ 已基本上不起作用。根据公式(2.58),若 l/d 一定,则阻力损失与流速的平方成正比,称为阻力平方区。

2.5.5.2　粗糙度对摩擦系数 λ 的影响

莫狄摩擦系数图中也反映出粗糙度对 λ 的影响。对于层流区,粗糙度对 λ 不产生影响,这一点很容易得到解释,层流中流体是分层流动的,粗糙度的大小并未改变层流的速度分布和内摩擦规律,因此它不对流动的阻力损失产生明显的影响。

在湍流流动时,管壁高低不平的突出物将对摩擦系数产生影响（图 2.33）,这种影响随 Re 的增大而显得更加明显。当 Re 较小时（图 2.33(a)）,湍流流动中的层流底层较厚,只有较高的壁面突出物突出于湍流核心当中,它将阻挡湍流的流动而造成较大的阻力损失。随 Re 的增大（图 2.33(b)）,层流底层减薄,其他较小的突出物也会暴露于湍流之中,造成更大的阻力。由于突出物对于流体湍动的影响,粗糙度越大的管道达到完全湍流区即阻力平方区的 Re 越低。

图 2.32 中的相对粗糙度一般是通过人工的方法在管壁内黏结颗粒大小相同的均匀砂粒而构成的,故其值可以精确测定。一般工业用管道内壁的突出物高低是不均匀的,其相对粗糙度无法准确予以测定。通常通过试验测定 λ 值后反推其相对粗糙度,再依据管径计算其绝对粗糙度。表 2.7 为某些工业管道的绝对粗糙度。

由于管道在生产过程中被腐蚀、结垢,其粗糙度会发生变化,若生产中发生严重腐蚀,其管道的粗糙度会明显增大,这些因素在管路设计计算中需要予以考虑。

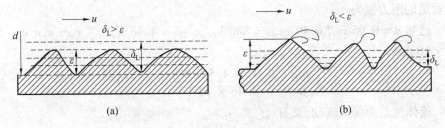

图 2.33　流体流过管壁面的情况

表 2.7　某些工业管道的绝对粗糙度

	管道类别	绝对粗糙度 Δ/mm
金属管	无缝黄铜管、铜管及铝管	0.01 ~ 0.05
	新的无缝钢管或镀锌铁管	0.1 ~ 0.2
	新的铸铁管	0.3
	具有轻度腐蚀的无缝钢管	0.2 ~ 0.3
	具有显著腐蚀的无缝钢管	0.5 以上
	旧的铸铁管	0.85 以上
非金属管	干净玻璃管	0.001 5 ~ 0.01
	橡皮软管	0.01 ~ 0.03
	木管道	0.25 ~ 1.25
	陶土排水管	0.45 ~ 6.0
	很好整平的水泥管	0.33
	石棉水泥管	0.03 ~ 0.8

2.5.5.3　计算 λ 值的经验关系式

根据试验结果,不少学者提出了多种形式的经验关系式,这里选择其中重要的予以介绍。

(1) 布拉修斯(BIasius) 光滑管公式。

$$\lambda = \frac{0.316\,4}{Re^{0.25}} \tag{2.77}$$

该式一般适用于计算 $Re = 5\,000 \sim 10\,000$ 的光滑管内湍流流动的摩擦系数。

(2) 粗糙管公式。

我国化工专家顾毓珍教授提出了如下的关联式:

$$\lambda = 0.012\,27 + 0.754\,3Re^{0.38} \tag{2.78}$$

此式适用于 $Re = 3\,000 \sim 3\,000\,000$,粗糙管是指钢管或铁管。

处于湍流区的摩擦系数也可以采用下式进行计算

$$\frac{1}{\sqrt{\lambda}} = -2\lg\left(\frac{\Delta}{3.7d} + \frac{2.5l}{Re\sqrt{\lambda}}\right) \tag{2.79}$$

当 Re 很大,流动进入阻力平方区时,摩擦系数可以用下述公式计算

$$\lambda = 0.11\left(\frac{\Delta}{d} + \frac{68}{Re}\right)^{0.25} \tag{2.80}$$

例 2.20　某液体以 4.5 m/s 的流速流经内径为 0.05 m 的水平工业钢管,液体的黏度为 4.46×10^{-3} Pa·s,密度为 800 kg/m³,工业钢管的绝对粗糙度为 4.6×10^{-5} m,试计算流体流

经 40 m 管道的阻力损失。

解 已知 $d = 0.05$ m, $l = 40$ m, $\rho = 800$ kg/m³, $\mu = 4.46 \times 10^{-3}$ Pa·s, $u = 4.5$ m/s, $\Delta = 4.6 \times 10^{-5}$ m。

$$Re = \frac{du\rho}{\mu} = \frac{0.05 \times 4.5 \times 800}{4.46 \times 10^{-3}} = 40\ 359$$

显然,流体流动为湍流流动,又有

$$\frac{\Delta}{d} = 4.6 \times 10^{-5}/0.05 = 0.000\ 92$$

根据所得 Re 和 Δ/d 值,查图 2.32 得

$$\lambda = 0.024$$

故阻力损失 W_f 为

$$W_f/(J \cdot kg^{-1}) = \lambda \frac{l}{d} \frac{u^2}{2} = 0.024 \times \frac{40}{0.05} \times \frac{4.5^2}{2} = 194.4$$

2.5.6 非圆形管内阻力损失

环境工程中,流体流道不完全是圆形管道,例如流体有时在两个直径不同的内外管之间的环隙流动,有些气体输送管的截面呈矩形,原水输送渠道多为梯形等。对于非圆形管道中流体流动的阻力损失,一般引入当量直(半)径的概念进行计算。

对于圆形管道,流体流经的管道截面为 $\pi d^2/4$,流体润湿的周边长度为 πd,可以得出

$$d = \frac{4 \times 流道截面积}{润湿周边长度} = 4R$$

式中 R——当量半径,也称为水力半径,即管(渠)道水力截面积与润湿周边长度之比。

利用类比的方法,可以定义非圆形管道当量直径 d_e,即

$$d_e = \frac{4 \times 流道截面积}{润湿周边长度} = 4R \tag{2.81}$$

由式(2.81)很容易导出一些非圆形管道的当量直径,对于一根外径为 d_1 的内管和一根内径为 d_2 的外管构成的环形通道

$$d_e = \frac{4 \times \pi(d_2^2 - d_1^2)/4}{\pi(d_1 + d_1)} = d_2 - d_1$$

对于长和宽分别为 a 和 b 的矩形管道,则

$$d_e = \frac{4ab}{2(a + b)} = \frac{2ab}{a + b}$$

流体在非圆形直管内做湍流流动时,仍可采用公式(2.58)计算阻力损失,但计算时,应以当量直径 d_e 代替管径 d。一些研究结果表明,当量直径用于湍流流动下阻力损失的计算,结果比较可靠;用于矩形截面管道时,其截面的长与宽之比不能超过 3∶1;用于环形截面管道时,可靠性较差。对于层流流动,用当量直径进行计算时,除管径由当量直径取代外,摩擦系数应采用下式计算

$$\lambda = \frac{C}{Re} \tag{2.82}$$

式中的 C 值根据管道截面形状而定,其值见表 2.8。

表 2.8　某些非圆形管的常数 C 值

非圆形管的截面形状	正方形	等边三角形	环形	长方形	
				长宽比 = 2:1	长宽比 = 4:1
常数 C	57	53	96	62	73

例 2.21　两条长度相等、截面相向的风道,它们的断面形状不同,一为圆形,一为正方形。若它们的直管阻力损失相等,且流动都处于阻力平方区,试问哪条管道的过流能力大? 大多少?

解

$$a^2 = \frac{\pi}{4}d^2,\ a = 0.886d,\ d_e = \frac{4a^2}{4a} = a = 0.886d \tag{1}$$

$$\Delta p_e = \Delta p_f$$

$$\lambda_e \frac{l}{d_e}\frac{u_e^2}{2g} = \lambda\frac{l}{d}\frac{u^2}{2g}$$

所以

$$\lambda_e\frac{u_e^2}{d_e} = \lambda\frac{u^2}{d}$$

$$\frac{\lambda_e u_e^2}{0.886d} = \frac{\lambda u^2}{d}$$

$$1.128\lambda_e u_e^2 = \lambda u^2 \tag{2}$$

因为流动处于阻力平方区,式(2.80)忽略第二项,对圆管

$$\lambda = 0.11\left(\frac{\Delta}{d}\right)^{0.25} \tag{3}$$

对正方形管

$$\lambda_e = 0.11\left(\frac{\Delta}{d}\right)^{0.25} = 0.11\left(\frac{1.128\Delta}{d}\right)^{0.25} \tag{4}$$

将式(3)与式(4)代入式(2)得

$$u_e = 0.927u \tag{5}$$

$$V = 0.785d^2 u$$

正方形截面管的体积流量

$$V_e = a^2 u_e = (0.886d)^2 \times 0.972 u = 0.728 d^2 u$$

$$V/V_e = 0.785 / 0.728 = 1.078$$

所以圆形管的流量为正方形管的 1.078 倍。

由本题计算可知,截面积相同,正方形截面的当量直径小于圆管直径,而润湿周边长度正方形管却比圆管大,流体流过正方形截面阻力比圆管大。在阻力相同时,流体流过圆管的流量比正方形管道大。

2.5.7　局部阻力

管道中的流动阻力损失除流体流经管的沿程阻力外,还有流体流经各类管件的阻力损失。和直管阻力在沿程均匀分布不同,这种阻力损失集中于管件所在处,故称为局部阻力损失。

前已述及,管件处的局部阻力是形体阻力和摩擦阻力之和。但是局部阻力损失主要是来源于流道急剧变化使流体边界层分离,造成大量旋涡,导致机械能的消耗。

2.5.7.1　局部阻力损失的计算

局部阻力损失的计算一般可采用两种方法:阻力系数法和当量长度法。

（1）阻力系数法。

阻力系数法近似地认为局部阻力损失服从速度平方定律,即

$$h_f = \xi \frac{u^2}{2g} \tag{2.83}$$

式中　ξ——阻力系数,由试验测定。

（2）当量长度法。

当量长度法近似地认为,局部阻力损失可以相当于某个长度直管的阻力损失,即

$$h_f = \lambda \frac{l_e}{d} \frac{u^2}{2g} \tag{2.84}$$

式中　l_e——管件的当量长度。

2.5.7.2　几种典型的局部阻力

（1）管道截面突然扩大。

如图 2.34 所示的管道截面突然扩大时,流体从小直径的管道流向大直径的管道,由于惯性力作用,它不可能按照管道形状突然扩大,而是离开小管后流束逐渐地扩大。因此在管壁拐角与流束之间形成旋涡,旋涡靠主流束带动旋转,主流束把能量传递给旋涡,旋涡又把得到的能量由于旋转变成热量而消散。流体从直径小的管道流出速度较大,必然与大直径管中速度较低的流体质点碰撞,由于这种碰撞而会损失流体的能量。

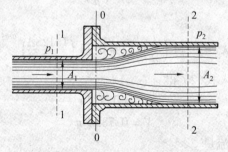

图 2.34　管道截面突然扩大

下面对管道截面突然扩大的能量损失给予分析计算。取截面 0—0、2—2 与其间的管壁作为控制体,根据能量衡算,动量变化及连续性方程,求出截面突然扩大的阻力系数。

根据牛顿第二定律,作用于控制体外的合力等于动量输出速率与动量输入速率之差。

作用于截面 0—0 上的压力等于流束未扩大前的压力 F_1,作用于截面 2—2 上的压力等于流束扩大以后的压力 F_2。截面 0—0、2—2 之间的壁面作用于流体的应力忽略,则作用于划定控制体的合力 F 为

$$F = F_1 - F_2 = p_1 A_2 - p_2 A_2 = (p_1 - p_2) A_2$$

设 u_1 为流体通过截面 A_1 的流速,u_2 为流体通过截面 A_2 的流速,则动量输入速率 = $(\rho u_1 A_1) u_1$,动量输出速率 = $(\rho u_2 A_2) u_2$,所以

$$(p_1 - p_2) A_2 = \rho u_2^2 A_2 - \rho u_1^2 A_1 = \rho u_2 A_2 (u_2 - u_1)$$

即

$$\frac{p_1 - p_2}{\rho} = u_2(u_2 - u_1) \tag{2.85}$$

在两种截面 1—1、2—2 间做机械能衡算：

$$\frac{p_1}{p_2} + \frac{u_1^2}{2} = \frac{p_2}{\rho} + \frac{u_2^2}{2} + (W_f)_e$$

式中　$(W_f)_e$——突然扩大的机械能损失，上式写成

$$\frac{p_1 - p_2}{\rho} = \frac{u_2^2}{2} - \frac{u_1^2}{2} + (W_f)_e \tag{2.86}$$

联立式(2.85)与式(2.86)，则得

$$(W_f)_e = \frac{u_1^2}{2}\left(1 - \frac{A_1}{A_2}\right)^2 \tag{2.87}$$

对比式(2.83)与式(2.87)，则突然扩大的阻力系数为

$$\xi_e = \left(1 - \frac{A_1}{A_2}\right)^2 \tag{2.88}$$

上式计算值比实际的 ξ_e 稍小，因推导中用的是平均速度表示动能与动量而未做较正，且假定截面 0 - 0 处的压力等于未扩大前的压力，与实际有偏差。要注意对突然扩大的能量损失计算时采用小管中的速度。

(2) 管道截面突然缩小。

如图 2.35 所示，流体从大直径的管道向小直径管道流动，流束必然收缩。当流体进入小直径管道后，由于惯性力作用，流束将继续收缩至最小截面，称为缩颈，然后又逐渐扩大，直至充满整个小直径截面 2—2。在缩颈附近的流束与管壁之间有旋涡的低压区，在大直径截面与小直径截面连接的凸肩处，也有旋涡形成。流体质点间的摩擦、碰撞及主体流体质点带动旋涡体质点流动等原因都会增加能量损失。由以上分析可见，流动截面突然缩小的阻力由两部分组成，从截面1—1到缩颈为加速收缩损失，从缩颈到截面2—2为减速扩散损失，且后者较大，此时的阻力系数可用下式表述

$$\xi_e = 0.5\left(1 - \frac{A_2}{A_1}\right) \tag{2.89}$$

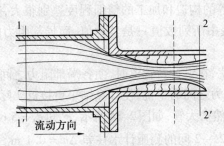

图 2.35　管道截面突然缩小

该式计算简便，但计算值与表 2.9 的试验值相比偏小。

突然缩小阻力系数实测值见表 2.9。

表 2.9　ξ 与 A_2/A_1 的关系

A_2/A_1	0.01	0.1	0.2	0.3	0.4	0.5	0.6	0.7	0.8	0.9	1.0
ξ	0.5	0.47	0.45	0.38	0.34	0.30	0.25	0.20	0.15	0.09	0

（3）管出口与管入口。

流体自管出口流入容器，或自管出口排放到大气中，相当于截面突然扩大，$A_1/A_2 \approx 0$。按式(2.88)计算，则管出口的阻力系数为

$$\xi = 1.0 \tag{2.90}$$

流体自容器流入管的入口，截面突然缩小，$A_2/A_1 \approx 0$，按表 2.9，管入口的阻力系数为

$$\xi = 0.5 \tag{2.91}$$

（4）管件与阀门的损失。

管路上其他管件，如阀门、三通及活接头等局部阻力系数见表 2.10。

表 2.10　管件和阀门的阻力系数及当量长度数据(湍流)

名称	阻力系数 ξ	当量长度与管径之比 l_e/d	名称	阻力系数 ξ	当量长度与管径之比 l_e/d
45° 弯头	0.35	17	标准阀		
90° 弯头	0.75	35	全开	6.0	300
三通	1	50	半开	9.5	475
回弯头	1.5	75	角阀，全开	2.0	100
管接头	0.04	2	逆止阀		
活接头	0.04	2	球式	70.0	3 500
闸阀			摇板式	2.0	100
全开	0.17	9	水表，盘式	7.0	350
半开	4.5	225			

此外在管路计算中，局部阻力用当量长度表示更为方便，由式 $\xi = \lambda(l/d)$ 可知，若某管件或阀门所引起的局部阻力损失等于一段与它直径相同的长度为 l_e 的直管引起的阻力损失，则这一管件或阀门的阻力系数便为 $\lambda(l_e/d)$。l_e 称为管件或阀门的当量长度。只要已知当量长度 l_e 的数据，将式(2.58)中的 l 代以 l_e，便可算出局部阻力损失。

由试验测定的部分管件和阀门的当量长度数据见表 2.10。表中的数值都是在湍流状态下测定的。管件与阀门等的构造和加工的精细程度差别很大，其当量长度与阻力系数都会有一个变动范围，因此表中所列数值只是其约值，而局部阻力的计算也只是一种粗略估算。

局部阻力之间互有干扰，在设计新管道时，使各局部阻力之间的距离都大于 3 倍管道直径，这样基本能消除局部阻力之间的干扰，使计算结果更接近实际情况。

例 2.22　水通过一突然扩大管，如图 2.34 所示，已知 $d_1 = 5$ cm，$d_2 = 12$ cm，水的流量为 5×10^{-5} m³/s，截面 1 - 1、2 - 2 间的测压计水柱差 $\Delta h = 0.1$ m。求：

（1）突然扩大的局部阻力系数；

（2）如果流量不变，水倒流，计算测压计的水位差。

解　（1）$u_1/(\text{m} \cdot \text{s}^{-1}) = \dfrac{4V_s}{\pi d_1^{\ 2}} = \dfrac{4 \times 5 \times 10^{-3}}{\pi \times 0.05^2} = 2.55$

$$u_2/(\mathrm{m \cdot s^{-1}}) = \frac{4V_s}{\pi d_2{}^2} = \frac{4 \times 5 \times 10^{-3}}{\pi \times 0.12^2} = 0.44$$

在截面1—1与2—2之间列机械能衡算式,由于相距较近,忽略摩擦损失,只考虑局部阻力损失,则

$$\frac{p_1}{\rho g} + \frac{u_1^2}{2g} = \frac{p_2}{\rho g} + \frac{u_2^2}{2g} + h_f$$

$$\frac{p_2 - p_1}{\rho g} = \frac{u_1^2 - u_2^2}{2g} - h_f \tag{a}$$

又

$$\frac{p_2 - p_1}{\rho g} = \Delta h \tag{b}$$

$$h_f = \xi \frac{u_1^2}{2g} \tag{c}$$

将式(b)、(c)代入式(a),经过整理,则得

$$\xi = \left(\frac{u_1^2 - u_2^2}{2g} - \Delta h \right) \times \frac{2g}{u_1^2}$$

$$= \left(\frac{2.55^2 - 0.44^2}{2 \times 9.81} - 0.1 \right) \times \frac{2 \times 9.81}{2.55^2}$$

$$= 0.66$$

由此得实测的突然扩大的局部阻力系数为0.66。

(2)水倒流,在截面2—2与1—1间列机械能衡算式,则

$$\frac{p_1}{\rho g} + \frac{u_1^2}{2g} + h_f = \frac{p_2}{\rho g} + \frac{u_2^2}{2g}$$

$$\Delta h = \frac{p_2 - p_1}{\rho g} = \frac{u_1^2 - u_2^2}{2g} + h_f \tag{a}$$

$$h_f = \xi \frac{u_1^2}{2g} \tag{b}$$

突然缩小的阻力系数采用式(2.89)计算,则

$$\xi = 0.5 \left(1 - \frac{A_2}{A_1} \right) \tag{c}$$

将式(b)、(c)代入式(a),则

$$\Delta h/\mathrm{m} = \frac{u_1^2 - u_2^2}{2g} + 0.5 \times \left(1 - \frac{0.05^2}{0.12^2} \right) \times \frac{2.55^2}{2 \times 9.81} = 0.45$$

流量不变,水倒流时,截面2—2的压力高于截面1—1的压力值为

$$\Delta p/\mathrm{Pa} = p_2 - p_1 = \Delta h \rho g = 0.45 \times 10^3 \times 9.81 = 4.4 \times 10^3$$

2.6 管路计算

2.6.1 管路计算的依据和类型

工业生产中的管路可分为简单管路和复杂管路(包括管网)两类。管路计算所使用的

基本关系式有连续性方程、伯努利方程及各种阻力损失算式。

管路设计中,管径一般根据生产任务要求流量的大小而决定。对于给定的流量,选定的流速越大,则管径越细,因而节省了管材用量即管路设备费。根据阻力计算方程可知,流速增大,流体阻力也随之增大,因而动力消耗费即操作费提高。因此,设计管路时,需要同时考虑这两个互相矛盾的经济因素,以选择适宜的流速或确定经济合理的管径,使操作费与设备费之和最小为原则,如图2.36所示。通常,根据工业生产上积累的经验,选择流速时要考虑流体的性质。黏度及密度较大的流体(如油类等),流速应低些;含有固体悬浮物的液体,为了防止固体颗粒沉积堵塞管路,流速不宜太低;密度很小的气体,流速可以大些;容易获得压力的气体(如饱和水蒸气)流速可以更高些;对于真空管路,所选择的流速必须保证压力降低于允许值。某些流体在管道中的常用流速范围见表2.11。

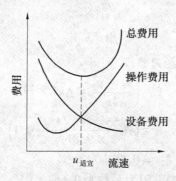

图 2.36   管径优化

表 2.11   某些流体在管道中的常用流速范围

流体的种类及状况	常用流速范围/(m·s⁻¹)
自来水(3×10^5 Pa 左右)	1.0 ~ 1.5
水及低黏度液体(10^5 ~ 10^6 Pa)	1.5 ~ 3.0
黏度较大的液体	0.5 ~ 1.0
工业供水(8×10^5 Pa 以下)	1.5 ~ 3.0
锅炉供水(8×10^5 Pa 以下)	> 3.0
饱和蒸汽(3×10^5 Pa 以下)	20 ~ 40
过热蒸汽	30 ~ 50
蛇管、螺旋管内的冷却水	< 1.0
低压空气	8 ~ 25
高压空气	15 ~ 25
一般空气(常压)	10 ~ 20
易燃、易爆的低压气体(如乙炔等)	< 8
真空操作下气体	< 10
饱和水蒸气(8×10^5 Pa 以下)	40 ~ 60
鼓风机吸入管	10 ~ 15
鼓风机排出管	15 ~ 20
离心泵吸入管(水一类液体)	1.5 ~ 2.0
离心泵排出管(水一类液体)	2.5 ~ 3.0
往复泵吸入管(水一类液体)	0.75 ~ 1.0
往复泵吸入管(水一类液体)	1.0 ~ 2.0
液体自流(冷凝水等)	0.5

管路计算中按照阻力损失计算的特点,则又可分为"长管"和"短管",管路系统中动压头与局部阻力损失两项之和与直管阻力损失相比不能忽略时,这种管路称为"短管";在管路系统中动压头和局部阻力之和远小于直管阻力损失的计算值,此时这两项阻力损失不做专门计算,按直管阻力损失的 5% ~ 10% 估计,称这种管路系统为"长管"。属于"短管"的如离心泵的进水管路,采暖系统管路,润滑系统、液压系统等一般管路;属于"长管"的如长距离的输油管路和输水管路。应当指出,"长管"与"短管"不是按管路的几何长度划分的,而是由直管阻力和局部阻力二者的比值大小来决定的。

2.6.2　简单管路

首先介绍简单管路中的流体流动规律及其计算,所谓简单管路即具有相同直径、相同流量的管路,它是组成复杂管路的基本单元。由于流量不变,直径不变,各截面的速度相同,若两截面的高度差不大时,对于稳定不可压缩流体,如图 2.37 所示,列两截面 1—1′ 和 2—2′ 的机械能衡算方程,则

$$\Delta p_f = \left(\lambda \frac{l}{d} + \sum \xi \right) \frac{\rho u^2}{2}$$

将 $u = 4V/(\pi d^2)$ 代入上式,则

$$\Delta p_f = \frac{8 \left(\lambda \dfrac{l}{d} + \sum \xi \right) \rho}{\pi^2 d^4} V^2 \tag{2.92}$$

令

$$f = \frac{8 \left(\lambda \dfrac{l}{d} + \sum \xi \right) \rho}{\pi^2 d^4} \tag{2.93}$$

则

$$\Delta p_f = fV^2 \tag{2.94}$$

式中　　Δp_f—— 管路长度为 l 时的压力损失,N/m^2;

f—— 流态系数,kg/m^3。

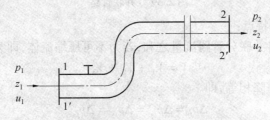

图 2.37　简单管路

从 f 的表达式看,它包含了管路的几何尺寸(管长 l、管径 d 及粗糙度 Δ 等)、管路的附属装置及管件、工作介质及流动形态。对已确定的管路系统,d,l,ξ 及一定流体的密度 ρ 均为常数。f 值仅与 λ 即 Re 有关,当流动形态一定时,f 为一常数,所以称为流态系数,另外也有称为流量模数。

式(2.94)表示了简单管路的流动规律,即简单管路中,总的压力损失与体积流量的平方成正比关系。此规律在管路计算中有广泛应用。

2.6.3 串联管路

由几段直径不同的简单管路串联起来的管路称为串联管路,如图2.38所示。因此,串联管路与简单管路的计算方法相同。

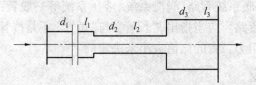

图2.38 串联管路

串联管路具有以下特点:

① 通过备管段的流体质量流量相等,对不可压缩流体的体积流量相等,则

$$V_1 = V_2 = \cdots = V_n = V \tag{2.95}$$

② 串联管路的总阻力损失等于各管段的阻力损失之和,即

$$\Delta p_f = \Delta p_{f_1} + \Delta p_{f_2} + \cdots + \Delta p_{f_n} = \sum_{i=1}^{n} \Delta p_{f_i} = f_1 V^2 + f_2 V^2 + \cdots + f_n V^2 = f V^2 \tag{2.96}$$

$$f = f_1 + f_2 + \cdots + f_n \tag{2.97}$$

式中 f—— 串联管路的总流态系数,为各段管路流态系数之和,kg/m^3。

2.6.4 并联管路

并联管路是由两个或两个以上的简单管路或串联管路并联在一起所组成的。如图2.39所示,由 a 点分支到 b 点汇合,a、b 间的各段管路称为并联管路。

图2.39 并联管路

并联管路具有以下特点:

① 总管流量等于各并联分管路流量之和,若为不可压缩流体,即为体积流量,则

$$V = V_1 + V_2 + V_3 \tag{2.98}$$

② 各并联分管路压降相等,即

$$\Delta p_f = \Delta p_{f_1} = \Delta p_{f_2} = \Delta p_{f_3} \tag{2.99}$$

或

$$h_f = h_{f_1} = h_{f_2} = h_{f_3} \tag{2.100}$$

参照式(2.94),将式(2.99)写成,$V = \sqrt{\dfrac{\Delta p_f}{f}}$,$V_1 = \sqrt{\dfrac{\Delta p_{f_1}}{f_1}}$,$V_2 = \sqrt{\dfrac{\Delta p_{f_2}}{f_2}}$,$V_3 = \sqrt{\dfrac{\Delta p_{f_3}}{f_3}}$,代入式(2.98),则

$$\frac{1}{\sqrt{f}} = \frac{1}{\sqrt{f_1}} + \frac{1}{\sqrt{f_2}} + \frac{1}{\sqrt{f_3}} \tag{2.101}$$

　　从上式可看出,并联管路流态系数平方根的倒数等于各分管路流态系数平方根倒数之和。式(2.98)至式(2.101)为并联管路流量分配规律,即各支路的流量是按流态系数平方根的倒数分配的,即流态系数大的支路,其流量小。通过改变各支管的长度、管径及局部管件的阻力系数调节其流量,来满足以上各式的关系,称为阻力平衡措施。

　　例2.23　如图2.40所示,A、F 为上下两敞口容器,底部用钢管连接,A 容器出口为 B,BC 段管道直径 $d_1 = 300$ mm,BC 段长 $l_1 = 3\,000$ m;而后分为两支管 CD 段与 CE 段与 F 容器相通,CD 段直径 $d_2 = 200$ mm,长度 $l_2 = 2\,000$ m,CE 段直径 $d_3 = 180$ mm,长度 $l_3 = 2\,500$ m。已知 A 容器向 F 容器输水量为 200 m³/h,忽略所有局部阻力,水温为 10 ℃,求:

　　(1)两分管路的流量;

　　(2)两容器的液面差 H。

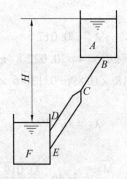

图 2.40　例 2.23 附图

　　解　10 ℃ 水,取 $\rho = 1\,000$ kg / m³,则

$$\nu = 0.130\,6 \times 10^{-5} \text{ m}^2/\text{s}$$

$$\Delta = 0.05 \text{ mm}$$

$$V_s = 0.065 \text{ m}^3/\text{s}$$

根据并联管路的特点,则

$$V = V_1 + V_2 \tag{1}$$

$$h_{f_2} = h_{f_3} \tag{2}$$

取两容器液面为截面 1—1′ 和 2—2′,列机械能衡算方程

$$H = h_{f_1} + h_{f_2} \tag{3}$$

根据式(2),有

$$h_{f_2} = \lambda_2 \frac{l_2}{d_2^5} \times \frac{8}{\pi^2 g} V_2^2$$

$$h_{f_3} = \lambda_3 \frac{l_3}{d_3^5} \times \frac{8}{\pi^2 g} V_3^2$$

$$\lambda_2 \frac{l_2}{d_2^5} V_2^2 = \lambda_3 \frac{l_3}{d_3^5} V_3^2$$

$$\frac{V_2}{V_3} = \sqrt{\frac{\lambda_3 l_3 / d_3^5}{\lambda_2 l_2 / d_2^5}}$$

设 $\lambda_2 = \lambda_3$,则

$$\frac{V_2}{V_3} = \sqrt{\frac{l_3}{d_3^5}} \bigg/ \sqrt{\frac{l_2}{d_2^5}} = \sqrt{\frac{2\,500}{(0.18)^5}} \bigg/ \sqrt{\frac{2\,000}{(0.20)^5}} = 1.46 \tag{4}$$

由式(1),$0.056 = 1.46V_3 + V_3$,所以

$$V_2 = 0.033\,2 \ \mathrm{m^3/s}$$

$$V_3 = 0.022\,8 \ \mathrm{m^3/s}$$

验算:

$$u_2/(\mathrm{m \cdot s^{-1}}) = 4V_2/\pi d_2^2 = 4 \times 0.033\,2/\pi \times (0.2)^2 = 1.057$$

$$\frac{\Delta}{d_2} = \frac{0.05}{200} = 2.5 \times 10^{-4}$$

$$Re_2 = d_2 u_2/v = 0.2 \times 1.057/0.130\,6 \times 10^{-5} = 161\,868$$

查莫狄图,得

$$\lambda_2 = 0.017$$

$$u_3/(\mathrm{m \cdot s^{-1}}) = 4V_3/\pi d_3^2 = 4 \times 0.022\,8/\pi \times 0.18^2 = 0.896$$

$$Re_3 = d_3 u_3/v = 0.18 \times 0.896/0.130\,6 \times 10^{-5} = 123\,568$$

查莫狄图,得

$$\lambda_3 = 0.019$$

校核 V_2、V_3,即

$$\frac{V_2}{V_3} = 1.46 \sqrt{\frac{\lambda_3}{\lambda_2}} = 1.46 \sqrt{\frac{0.019}{0.017}} = 1.54$$

$$1.54V_3 + V_3 = 0.056$$

$$V_2 = 0.034$$

$$V_3 = 0.022$$

重新验算:

$$u_2/(\mathrm{m \cdot s^{-1}}) = \frac{4 \times 0.034}{\pi \times 0.2^2} = 1.08$$

$$Re_2 = d_2 u_2/v = 0.2 \times 1.08/0.130\,6 \times 10^{-5} = 165\,390$$

$$\frac{\Delta}{d_2} = 2.5 \times 10^{-4}$$

查莫狄图,得

$$\lambda_2 = 0.018$$

$$u_3/(\mathrm{m \cdot s^{-1}}) = 4V_3/\pi d_3^2 = 4 \times 0.022/\pi \times 0.18^2 = 0.865$$

$$Re_3 = d_3 u_3/v = 0.18 \times 0.865/0.130\,6 \times 10^{-5} = 119\,218$$

$$\frac{\Delta}{d_3} = 2.78 \times 10^{-4}$$

查莫狄图,得

$$\lambda_3 = 0.019$$

重新校核 V_2、V_3,即

$$\frac{V_2}{V_3} = 1.46 \sqrt{\frac{0.019}{0.018}} = 1.5$$

$$V_2 = 0.033\ 6\ \text{m}^3/\text{s} = 120\ \text{m}^3/\text{h}$$

$$V_3 = 0.022\ 4\ \text{m}^3/\text{s} = 80\ \text{m}^3/\text{h}$$

流态系数：

$$f_2 = \lambda_2 \frac{l_2}{d_2^5} \times \frac{8}{\pi^2 g} = 0.018 \times \frac{2\ 000}{0.2^5} \times \frac{8}{\pi^2 \times 9.81} = 9\ 295$$

$$f_3 = \lambda_3 \frac{l_3}{d_3^5} \times \frac{8}{\pi^2 g} = 0.019 \times \frac{2\ 500}{0.18^5} \times \frac{8}{\pi^2 \times 9.81} = 20\ 777$$

$$u_1/(\text{m} \cdot \text{s}^{-1}) = 4V_1/\pi d_1^2 = 4 \times 0.056/\pi \times 0.3^2 = 0.786$$

$$Re = d_1 u_1/v = 0.3 \times 0.786/0.130\ 6 \times 10^{-5} = 180\ 551$$

$$\frac{\Delta}{d_1} = \frac{0.05}{300} = 1.67 \times 10^{-4}$$

查莫狄图,得

$$\lambda_1 = 0.017$$

$$f_1 = \lambda_1 \frac{l_1}{d_1^5} \times \frac{8}{\pi^2 g} = 0.017 \times \frac{3\ 000}{0.3^5} \times \frac{8}{\pi^2 \times 9.81} = 1\ 734$$

$$H/\text{m} = f_1 V_1^2 + f_2 V_2^2 = 173 \times 0.056^2 + 9\ 295 \times 0.033\ 6^2 = 15.93$$

从计算结果看,分支管路 3 流量小于分支管路 2 的流量,这是由于分支管路 3 的流态系数 f_3 大于分支管路2 的流态系数 f_2。在实际管路中,若使两支管路流量相等,必须减小 f_3,即调整分支管路 3 的管径、管长及其他局部管件,以增加分支管路 3 的流量,达到设计要求,此即所谓阻力平衡措施。

2.6.5 分支管路

各支管路只在流体入口处或出口处连接在一起,而另一端分开不相连接,这样的管路系统称为分支管路,如图 2.41 所示。

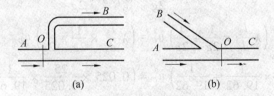

图 2.41 分支管路

如图 2.41(a) 为在出口 O 处分支,称为分支管路,2.41(b) 为在入口 O 处汇合,亦称为分支管路,或称汇合管路。

分支管路的特点：

① 总管流量等于各分支管路流量之和。如对图 2.41(a) 出口处分支管路列出

$$V_O = V_B + V_C \qquad (2.102)$$

式中 V_O、V_B、V_C—— 截面 O、B、C 处的流量。

② 分支管路的分流点或汇合点,如图中的 O 点,称为节点。两条(或多条) 支管在节点处的总压头相等,据此可以建立各支管路间的机械能衡算式,确定各支管路的流量分配,如对图 2.33(a) 分支管路,列出

$$h_O = h_B + (h_f)_{OB} = h_C + (h_f)_{OC} \tag{2.103}$$

式中　h_O, h_B, h_C——O, B, C 截面处的总压头;

　　$(h_f)_{OB}, (h_f)_{OC}$—— 截面 O 至截面 B 或 C 处的总压头损头。

③分支管路和阻力损失按串联管路叠加计算。几条分支管路从起点按流径最远一条为主干管路。对分支管路,在满足主干管路的总压头和流量时,其他分支管路的流量和压头会供大于求,此时要采用"阻力平衡措施"。

例 2.24　液面恒定的高位水箱从 C、D 两分支管排水,如图 2.42 所示,AB 段长度 $l_1 =$ 10 m,内径 $d_1 = 38$ mm,BC 段 $l_2 = 18$ m,内径 $d_2 = 25$ m,BD 段 $l_3 = 25$ m,内径 $d_3 = 25$ mm,以上各段管长包括阀门及其他局部阻力的当量长度,分支点 B 的能量损失忽略不计,出口损失不包括在当量长度之内,试求:

(1)C、D 两支管的流量及水箱的总排水量;

(2)当关闭 C 阀,水箱由 D 支管流出的水量。

设摩擦系数为 0.025,水箱水面至基准面为 12 m。

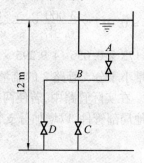

图 2.42　例 2.22 附图

解　(1)从节点 B 至两支管出口,列机械能衡算式

$$(h_f)_C + \frac{u_C^2}{2g} = (h_f)_D + \frac{u_D^2}{2g}$$

$$\left(\lambda \frac{l_2}{d_2} \times \frac{1}{2g} + \frac{1}{2g}\right) u_C^2 = \left(\lambda \frac{l_3}{d_3} \times \frac{1}{2g} + \frac{1}{2g}\right) u_D^2$$

$$\left(0.025 \times \frac{18}{0.025} \times \frac{1}{19.62} + \frac{1}{19.62}\right) u_C^2 = \left(0.025 \times \frac{25}{0.025} \times \frac{1}{19.62} + \frac{1}{19.62}\right) u_D^2$$

$$u_D = 0.85 u_C \tag{1}$$

$$u_A d_1^2 = u_C d_2^2 + u_D d_3^2 = u_C d_2^2 + 0.85 u_C d_3^2$$

$$u_A = 0.8 u_C, \quad u_C = 1.25 u_A \tag{2}$$

取水箱水面及 C 管出口为截面 1—1′ 和 2—2′,则

$$z_1 = \frac{u_C^2}{2g} + \lambda \frac{l_1}{d_1} \times \frac{u_A^2}{2g} + \lambda \frac{l_2}{d_2} \times \frac{u_C^2}{2g}$$

$$z_1 = \frac{u_C^2}{2g}\left(1 + \lambda \frac{l_2}{d_2}\right) + \lambda \frac{l_1}{d_1} \times \frac{u_A^2}{2g}$$

$$12 = \frac{1}{19.62}\left(1 + 0.025 \times \frac{18}{0.025}\right) u_C^2 + 0.025 \times \frac{10}{0.038} \times \frac{1}{19.62} \times u_A^2$$

$$12 = 0.968u_C^2 + 0.33u_A^2 \tag{3}$$

将式(2)代入式(3),则

$$12 = 0.968\,(1.25u_A)^2 + 0.33u_A^2$$

所以

$$u_A = 2.55 \text{ m/s}$$
$$u_C = 3.19 \text{ m/s}$$
$$u_D = 2.71 \text{ m/s}$$

各管流量:

$$V_A = \frac{\pi}{4}d_1^2 u_A = \frac{\pi}{4} \times (0.038 \text{ m})^2 \times 2.55 \text{ m/s}$$
$$= 2.89 \times 10^{-3} \text{ m}^3/\text{s}$$
$$= 10.40 \text{ m}^3/\text{h}$$

$$V_C = \frac{\pi}{4}d_2^2 u_C = \frac{\pi}{4} \times (0.025 \text{ m})^2 \times 3.19 \text{ m/s}$$
$$= 1.56 \times 10^{-3} \text{ m}^3/\text{s}$$
$$= 5.64 \text{ m}^3/\text{h}$$

$$V_D = \frac{\pi}{4}d_3^2 u_D = \frac{\pi}{4} \times (0.025 \text{ m})^2 \times 2.71 \text{ m/s}$$
$$= 1.33 \times 10^{-3} \text{ m}^3/\text{s}$$
$$= 4.76 \text{ m}^3/\text{h}$$

(2) 当关闭 C 阀门,$u_C = 0$,则

$$u_A d_1^2 = u_D d_2^2$$
$$u_A\,(0.038)^2 = u_D\,(0.025)^2$$
$$u_D = 2.31u_A \tag{4}$$

取水面与 D 阀出口为截面 1、2,则

$$z_1 = \lambda\frac{l_1}{d_1}\frac{u_A^2}{2g} + \lambda\frac{l_3}{d_3}\frac{u_D^2}{2g} + \frac{u_D^2}{2g}$$

$$z_1 = \lambda\frac{l_1}{d_1}\frac{u_A^2}{2g} + \left(\lambda\frac{l_3}{d_3}\frac{1}{2g} + \frac{1}{2g}\right)u_D^2$$

$$12 = 0.025 \times \frac{10}{0.038} \times \frac{u_A^2}{19.62} + \left(0.025 \times \frac{25}{0.025} \times \frac{1}{19.62} + \frac{1}{19.62}\right)u_D^2$$

$$12 = 0.33u_A^2 + 1.325u_D^2 \tag{5}$$

将式(4)代入式(5),则

$$u_A = 1.27 \text{ m/s}$$
$$u_D = 2.93 \text{ m/s}$$

当关闭 C 阀门,由支管 BD 流出水量为

$$V_D = \frac{\pi}{4}d_3^2 u_D = \frac{\pi}{4} \times (0.025 \text{ m})^2 \times 2.93 \text{ m/s}$$
$$= 1.44 \times 10^{-3} \text{ m}^3/\text{s}$$
$$= 5.18 \text{ m}^3/\text{h}$$

2.7　流速和流量测定

环境工程中经常需要对流体的流速和流量进行测量,此类测量仪表种类很多,本文只介绍几种以流体流动的守恒原理为基础的测量装置,如毕托管测速计、孔板流量计、文丘里流量计和转子流量计。

2.7.1　毕托管

毕托管是一种测量流体点速度的装置。

2.7.1.1　原理

图2.43所示为毕托管测速计示意图,B点称为驻点。如果略去A、B间的流动阻力,在两点间列伯努利(Bernoulli)方程式,有

$$\frac{p_A}{\rho} + \frac{u_A^2}{2} = \frac{p_B}{\rho}$$

移项整理,得

$$u_A = \sqrt{\frac{2(p_B - p_A)}{\rho}} \tag{2.104}$$

参考图2.43,据流体静力学原理,应有

$$p_B - p_A = gR(\rho_i - \rho)$$

代入式(2.104)可得

$$u_A = \sqrt{\frac{2gR(\rho_i - \rho)}{\rho}} \tag{2.105}$$

式中　ρ_i——U 形压差计中指示液密度;

　　　R—— 压差计读数。

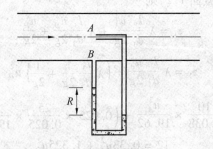

图 2.43　毕托管测速计示意图

显然,利用毕托管可以测得管截面上的速度分布。对于圆形管道,为了测得其流量,可以测出管中心的最大速度u_{max},再根据最大流速与平均流速的关系,计算出管截面的平均流速,进而求出流量。

2.7.1.2　实用毕托管的结构与安装

如图2.44所示,实用毕托管是由两根同心的铜或不锈钢质圆管构成的。内管开口,管口截面与流体流向垂直,用以测取驻点B处的压强P_B。外管口处封闭,在侧面圆周一定距离处开有若干小孔,用以测取A点的压强P_A。两处的压差由U形管压差计测得。

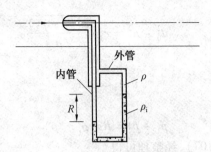

图 2.44　实用毕托管示意图

安装毕托管应注意以下几点：

① 要求测点上、下游各有 $50d$ 的直管段，以保证测点处处于均匀流段。

② 测速计测点管口截面必须垂直于流体流向，偏离较大时（如大于 5°），将会造成明显的偏差。

③ 毕托管的直径 $d_0 < d/50$。

2.7.2　孔板流量计

2.7.2.1　原理

图 2.45 为孔板流量计示意图，通常在管道水平段中垂直装一带有同心圆孔的薄金属板。当流体流过圆孔时，由于流道变小，流速增加，静压力减小。流体流过孔板后，由于惯性作用，使实际流径继续缩小，至截面 2—2′"缩脉"处，以后又扩大。在孔板两侧适当位置，如图 2.45 所示 1—1′、2—2′ 处装有一 U 形管压差计，以测量孔板前后压差。

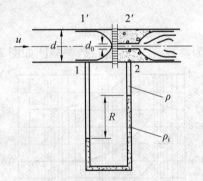

图 2.45　孔板流量计示意图

如果暂不计孔板阻力损失，在 $1-1'$、$2-2'$（缩脉）间列伯努利方程式：

$$\frac{p_1}{\rho} + \frac{u_1^2}{2} = \frac{p_2}{\rho} + \frac{u_2^2}{2}$$

变形为

$$\sqrt{u_2^2 - u_1^2} = \sqrt{\frac{2(p_1 - p_2)}{\rho}} \tag{2.106}$$

以孔板孔口处速度 u_0 代替缩脉处速度 u_2，同时考虑两截面间的阻力损失，引入一压障校正系数 c，则式（2.106）变为

$$\sqrt{u_0^2 - u_1^2} = c\sqrt{\frac{2(p_1 - p_2)}{\rho}} \tag{2.107}$$

据连续性方程,有

$$u_1 A_1 = u_0 A_0$$

并且由静力学原理,有

$$p_1 - p_2 = Rg(\rho_i - \rho)$$

把上面两式代入式(2.107),经整理可得

$$u_0 = \frac{c}{\sqrt{1 - (A_0/A_1)^2}}\sqrt{\frac{2gR(\rho_i - \rho)}{\rho}} \tag{2.108}$$

令 $c_0 = c\big/\sqrt{1 - (A_0/A_1)^2}$,$c_0$ 称为孔板的流量系数或孔流系数,则

$$u_0 = c_0\sqrt{\frac{2gR(\rho_i - \rho)}{\rho}} \tag{2.109}$$

从而得到所测流量为

$$V_s = u_0 A_0 = c_0 A_0\sqrt{\frac{2gR(\rho_i - \rho)}{\rho}} \tag{2.110}$$

孔流系数的引入并未改变问题的复杂性,只是使表达形式得以简化。只有在正确确定了 c_0 时,孔板流量计才能用以测定流体流量。

由上面的推导过程知,c_0 与 A_0/A_1、收缩情况及阻力损失等有关。此关系难以用理论解析,只能通过试验测定。试验表明,对测压方式、结构尺寸、孔板加工状况等均已规定的标准孔板,有

$$c_0 = f(Re_1, A_0/A_1) \tag{2.111}$$

试验结果以 $m = A_0/A_1$ 为参数,孔板孔流系数关联图如图 2.46 所示。

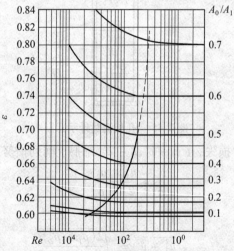

图 2.46　孔板孔流系数关联图

由图 2.46 可见,Re_1 增大到一定数值后,曲线为水平直线,即 c_0 不随 Re_1 变化,而只取决于 A_0/A_1 值。合适的孔板流量计应该设计在这个范围内(图示虚线右面),一般 $c_0 = 0.6 \sim 0.7$。

目前,孔板结构已标准化。安装时应注意孔板上、下游应分别留有 $(15 \sim 40)d$ 和 $5d$ 的一段直管。

2.7.2.2　阻力损失

孔板流量计的缺点是阻力损失较大,存在由于流道突然扩大而造成的压降 $-\Delta p_f$,且不能恢复。作为局部阻力处理,该损失可表示为

$$
\begin{aligned}
h_f &= \frac{-\Delta p_f}{\rho g} \\
&= \xi \frac{u_0^2}{2g} \\
&= 0.8 c_0^2 \frac{R(\rho_i - \rho)}{\rho}
\end{aligned}
\tag{2.112}
$$

式中　ξ——测定的局部阻力系数,$\xi = 0.8$。

式(2.112)表明,$h_f \propto R$,这说明读数 R 是以机械能损失为代价的,孔板流量计设计的核心问题是选取一适当的 A_0/A_1 值,并需兼顾 R 和 h_f。

2.7.2.3　测量范围

由式(2.110)可知,当 c_0 为常数时,有

$$
V_s \propto \sqrt{R} \quad 或 \quad R \propto V_s^2
$$

这表明,流量的少许变化会导致读数 R 的较大变化。这使流量计具有较大的灵敏度和准确度。另外也使该流量计的允许测量范围缩小了,即有

$$
\frac{V_{max}}{V_{min}} = \sqrt{\frac{R_{max}}{R_{min}}}
$$

式中　R_{max}——一定允许相对误差下的最小读数;

　　　R_{min}——决定于 U 形管的长度。

这说明,V_{max}/V_{min} 与孔板选择无关,仅与 R_{max}、R_{min} 有关,即只取决于 U 形压差计的长度。

为了扩大测量范围,必须要增加 R_{max},同时局部阻力损失 h_f 也增大了。因此,孔板流量计不适于测量流量范围太宽的场合。

2.7.3　文丘里流量计

孔板流量计的能耗是由于突然缩小和突然扩大引起的,采用图 2.47 所示的渐缩渐扩管,可大大降低阻力损失,该装置称为文丘里管,用于测量流量时,称为文丘里流量计。

为了避免装置过长,一般取渐缩段角度为 $15° \sim 20°$,渐扩段角度为 $5° \sim 7°$。文丘里流量计流量关系式的推导结果与孔板流量计完全一样(只是以流量系数 c_v 代替孔流系数 c_0),流量系数 $c_v \approx 0.98 \sim 0.99$。由阻力产生的压头损失为

$$
h_f = 0.1 \times \frac{u_0^2}{2g}
\tag{2.113}
$$

式中　u_0——文丘里管的喉部流速。

由于文丘里流量计的能量损失较小,常用于低压气体输送过程。其缺点是装置较长,费用较高。

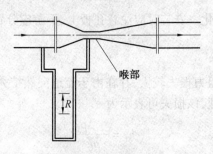

图 2.47 文丘里流量计

2.7.4 转子流量计

2.7.4.1 原理

如图 2.48 所示,转子流量计主体为一具有锥度约为 4° 标有刻度的玻璃管,管内有一可用不同材料做成的陀螺形状的转子(或称浮子)。转子上沿凸缘周围刻有几条斜槽,以使流体流过时,转子发生旋转,保证转子位于管中部而不致碰管壁。

当流体流过环隙时,流速增大,在转子上、下两端产生一压差,净力方向向上。当此力与转子质量平衡时,转子悬浮在某一位置处。如果流量增大,环隙流速增加,从而使转子两端压差增大,又使转子上浮。同时环隙增大,流速减小,当由于两端压差减小造成的升力与转子净重相等时,转子则悬浮在该高度上,即转子的平衡位置(悬浮高度)随流量而变。转子流量计就是根据这一原理,利用转子的位置指示流量的大小。

流量关系式可以由转子受力平衡规律导出。当转子处于平衡位置时,有

$$压差造成的升力 = 转子重力$$

即

$$(p_1 - p_2)A_f = V_f \rho_f g \tag{2.114}$$

式中　A_f、V_f、ρ_f——转子的最大横截面、体积和材料密度。

在图 2.48 中截面 1—1′、2—2′ 间列机械能衡算方程,两边乘以 A_f,整理成下面形式:

$$(p_1 - p_2)A_f = \frac{\rho(u_2^2 - u_1^2)}{2}A_f + \rho g \Delta Z A_f \tag{2.115}$$

其中项 $\rho g \Delta Z A_f \approx V_f \rho g$,连同式(2.114)一起代入式(2.115),整理可得

$$\frac{\rho(u_2^2 - u_1^2)}{2}A_f = V_f g(\rho_f - \rho) \tag{2.116}$$

根据连续性方程,有

$$u_1 = \frac{A_2}{A_1}u_2$$

其中 A_2 为环隙面积。代入式(2.116)整理得

$$u_2 = \frac{1}{\sqrt{1 - (A_2/A_1)^2}}\sqrt{\frac{2V_f g(\rho_f - \rho)}{\rho A_f}} \tag{2.117}$$

引入系数 c_R 以考虑转子形状及阻力损失影响,则

$$u_2 = c_R \sqrt{\frac{2V_f g(\rho_f - \rho)}{\rho A_f}} \tag{2.118}$$

或

$$V_s = u_2 A_2 = c_R A_2 \sqrt{\frac{2 V_f g (\rho_f - \rho)}{\rho A_f}} \tag{2.119}$$

对于特定的转子流量计,$c_R = f(Re)$,Re 为环隙的流动雷诺数。对图2.49所示形状的转子,经试验测得 $c_R \sim Re$ 关系如图示曲线。当 $Re \geqslant 10^4$ 时,$c_R \approx 0.98$。

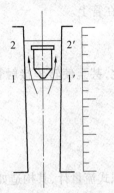

图2.48 转子流量计示意图

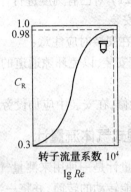

图2.49 $c_R - Re$ 关系曲线

由式(2.118)可知,当流量计结构及被测流体已知时,V_f、ρ_f、ρ、A_f 均为已知数。如果 $Re \geqslant 10^4$,c_R 也近似为常数,则可推知 u_2 为常数。即在任一流量下,转子达到平衡位置处,必有恒定的环隙流速。

另外从式(2.115)推出:

$$(p_1 - p_2) A_f = \frac{\rho u_2^2}{2}\left[1 - \left(\frac{A_2}{A_1}\right)^2\right] A_f + V_f \rho g$$

可知,$p_1 - p_2 = $ 常数,即不论流量大小,转子两端的压差恒为常数。

上面所述就是转子流量计恒流速、恒压差的特点。此特点的直接结果是

$$h_f = \zeta \frac{u_2^2}{2g} = 常数$$

即转子流量计的阻力损失不随流量变化,这与孔板流量计截然不同。由于此特点,转子流量计常用于宽范围的流量测量。

2.7.4.2 测量范围

从式(2.119)可知,当 c_R 为常数时,因 $V_s \propto A_2$,则有

$$\frac{V_{s,max}}{V_{s,min}} = \frac{A_{2,max}}{A_{2,min}} \tag{2.120}$$

式中 $A_{2,max}$、$A_{2,min}$——当转子在玻璃管上、下两端时的环隙面积。

对长度、锥度相同的玻璃管,管下部环隙面积越小,则式(2.120)比值越大。所以,为获得较大的测量范围,A_f 不能比管下端截面差很多。当然,如果环隙太小,则转子容易被杂质卡住,因此这种流量计适于测量清洁流体。

2.7.4.3 刻度换算

转子流量计出厂时,是用20 ℃ 的水或20 ℃、1.013×10^5 Pa 下的空气进行标定的,并将

流量值刻于管上。当与实用流体不符时,应该做刻度换算。

如果 c_R 为常数时,在同一刻度下,A_2 不变,从式(2.119)可得

$$\frac{V_{RB}}{V_{RA}} = \sqrt{\frac{\rho_A(\rho_f - \rho_B)}{\rho_B(\rho_f - \rho_A)}} \qquad (2.121)$$

式中　A、B——出厂标定流体与实用流体。

可按式(2.121)对已有刻度进行计算,并重新标在管上。

2.7.4.4　安装

转子流量计在安装时应注意:

① 必须垂直安装,以免环隙通道的形状发生变化,甚至使转子接触管壁影响测量的准确度。

② 为便于检修,在安装中应加设旁通支路。

2.7.5　湿式气体流量计

湿式气体流量计是一种用来测量气体体积的容积式流量计,其构造如图 2.50 所示。流量计内装有一个能转动的转筒,并将一半转筒浸在水中,转筒分成几个室,操作时气体依次进入转筒内的一个室,称为充气室。由于充气室内气体压力的推动,转筒按图中箭头方向旋转。此时,充气室前方的排气室中部分空间浸入水中而使气体排出。转筒旋转一周,从入口进来而从出口排出气体的体积等于转筒内部几个室的体积。流量计所读出的气体体积的数值是某一段时间内的累积值。要想知道流量,需要另外计时。

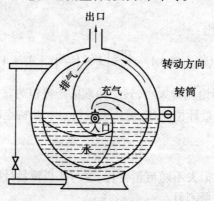

图 2.50　转子流量系数

湿式气体流量计由于很难加快转筒的旋转速度,故只用于小流量气体的测量,常在试验室中使用。

思考题

1. 求空气在真空度为 440 mmHg、温度为 −40 ℃ 时的密度。当地大气压为 750 mmHg。
2. 用 U 形管压力计测量某密闭容器中水面上的压力 p_0。压力计内的指示液为汞,其中一端与大气相通,如图 2.51 所示。已知 $H = 4$ m,$h_1 = 1.3$ m,$h_2 = 1$ m,问 p_0 为多少工程大气压?

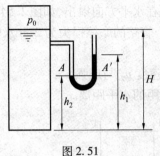

图 2.51

3. 用一高位水箱向一常压容器供水,如图 2.52 所示,管子为 $\phi48$ mm × 3.5 mm 钢管,系统阻力与管内水流速的关系为 $\sum h_f = 5.8u^2/2$,求水的流量,若流量需要增加 20%,可采取什么措施?

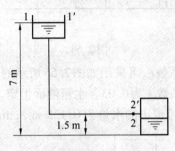

图 2.52

4. 用虹吸管将水从 A 槽吸入 B 槽,如图 2.53 所示管道为玻璃管,$\lambda = 0.02$,$d = 20$ mm。

(1) 求每小时流体流量。

(2) 在 C 处安装一水银压差计,求其读数。

(3) 当阀门关死时,压差计读数又为多少?(A、B 槽中水面可忽略变化)

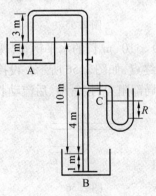

图 2.53

5. 套管换热器由内管为 $\phi25$ mm × 2.0 mm、外管为 $\phi51$ mm × 2.5 mm 的钢管组成。每小时有8 730 kg 的液体在两管间的环隙内流过。液体的密度为 1 150 kg/m³,黏度为 1.2 m Pa·s。试判断液体在环隙空间内流动时的流型。

6. 某化工厂原料糠油在管中以层流流动,流量不变,问:(1) 管长增加 1 倍;(2) 管径增加 1 倍;(3) 油温升高使黏度变为原来的 1/2(设密度变化不大),三种情况下摩擦阻力的变化情况。

7. 水从蓄水箱经过水管流向喷嘴在水平方向射出,如图2.54所示。假设 $z_1 = 120$ m, $z_2 = z_3 = 6.5$ m, $d_2 = 13$ mm, $d_3 = 7.5$ mm,管路的摩擦损失为 2 m 水柱。试求:

(1) 管嘴出口处的速度 u_3;

(2) 接近管嘴的截面 2—2′ 处的速度 u_2 与压强 p_2;

(3) 水射到地面的地方与管嘴相距的水平距离 x。

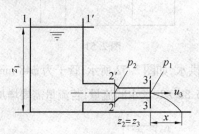

图 2.54

8. 为测定90°弯头的局部阻力系数 ξ,可采用如图2.55所示的装置。已知 AB 段直管总长 l 为 10 m,管内径 d 为 50 mm,摩擦系数 λ 为 0.03。水箱液面恒定。实测数据为: A、B 两截面测压管水柱高差 Δh 为 0.425 m;水箱流出的水量为 0.135 m^3/min。求弯头的局部阻力系数 ξ。

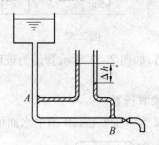

图 2.55

9. 流率为 5 000 m^3/h 的水通过 20×10^3 m 长的水平钢管,现于其中点 O 处接一直径相同的平行管,将水送至 10×10^3 m 远的终点,如图2.56所示。设接管以后上游的总压头与接支管前的相同,求接管后总流率(忽略局部阻力,接管前、后流动状态均为高速湍流)。

图 2.56

第3章 沉降与过滤

3.1 非均相物系的分离

自然界的大多数物质是混合物。若物系内部各处均匀且不存在相界面,则称为均相混合物或均相物系,溶液及混合气体都是均相混合物。由具有不同物理性质(如密度差别)的分散物质和连续介质所组成的物系称为非均相混合物或非均相物系。在非均相物系中,处于分散状态的物质,如分散于流体中的固体颗粒、气体中的尘粒、乳浊液中的液滴或气泡,称为分散物质或分散相;包围分散物质且处于连续状态的物质称为分散介质或连续相。根据连续相的状态,非均相物系分为两种类型,即

① 气态非均相物系,如含尘气体、含雾气体等。

② 液态非均相物系,如悬浮液、乳浊液及泡沫液等。

环境工程中的气体净化、污染物从水中的分离均要求分离非均相物系。由于非均相物系中分散相和连续相具有不同的物理性质,一般都采用机械方法将两相进行分离。要实现这种分离,必须使分散相与连续相之间发生相对运动。根据两相运动方式的不同,机械分离可按两种操作方式进行,即

① 颗粒相对于流体(静止或运动)运动的过程称为沉降分离。实现沉降操作的作用力可以是重力,也可以是惯性离心力。因此,沉降过程有重力沉降与离心沉降之分。

② 流体相对于固体颗粒床层运动而实现固液分离的过程称为过滤。实现过滤操作的外力可以是重力、压强差或惯性离心力。因此,过滤操作又可分为重力过滤、加压过滤、真空过滤和离心过滤等。

气态非均相混合物的分离,工业上主要采用重力沉降和离心沉降方法。在某些场合,根据颗粒的粒径和分离程度要求,也可采用惯性分离器、袋滤器、静电除尘器或湿法除尘设备等。

对于液态非均相物系,根据工艺过程要求可采用不同的分离操作。若要求悬浮液在一定程度上浓度增加,可采用重力增稠器或离心沉降设备;若要求固液较彻底地分离,则要通过过滤操作达到目的;乳浊液的分离可在离心分离机中进行。

根据相态和分散物质尺寸的大小,非均相物系分离方法分类如图3.1所示。

工业上分离非均相混合物的目的如下:

(1)回收有价值的分散物质。

例如,从催化反应器出来的气体,往往夹带着有价值的催化剂颗粒,必须将这些颗粒加以回收循环使用;从某些类型干燥器出来的气体及从结晶器出来的浆液中都带有一定量的固体颗粒,也必须收回这些悬浮的颗粒作为产品。另外,在某些金属冶炼过程中,烟道气中常悬浮着一定量的金属化合物或冷凝的金属烟尘,收集这些物质不仅能提高该种金属的产

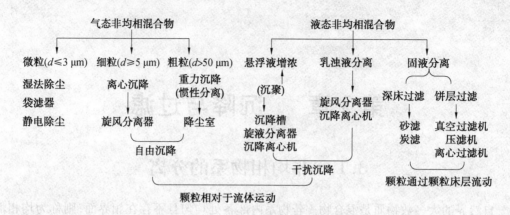

图 3.1　非均相物系分离方法分类

率,而且为提炼其他金属提供原料。

(2) 净化分散介质以满足工艺的要求。

例如,污水处理过程中,将污泥颗粒从水体中去除,以满足污水的达标排放;在环境污染物的高级催化反应中,原料气中央带有会影响催化剂活性的杂质,因此,在气体进入反应器之前,必须除去其中尘粒状的杂质,以保证催化剂的活性。

(3) 环境保护和安全生产。

为了保护人类生态环境,清除工业污染,要求对排放的废气、废液中有毒的物质加以处理,使其浓度符合规定的排放标准;很多含碳物质及金属细粉与空气形成爆炸物,必须除去这些物质以消除爆炸的隐患。

机械分离过程中不仅涉及颗粒相对于流体运动和流体通过静止颗粒床层的流动,而且还可利用流动流体的作用,将颗粒悬浮在流体中,以实现某些生产过程(如传热、传质及生化反应等),即流态化技术。它们均遵循流体力学原理。

本章将简要地介绍重力沉降、离心沉降及过滤等分离法的操作原理及设备、颗粒在流体中做重力沉降或离心沉降时,要受到流体的阻力作用。因此在这里先介绍颗粒与流体运动时所受的阻力。

3.2　颗粒和颗粒群的特性

非均相体系的不连续相常常是固体颗粒。由于不同的条件和过程将形成不同性质的固体颗粒,且组成颗粒的成分不同则其理化性质也不同,所以在分离操作过程中就要采用不同的工艺,因而有必要认识颗粒的性质。

3.2.1　颗粒的大小及形状

3.2.1.1　单一颗粒

粒子的大小和形状是颗粒重要的特性。由于粒子产生的方法和原因不同,致使它们具有不同的尺寸和形状。按照颗粒的机械性质可分为刚性颗粒和非刚性颗粒。如泥沙石子、无机物颗粒属于刚性颗粒,刚性颗粒变形系数很小。而细胞则是非刚性颗粒,其形状容易随外部空间条件的改变而改变。常将含有大量细胞的液体归属于非牛顿型流体。因这两类物质力学性质不同,所以在生产实际中应采用不同的分离方法。

如果按颗粒形状划分,则可分为球形颗粒和非球形颗粒。

(1) 球形颗粒。

球形粒子通常用直径(粒径)表示其大小。球形颗粒的各有关特性均可用单一的参数,即直径 d 表示,例如:

体积
$$V = \frac{\pi}{6}d^3 \tag{3.1}$$

表面积
$$S = \pi d^3 \tag{3.2}$$

比表面积(单位体积颗粒具有的表面积)

$$a = 6/d \tag{3.3}$$

式中　　d——颗粒直径,m;

　　　　V——球形颗粒的体积,m^3;

　　　　S——球形颗粒的表面积,m^2;

　　　　a——比表面积,m^2/m^3;

(2) 非球形颗粒。

工业上遇到的固体颗粒大多是非球形的。非球形颗粒可用当量直径及形状系数来表示其特性。

当量直径是根据实际颗粒与球体某种等效性而确定的。根据测量方法及在不同方面的等效性,当量直径有不同的表示方法。工程上体积当量直径用得最多。

令实际颗粒的体积等于当量球形颗粒的体积$\left(V_p = \frac{\pi}{6}d_p^3 \right)$,则体积当量直径定义为

$$d_e = \sqrt[3]{\frac{6V_p}{\pi}} \tag{3.4}$$

式中　　d——体积当量直径,m;

　　　　V_p——非球形颗粒的实际体积,m^3。

3.2.1.2　形状系数

形状系数又称为球形度,它表征颗粒的形状与球形颗粒的差异程度,根据定义可以写出

$$\phi = \frac{S}{S_p} \tag{3.5}$$

式中　　ϕ——颗粒的形状系数或球形度;

　　　　S_p——颗粒的表面积,m^2;

　　　　S——与该颗粒体积相等的圆球的表面积,m^2。

由于体积相同时球形颗粒的表面积最小,因此,任何小非球形颗粒的形状系数皆小于1。对于球形颗粒,$\varphi = 1$。颗粒形状与球形差别越大,φ 值越小。

对于非球形颗粒,必须有两个参数才能确定其特征。通常选用体积当量直径和形状系数来表征颗粒的体积、表面积和比表面积,即

$$V_p = \frac{\pi}{6}d_e^3 \tag{3.1(a)}$$

$$S_p = \pi d_e^2/\varphi \tag{3.2(a)}$$

$$a_p = 6/\varphi_e d_e \tag{3.3a}$$

3.2.2　颗粒群的特性

工程中遇到的颗粒大多是由大小不同的粒子组成的集合体,称为均一性粒子或多分散性粒子,将具有同一粒径的称为单一性粒子或单分散性粒子。

3.2.2.1　粒度分布

不同粒径范围内所含粒子的个数或质量,称为粒度分布。可采用多种方法测量多分散性粒子的粒度分布。对于大于 40 μm 的颗粒,通常采用一套标准筛进行测量,这种方法称为筛分分析。泰勒标准筛的目数与对应的孔径见表 3.1。

表 3.1　泰勒标准筛的目数与对应的孔径

目数	孔径 in	μm	目数	孔径 in	μm
3	0.263	6 680	48	0.011 6	295
4	0.185	4 699	65	0.008 2	208
6	0.131	3 327	100	0.005 8	147
8	0.093	2 362	150	0.004 1	104
10	0.065	1 651	200	0.002 9	74
14	0.046	1 168	270	0.002 1	53
20	0.032 8	833	400	0.001 5	38
35	0.016 4	417			

当使用某一号筛子时,通过筛孔的颗粒量称为筛过量,截留于筛面上的颗粒量则称为筛余量。称取各号筛面上的颗粒筛余量即得筛分分析的基本数据。

3.2.2.2　颗粒的平均直径

颗粒平均直径的计算方法很多,其中最常用的是平均比表面积直径。设有一批大小不等的球形颗粒,其总质量为 G,经筛分分析得到相邻两号筛之间的颗粒质量为 G_i,筛分直径(即两筛号筛孔的算术平均值)为 d_i。根据比表面积相等原则,颗粒群的平均比表面积直径可写为

$$\frac{1}{d_a} = \sum \frac{1}{d_i} \frac{G_i}{G} = \sum \frac{x_i}{d_i}$$

或

$$d_a = 1 \Big/ \sum \frac{x_i}{d_i} \tag{3.6}$$

式中　d_a—— 平均比表面积直径,m;

　　　d_i—— 筛分直径,m;

　　　x_i——d_i 粒径段颗粒的质量分数。

3.2.3　粒子的密度

单位体积内的粒子质量称为密度。若粒子体积不包括颗粒之间的空隙,则称为粒子的真密度 ρ_s,其单位为 kg/m³。颗粒的大小和真密度对于机械分离效果有重要影响。若粒子所占体积包括颗粒之间的空隙,则测得的密度为堆积密度或表现密度 ρ_b,其值小于真密度。

设计颗粒储存设备及某些加工设备时,应以堆积密度为难。

3.3　重力沉降

沉降操作是指在某种力场中利用分散相和连续相之间的密度差异,使之发生相对运动而实现分离的操作过程。实现沉降操作的作用力可以是重力,也可以是惯性离心力。因此,沉降过程有重力沉降和离心沉降两种方式。

3.3.1　沉降速度

颗粒受到重力加速度的影响而沉降的过程称为重力沉降。

3.3.1.1　球形颗粒的自由沉降

将表面光滑的刚性球形颗粒置于静止的流体介质中,如果颗粒的密度大于流体的密度,则颗粒将在流体中降落。此时,颗粒受到三个力的作用,即重力、浮力和阻力,如图 3.2 所示。重力向下,浮力向上,阻力与颗粒运功的方向相反(即向上)。对于一定的流体和颗粒,重力与浮力是恒定的,而阻力却随颗粒的降落速度而变。

阻力 F_d

浮力 F_b

重力 F_g

图 3.2　沉降颗粒的受力情况

令颗粒的密度为 ρ_s,直径为 d,流体的密度为 ρ,则

重力
$$F_g = \frac{\pi}{6} d^3 \rho_s g$$

浮力
$$F_b = \frac{\pi}{6} d^3 \rho g$$

阻力
$$F_d = \xi A \frac{\rho u^2}{2}$$

式中　　ξ——阻力系数,无量纲;

　　　　A——颗粒在垂直于其运动方向的平面上的投影面积,$A = \frac{\pi}{4} d^2$,m^2;

　　　　u——颗粒相对于流体的降落速度,m/s。

根据牛顿第二运动定律可知,上面三个力的合力应等于颗粒的质量与其加速度 a 的乘积,即

$$F_g - F_b - F_d = ma \tag{3.7}$$

或

$$\frac{\pi}{6}d^3(\rho_S - \rho)g - \xi\frac{\pi}{4}d^2\left(\frac{\rho u^2}{2}\right) = \frac{\pi}{6}d^3\rho_S\frac{du}{d\theta} \qquad (3.7(a))$$

式中　　m—— 颗粒的质量,kg;

　　　　a—— 加速度,m/s^2;

　　　　θ—— 时间,s。

　　颗粒开始沉降的瞬间,速度 u 为零,因此阻力 F_d 也为零,故加速度 a 具有最大值。颗粒开始沉降后,阻力随运动速度 u 的增加而相应加大,直至 u 达到某一数值 u_t 后阻力、浮力与重力达到平衡,即合力为零。质量 m 不可能为零,故只有加速度 a 为零。此时,颗粒便开始做匀速沉降运动。由上面分析可见,静止流体中颗粒的沉降过程可分为两个阶段,起初为加速段而后为等速段。

　　由于小颗粒具有相当大的比表面积,使得颗粒与流体间的接触表面很大,故阻力在很短时间内便与颗粒所受的净重力(重力减浮力)接近平衡。因而,经历加速段的时间很短,在整个沉降过程中往往可以忽略。

　　等速阶段中颗粒相对于流体的运动速度 u_t 称为沉降速度。由于这个速度是加速阶段终了时颗粒相对于流体的速度,故又称为"终端速度"。由式(3.7(a))可得到沉降速度 u_t 的关系式。当 $a = 0$ 时,$u = u_t$,则

$$u_t = \sqrt{\frac{4gd(\rho_S - \rho)}{3\xi\rho}} \qquad (3.8)$$

式中　　u_t—— 颗粒的自由沉降速度,m/s;

　　　　d—— 颗粒直径,m;

　　　　$\rho_S \text{、} \rho$—— 颗粒和流体的密度,kg/m^3;

　　　　g—— 重力加速度,m/s^2;

3.3.1.2　阻力系数

　　当流体以一定速度绕过静止的固体颗粒流动时,由于流体的黏性,会对颗粒有作用力。反之,当固体颗粒在静止流体中移动时,流体同样会对颗粒有作用力。这两种情况的作用力性质相同,通常称为曳力或阻力,如图 3.3 所示。

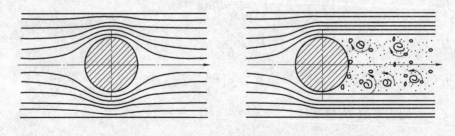

图 3.3　流体绕流颗粒现象示意图

　　只要颗粒与流体之间有相对运动,就会产生这种阻力。除了上述两种相对运动情况外,还有颗粒在静止流体中做沉降时的相对运动,或运动着的颗粒与流动着的流体之间的相对运动。对于一定的颗粒和流体,不论哪一种相对运动,只要相对运动速度相同,流体对颗粒的阻力就一样。

　　式中的无因次阻力系数 ξ 是流体相对于颗粒运动时的雷诺数 $Re = d_p u\rho/\mu$ 的函数,即

$$\xi = \phi(Re) = \phi(d_p u \rho / \mu)$$

此函数关系需由试验测定。球形颗粒的 ξ 与 Re 关系曲线,如图 3.4 所示。图中曲线大致可分为三个区域,各区域的曲线可分别用不同的计算式表示为

层流区($10^{-4} < Re < 2$)　　　　　$\xi = 24/Re$ 　　　　　　　　　　(3.9)

过渡区($2 < Re < 500$)　　　　　　$\xi = 18.5/Re^{0.6}$ 　　　　　　　　(3.10)

湍流区($500 < Re < 2 \times 10^5$)　　　$\xi = 0.44$ 　　　　　　　　　　(3.11)

这三个区域,又分别称为斯托克斯(Stokes)区、艾仑(Allen)区和牛顿(Newton)区。其中斯托克斯区的计算是准确的,其他两个区域的计算是近似的。

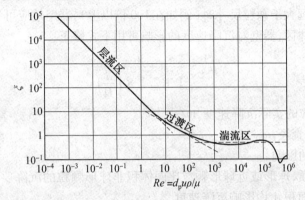

图 3.4　球形颗粒的 ξ 与 Re 关系曲线

将式(3.9)、式(3.10)及式(3.11)分别代入式(3.8),便可得到颗粒在各区相应的沉降速度公式,即

层流区 　　　　　　　　　　$$u_t = \frac{d^2(\rho_S - \rho)g}{18\mu}$$ 　　　　　　　　(3.12)

过渡区 　　　　　　　　　　$$u_t = d\sqrt[3]{\frac{4g^2(\rho_S - \rho)^2}{225\mu\rho}}$$ 　　　　　　(3.13)

湍流区 　　　　　　　　　　$$u_t = 1.74\sqrt{\frac{d(\rho_S - \rho)g}{\rho}}$$ 　　　　　　(3.14)

式(3.12)、式(3.13)及式(3.14)分别称为斯托克斯公式、艾仑公式及牛顿公式。在层流沉降区内,由流体黏性引起的表面摩擦力占主要地位。在湍流区,流体黏性对沉降速度已无影响,由流体在颗粒后半部出现的边界层分离所引起的形体阻力占主要地位。在过渡区,表面摩擦阻力和形体阻力二者都不可忽略。在整个范围内,随雷诺数 Re 的增大、表面摩擦阻力的作用逐渐减弱,而形体阻力的作用逐渐增长。当雷诺数 Re 超过 2×10^5 时,出现湍流边界层,此时反而不易发生边界层分离,故阻力系数 ξ 值突然下降,但在沉降操作中很少达到这个区域。

3.3.1.3　影响沉降速度的因素

上面的介绍都是针对表面光滑、刚性球形颗粒在流体中做自由沉降的简单情况。所谓自由沉降是指在沉降过程中,颗粒之间的距离足够大,任一颗粒的沉降不因其他颗粒的存在而受到干扰,且可以忽略容器壁面的影响。单个颗粒在空间中的沉降或气态非均相物系中颗粒的沉降都可视为自由沉降。如果分散相的体积分数较高,颗粒间有显著的相互作用,容

器壁面对颗粒沉降的影响不可忽略,则称为干扰沉降或受阻沉降;液态非均相物系中,当分散相浓度较高时,往往发生干扰沉降。在实际沉降过程中,影响沉降速度的因素有如下几个方面:

(1)颗粒的体积浓度。

前述各种沉降速度关系式中,当颗粒的体积分数小于 0.2% 时,理论计算值的偏差在 1% 以内,但当颗粒浓度较高时,由于颗粒间相互作用明显,便发生干扰沉降。

(2)器壁效应。

容器的壁面和底面均增加颗粒沉降时的曳力,使颗粒的实际沉降速度较自由沉降速度低。当容器尺寸远远大于颗粒尺寸时(例如在100倍以上),器壁效应可忽略,否则需加以考虑。在斯托克斯定律区,器壁对沉降速度的影响可用下式修正:

$$\mu'_t = \frac{u_t}{1 + 2.1 \times \left(\frac{d}{D}\right)} \tag{3.15}$$

式中　　μ'_t—— 颗粒的实际沉降速度,m/s;

　　　　D—— 容器直径,m。

(3)颗粒形状的影响。

同一种固体物质,球形或近球形颗粒比同体积非球形颗粒的沉降要快一些。非球形颗粒的形状及其投影面积 A 均影响沉降速度。

几种 ϕ 值下的阻力系数 ξ 与雷诺数 Re 的关系曲线,已根据试验结果标绘在图3.4中。对于非球形颗粒,雷诺数 Re 中的直径 d 要用颗粒的当量直径 d_e 代替。

由图3.4可见,颗粒的球形度越小,对应于同一 Re 值的阻力系数 ξ 越大,但 ϕ 值对 ξ 的影响在层流区内并不显著。随着 Re 的增大,这种影响逐渐变大。

另外,自由沉降速度公式不适用于非常微细颗粒(如 $d < 0.5\ \mu m$)的沉降计算,这是由于流体分子热运动使得颗粒发生布朗运动。当 $Re > 10^4$ 时,便可不考虑布朗运动的影响。

需要指出,上述各区沉降速度关系式适用于多种情况下颗粒与流体在重力方向上的相对运动的计算,例如:

① 既可适用于颗粒密度 ρ_S 大于流体密度 ρ 的沉降操作,也可适用于颗粒密度 ρ_S 小于流体密度 ρ 的颗粒浮升运动。

② 既可适用于在静止流体中颗粒的沉降,也可适用于流体相对于静止颗粒的运动。

③ 既可适用于颗粒与流体逆向运动的情况,也可适用于颗粒与流体同向运动但具有不同速度的相对运动速度的计算。

3.3.1.4　沉降速度的计算

计算在给定介质中球形颗粒的沉降速度可采用以下两种方法。

(1)试差法。

根据式(3.12)、式(3.13)及式(3.14)计算沉降速度 u_t 时,需要预先知道沉降雷诺数 Re 值才能选用相应的计算式。但是,u_t 为待求,Re 值也就为未知。所以,沉降速度 u_t 的计算需要用试差法,即先假设沉降居于某一流型(例如层流区),则可直接选用与该流型相应的沉降速度公式计算 u_t,然后按求出的 u_t 检验 Re 值是否在原设的流型范围内。如果与原设一致,则求得的 u_t 有效,否则,按算出的 Re 值另选流型,并改用相应的公式求 u_t,直到按求得 u_t

算出的 Re 值恰与所选用公式的 Re 值范围相符为止。

（2）摩擦数群法。

摩擦数群法是把图 3.4 加以转换，使其两个坐标轴之一变成不包含 u_t 的无量纲数群，进而便可求得 u_t。

由式（3.8）可得到

$$\xi = \frac{4d(\rho_s - \rho)g}{3\rho u_t^2}$$

又

$$Re = \frac{d^2 u_t^2 \rho^2}{\mu^2}$$

以上两式相乘，便可消去 u_t，即

$$\xi Re^2 = \frac{4d^3(\rho_s - \rho)g}{3\mu^2} \tag{3.16}$$

再令

$$K = d\sqrt[3]{\frac{\rho(\rho_s - \rho)g}{\mu^2}} \tag{3.17}$$

则得

$$\xi Re^2 = \frac{4}{3}K^3 \tag{3.16（a）}$$

因 ξ 是 Re 的已知函数，则 ξRe^2 必然也是 Re 的已知函数，故图 3.4 的 $\xi - Re$ 曲线便可转化成图 3.5 的 $\xi Re^2 - Re$ 曲线。计算 u_t 时，可先由已知数据算出 ξRe^2 值，再由 $\xi Re^2 - Re$ 曲线查得 Re 值，最后由 Re 值反算 u_t，即

$$u_t = \frac{\mu Re}{d\rho}$$

如果要计算在一定介质中具有某一沉降速度 u_t 的颗粒的直径，也可用类似的方法解决。令 ξ 与 Re^{-1} 相乘，得

$$\xi Re^{-1} = \frac{4\mu(\rho_s - \rho)g}{3\rho^2 u_t^3} \tag{3.18}$$

$\xi Re^{-1} - Re$ 曲线如图 3.5 所示。由 ξRe^{-1} 值从图中查得 Re 值，再根据沉降速度 u_t 值计算 d，即

$$d = \frac{\mu Re}{\rho u_t}$$

摩擦数群法对于已知 u_t 求 d 或对于非球形颗粒的沉降计算均非常方便。此外，也可用无量纲数群 K 值判别流型。将式（3.12）代入雷诺数 Re 的定义式得

$$Re = \frac{d^3(\rho_s - \rho)\rho g}{18\mu^2} = \frac{K^3}{18}$$

当 $Re = 1$ 时，$K = 2.62$，此值是斯托克斯定律区的上限。

同理，将式（3.14）代入 Re 的定义式，可得牛顿定律区的下限 K 值为 69.1。

这样，计算已知直径的球形颗粒的沉降速度时，可根据 K 值选用相应的公式计算 u_t，从

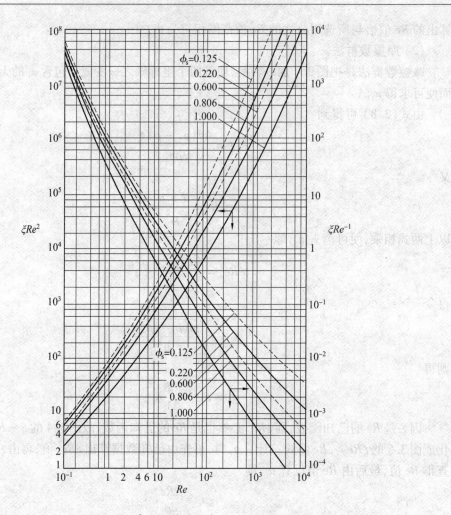

图 3.5 $\xi Re^2 - Re$ 及 $\xi Re^{-1} - Re$ 关系曲线

而避免采用试差法。

例 3.1 试计算直径为 90 μm、密度为 3 000 kg/m³ 的固体颗粒分别在 20 ℃ 的空气和水中的自由沉降速度。

解 (1) 在 20 ℃ 水中的沉降。

沉降操作所涉及的粒径往往很小,常在斯托克斯定律区进行沉降,故先假设颗粒在层流区内沉降,沉降速度可用式(3.12) 计算,即

$$u_t = \frac{d^2(\rho_S - \rho)g}{18\mu}$$

20 ℃ 水的密度为 998.2 kg/m³,黏度为 1.005×10^{-3} Pa·s。

$$u_t/(\text{m} \cdot \text{s}^{-1}) = \frac{(90 \times 10^{-6})^2 \times (3\,000 - 998.2) \times 9.81}{18 \times 1.005 \times 10^{-3}} = 8.793 \times 10^{-3}$$

核算流型

$$Re = \frac{d u_t \rho}{\mu} = \frac{90 \times 10^{-6} \times 8.793 \times 10^{-3} \times 998.2}{1.005 \times 10^{-3}} = 0.829\,7 < 1$$

原设层流区正确,求得的沉降速度有效。

读者可以用无量纲数群 K 和 ξRe^2 分别计算 u_t 值并与试差结果比较。

(2) 在 20 ℃ 空气中的沉降。

20 ℃ 时,空气密度为 1.205 kg/m³,黏度为 1.81 × 10⁻⁵ Pa·s。根据无量纲数群 K 判别颗粒沉降的流型。将已知数值代入式(3.17),得

$$K = d\sqrt[3]{\frac{(\rho_S - \rho)\rho g}{\mu^2}} = (90 \times 10^{-6}) \times \sqrt[3]{\frac{1.205(3\,000 - 1.205) \times 9.81}{(1.81 \times 10^{-5})^2}} = 4.282$$

由于 K 值大于 2.62 而小于 69.1,所以沉降在过渡区,可用艾仑公式计算沉降速度,由式 (3.13) 得

$$u_t/(\text{m} \cdot \text{s}^{-1}) = d\sqrt[3]{\frac{4g^2(\rho_S - \rho)^2}{225\mu\rho}} = 90 \times 10^{-6} \times \sqrt[3]{\frac{4 \times 9.81^2 \times (3\,000 - 1.205)^2}{225 \times 1.81 \times 10^{-5} \times 1.205}} = 0.811$$

由以上计算看出,同一颗粒在不同介质中沉降时,具有不同的沉降速度,且属于不同的流型。所以沉降速度 u_t 由颗粒特性和流体特性综合因素决定。

3.3.2　重力沉降设备

3.3.2.1　降尘室

采用重力沉降的方法从气流中分离出尘粒的设备称为降尘室。最常见的降尘室如图 3.6(a) 所示。含尘气体进入降尘室后,因流通道截面积扩大而速度减慢,只要颗粒能够在气体通过降尘室的时间内降至室底,便可从气流中分离出来。颗粒在降尘室内的运动情况如图 3.6(b) 所示。

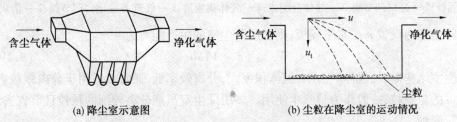

(a) 降尘室示意图　　　　　　　　(b) 尘粒在降尘室的运动情况

图 3.6　降尘室示意图及颗粒在降尘室内的运动情况

位于降尘室最高点的颗粒沉降至室底需要的时间为

$$\theta_t = \frac{H}{u_t}$$

气体通过降尘室的时间为

$$\theta = \frac{l}{u}$$

为满足降尘要求,气体在降尘室内的停留时间至少须等于颗粒的沉降时间,即

$$\theta > \theta_t \quad \text{或} \quad \frac{l}{u} > \frac{H}{u_t}$$

气体在降尘室内的水平通过速度为

$$u = \frac{V_S}{Hb}$$

将此式代入上式并整理得

$$V_S \leq blu_t \tag{3.19}$$

式中　　l —— 降尘室的长度,m;

　　　　H —— 降尘室的高度,m;

　　　　b —— 降尘室的宽度,m;

　　　　u —— 气体在降尘室中的水平通过速度,m/s;

　　　　V_S —— 降尘室的生产能力(即含尘气体通过降尘室的体积流量),m^3/s。

可见,理论上降尘室的生产能力只与其沉降面积 bl 及颗粒的沉降速度 u_t 有关,而与降尘室高度 H 无关,故降尘室应设计成扁平隔板,构成多层降尘室,如图 3.7 所示。隔板间距一般为 40 ~ 100 mm。

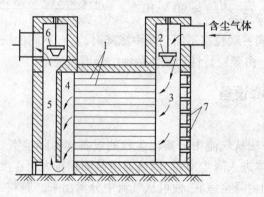

图 3.7　多层降尘室

1— 隔板;2— 进口调节阀;3— 气体分配道;4— 气体集聚道;5— 气道;6— 出口调节阀;7— 清灰口

若降尘室内设置 n 层水平隔板,则多层降尘室的生产能力为

$$V_S \leq (n+1)blu_t \tag{3.19(a)}$$

降尘室结构简单,流体阻力小,但体积庞大,分离效率低,通常只适用于分离颗粒直径大于 50 μm 的粗颗粒,一般作为预除尘使用。多层降尘室虽能分离较细的颗粒且节省占地,但清灰比较麻烦。

需要指出,沉降速度 u_t 应根据需要完全分离下来的最小颗粒尺寸计算。此外,气体在降尘室内的速度不应过高,一般应保证气体流动的雷诺数处于层流区,以免干扰颗粒的沉降或把已沉降下来的颗粒重新扬起。

例 3.2　拟采用降尘室回收常压炉气中所含的球形固体颗粒。降尘室底面积为 10 m^2,宽和高均为 2 m。操作条件下,气体的密度为 0.75 kg/m^3,黏度为 2.6×10^{-5} Pa·s,固体的密度为 3 000 kg/m^3,降尘室的生产能力为 4 m^3/s。试求:(1)理论上能完全捕集下来的最小颗粒直径;(2)粒径为 40 μm 的颗粒的回收百分率;(3)如果欲完全回收直径为 15 μm 的尘粒,在原降尘室内须设置多少层水平隔板?

解　(1)由式(3.19)可知,降尘室能够完全分离出来的最小颗粒的沉速为

$$u_t/(\text{m} \cdot \text{s}^{-1}) = \frac{V_S}{bl} = \frac{4}{10} = 0.4$$

用摩擦数群法由 u_t 求 $d_{\min}$,即

$$\xi Re^{-1} = \frac{4\mu(\rho_s - \rho)g}{3\rho^2 u_t^3}$$

$$= \frac{4 \times 2.6 \times 10^{-5}(3\,000 - 0.75) \times 9.81}{3 \times 0.75^2 \times 0.4^3}$$

$$= 28.3$$

由图 3.5 查得 $Re = 0.92$，则

$$d_{min} = \frac{2.6 \times 10^{-5} \times 0.92}{0.75 \times 0.4}\text{m} = 7.97 \times 10^{-5}\text{ m} = 7.97\ \mu\text{m}$$

（2）由上面计算知，直径为 40 μm 颗粒的沉降必定在层流区，其沉降速度可用斯托克斯公式计算，即

$$u'_t/(\text{m}\cdot\text{s}^{-1}) = \frac{d^2(\rho_s - \rho)g}{18\mu} = \frac{(40 \times 10^{-6})^2 \times (3\,000 - 0.75) \times 9.81}{18 \times 2.6 \times 10^{-5}} = 0.100\,6$$

假定颗粒在降尘室入口处的炉气中是均匀分布的，则颗粒在降尘室内的沉降高度与降尘室高度之比约等于该尺寸颗粒被分离下来的分离率。因此，直径为 40 μm 的颗粒回收率约为

$$\frac{H'}{H} = \frac{u'_t\theta}{u_t\theta} = \frac{0.100\,6}{0.40} = 0.251\,5, \text{即 } 25.15\%$$

（3）欲完全回收直径为 15 μm 的颗粒，可在降尘室内设置水平隔板，使之变为多层降尘室。降尘室内阁板层数 n 及板间距 h 的计算如下：

由上面计算知，直径为 15 μm 的颗粒在层流区内沉降，故

$$u_t/(\text{m}\cdot\text{s}^{-1}) = \frac{d^2(\rho_s - \rho)g}{18\mu} = \frac{(15 \times 10^{-6})^2 \times (3\,000 - 0.75) \times 9.81}{18 \times 2.6 \times 10^{-5}} = 0.014\,15$$

对于多层降尘室，式（3.19(a)）可变形为

$$n = \frac{V_s}{blu_t} - 1 = \frac{4}{10 \times 0.014\,15} - 1 = 27.3$$

现取 28 层，则隔板间距为

$$n/\text{m} = \frac{H}{n+1} = \frac{2}{29} = 0.069$$

在原降尘室内设置 28 层隔板理论上可全部回收直径为 15 μm 的颗粒。

3.3.2.2　沉降槽

沉降槽是用来提高悬浮液浓度并同时得到澄清液体的重力沉降设备，因此沉降槽又称为增浓器或澄清器。沉降槽可间歇操作或连续操作。

间歇沉降槽通常为带有锥底的圆槽，其中的沉降情况与间歇沉降试验时玻璃筒内的情况相似。需要处理的悬浮液在槽内静置足够时间以后，增浓的沉渣由槽底排出，清液则由槽上部排出管排出。连续沉降槽是底部略成锥状的大直径浅槽，如图 3.8 所示。悬浮液经中央进料口送到液面下 0.3～0.1 m 处，在尽可能减小扰动的条件下，迅速分散到整个横截面上，液体向上流动，清液经由槽顶端四周的溢流堰连续流出，称为溢流；固体颗粒则沉至底部，槽底有徐徐旋转的耙将沉泥缓慢地聚拢到底部中央的排泥口连续排出，排出的稠泥称为底流。

沉降槽有澄清液体和增浓悬浮液的双重功能。为了获得澄清液体，沉降槽必须有足够

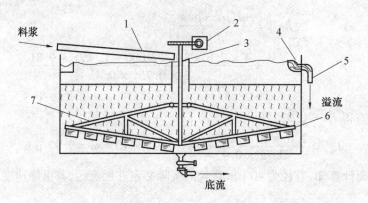

图 3.8　连续沉降槽

1— 进料管;2— 转动机构;3— 配料室;4— 溢流堰;5— 出液管;6— 刮泥板;7— 转耙

大的横截面积,以保证任何瞬间液体向上的速度小于颗粒的沉降速度。为了把沉渣增浓到指定的稠度,要求颗粒在槽中有足够的停留时间。所以沉降槽加料口以下的增浓段必须有足够的高度,以保证压紧沉渣所需的时间。

在沉降槽的增浓段中大都发生颗粒的干扰沉降,所进行的过程称为沉聚过程。

连续沉降槽的直径,小者为数米,大者可达数百米,高度为2.5 ~ 4 m。有时将数个沉降槽垂直叠放,共用一根中心竖轴带动各槽的转耙。这种多层沉降槽可以节省占地,但操作控制较为复杂。单层沉降槽的高度为2 ~ 3 m。

连续沉降槽适用于处理量大而浓度不高,且颗粒不甚细微的悬浮料液,常见的污水处理就是一例。经过这种设备处理后的沉渣中还含有约50% 的液体。

为了在给定尺寸的沉降槽内获得最大可能的生产能力,应尽可能提高沉降速度。向悬浮液中添加少量电解质(絮凝剂)或表面活性剂,使细粒发生"凝聚"或"絮凝";改变一些物理条件(如加热、冷冻或震动),使颗粒的粒度或相界面积发生变化,都有利于提高沉降速度。沉降槽中装设搅拌耙,除能把沉渣导向排出口外,还能降低非牛顿型悬浮物系的表观黏度,并能促使沉淀物压紧,从而加速沉聚过程。搅拌耙的转速应选择适当,通常小槽耙的转速为1 r/min,大槽耙在0.1 r/min 左右。

3.3.2.3　分级器

利用重力沉降可将悬浮液中两种不同密度的颗粒进行分类,也可将不同粒度的颗粒进行粗略分离,这样的操作称为分级。实现分级操作的设备称为分级器。

例3.3　图3.9 所示为一个双锥分级器,混合粒子由上部加入,水经可调锥与外壁的环形间隙向上流过。沉降速度大于水在环隙处上升流速的颗粒进入底流,而沉降速度小于该流速的颗粒则被溢流带出。

利用此双锥分级器对方铅矿与石英两种粒子的混合物进行分离。已知:

粒子形状	正方体
粒子尺寸	棱长为0.08 ~ 0.7 mm
方铅矿密度	$\rho_{s1} = 7\,500$ kg/m^3
石英密度	$\rho_{s2} = 2\,650$ kg/m^3
20 ℃ 水的密度和黏度	$\rho = 998.2$ kg/m^3,

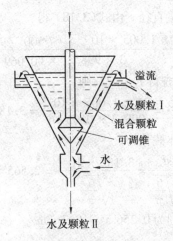

图 3.9　双锥分级器

$$\mu = 1.005 \times 10^{-3} \text{ Pa}$$

假定粒子在上升水流中做自由沉降,试求:

(1) 欲得纯方铅矿粒,水的上升流速至少应取多少 m/s?

(2) 所得纯方铅矿粒的尺寸范围。

解　本例即为利用沉降法进行颗粒分级的操作。

(1) 为了得到纯方铅矿粒,应使全部石英粒子被溢流带出,因此应按最大石英粒子的自由沉降速度决定水的上升流速。

对于正方体颗粒,应先算出其当量直径和球形度。令 l 代表棱长,V_p 代表一个颗粒的体积。

由式(3.4) 计算颗粒的当量直径,即

$$d_e = \sqrt[3]{\frac{6}{\pi} V_p} = \sqrt[3]{\frac{6}{\pi} l^3} = \sqrt[3]{\frac{6}{\pi}(0.7 \times 10^{-3})} = 8.656 \times 10^{-4}$$

由式(3.5) 计算颗粒的球形度,即

$$\phi_s = \frac{S}{S_p} = \frac{\pi d_e^2}{6l^2} = \frac{\pi \left(l \sqrt[3]{\frac{6}{\pi}}\right)^2}{6l^2} = 0.806$$

用摩擦数群法求最大石英粒子的沉降速度,即

$$\xi Re^2 = \frac{4d_e^3(\rho_{s2} - \rho)\rho g}{3\mu^2}$$

$$= \frac{4 \times (8.685 \times 10^{-4})^3 \times (2\,650 - 998.2) \times 998.2 \times 9.81}{3 \times (1.005 \times 10^{-3})^2}$$

$$= 14\,000$$

已知 $\phi_s = 0.806$,由图 3.5 查得 $Re = 60$,则

$$u_t/(\text{m} \cdot \text{s}^{-1}) = \frac{Re\mu}{d_e\rho} = \frac{60 \times 1.005 \times 10^{-3}}{998.2 \times 8.685 \times 10^{-4}} = 0.069\,6$$

故水的上升流速应取为 0.069 6 m/s 或略大于此值。

(2) 所得到的纯方铅矿粒中尺寸最小者应是沉降速度恰好等于 0.069 6 m/s 的粒子。

用摩擦数群法计算该粒子的当量直径。由式(3.18)得

$$\xi Re^{-1} = \frac{4\mu(\rho_{sl} - \rho)g}{3\rho^2\mu_t^3} = \frac{4 \times 1.005 \times 10^{-3} \times (7\,500 - 998.2) \times 9.81}{3 \times 998.2^2 \times (0.069\,6)^3} = 0.254\,4$$

已知 $\phi_s = 0.806$,由图 3.5 查得 $Re = 22$,则

$$d_e/m = \frac{Re\mu}{\rho u_t} = \frac{22 \times 1.005 \times 10^{-3}}{998.2 \times 0.069\,6} = 3.182 \times 10^{-4}$$

与此当量直径对应的正方体棱长为

$$l'/m = \frac{d_e}{\sqrt[3]{\frac{6}{\pi}}} = \frac{3.182 \times 10^{-4}}{\sqrt[3]{\frac{6}{\pi}}} = 2.565 \times 10^{-4}$$

所得纯方铅矿粒的棱长范围为 0.256 5 ~ 0.7 mm。

3.4　离心沉降

利用惯性离心力的作用而实现的沉降过程称为离心沉降。对于两个密度差较小、颗粒粒度较细的非均相物系,在重力场中的沉降效率很低甚至完全不能分离,若改用离心沉降则可提高沉降速度,设备尺寸也可缩小很多。

通常,气固非均相物系的离心沉降是在旋风分离器中进行的,液固悬浮物系一般可在旋液分离器或沉降离心机中进行。

3.4.1　离心沉降速度与分离因数

当流体围绕某一中心轴做圆周运动时,便形成了惯性离心力场。在与转轴距离为 R、节向速度为 u_T 的位置上,惯性离心力场强度为 u_T^2/R(即离心加速度)。可见,惯性离心力场强度不是常数,随位置及节向速度而变,其方向是沿旋转半径从中心指向外周。而重力场强度 g(即重力加速度)基本上可视为常数,其方向指向地心。

当流体带着颗粒旋转时,如果颗粒的密度大于流体的密度,则惯性离心力将会使颗粒在径向上与流体发生相对运动而飞离中心。与颗粒在重力场中受到三个作用力相似,惯性离心力场中颗粒在径向上也受到三个力的作用,即惯性离心力、向心力(与重力场中的浮力相当,其方向为沿半径指向旋转中心)和阻力(与颗粒径向运动方向相反,其方向为沿半径指向中心)。如果球形颗粒的直径为 d、密度为 ρ_s,流体密度为 ρ,颗粒与中心轴的距离为 R,切向速度为 u_T,颗粒与流体在径向上的相对速度为 u_r,则上述三个力分别为

$$惯性离心力 = \frac{\pi}{6}d^3\rho_s\frac{u_T^2}{R}$$

$$向心力 = \frac{\pi}{6}d^3\rho\frac{u_T^2}{R}$$

$$阻力 = \xi\frac{\pi}{4}d^2\frac{\rho u_r^2}{2}$$

如果上述三个力达到平衡,则

$$\frac{\pi}{6}d^3\rho_s\frac{u_T^2}{R} - \frac{\pi}{6}d^3\rho\frac{u_T^2}{R} - \xi\frac{\pi}{4}d^2\frac{\rho u_r^2}{2} = 0$$

平衡时颗粒在径向上相对于流体的运动速度 u_r 便是它在此位置上的离心沉降速度。上式对 u_r 求解得

$$u_r = \sqrt{\frac{4d(\rho_s - \rho)}{3\rho\xi} \times \frac{u_T^2}{R}} \tag{3.20}$$

比较式(3.20)与式(3.8)可以看出,颗粒的离心沉降速度 u_r 与重力沉降速度 u_t 具有相似的关系式,若将重力加速度 g 改为离心加速度 u_T^2/R,则式(3.8)可变为(3.20)。但是二者又有明显的区别,首先,离心沉降速度 u_r 不是颗粒运动的绝对速度,而是绝对速度在径向上的分量,且方向不是向下而是沿半径向外;其次,离心沉降速度 u_r 不是恒定值,随颗粒在离心力场中的位置(R)而变,而重力沉降速度 u_t 则是恒定的。

离心沉降时,如果颗粒与流体的相对运动属于层流,阻力系数 ξ 也可用式(3.9)表示,于是得到

$$u_r = \frac{d^2(\rho_s - \rho)}{18\mu} \times \frac{u_T^2}{R} \tag{3.21}$$

比较式(3.21)与式(3.12)可知,同一颗粒在同种介质中的离心沉降速度与重力沉降速度的比值为

$$\frac{u_r}{u_t} = \frac{u_T^2}{gR} = K_c \tag{3.22}$$

比值 K_c 就是粒子所在位置上的惯性离心力场强度与重力场强度之比,称为离心分离因数。分离因数是离心分离设备的重要指标。对某些高速离心机,分离因数 K_c 值可高达数十万。旋风或旋液分离器的分离因数一般为 5 ~ 2 500。例如,当旋转半径 $R = 0.4$ m、切向速度 $u_T = 20$ m/s 时,分离因数为

$$K_c = \frac{20^2}{9.81 \times 0.4} = 102$$

这表明颗粒在上述条件下的离心沉降速度比重力沉降速度约大百倍,可见离心沉降设备的分离效果远较重力沉降设备好。

3.4.2　旋风分离器

3.4.2.1　旋风分离器的操作原理

旋风分离器是利用惯性离心力的作用从气流中分离出尘粒的设备。图 3.10 所示是具有代表性的结构形式,称为标准旋风分离器。主体的上部为圆筒形,下部为圆锥形。各部件的尺寸比例均标注于图中。含尘气体由圆筒上部的进气管切向进入,受器壁的约束而向下作螺旋运动。在惯性离心力作用下,颗粒被抛向器壁而与气流分离,再沿壁画落至锥底的排灰口。净化后的气体在中心轴附近由下而上做螺旋运动,最后由顶部排气管排出。图 3.11 的侧视图描绘了气体在器内的运动情况。通常,把下行的螺旋形气流称为外旋流,上行的螺旋形气流称为内旋流(又称气芯)。内、外旋流气体的旋转方向相同。外旋流的上部是主要除尘区。

旋风分离器内的静压强在器壁附近最高,仅稍低于气体进口处的压强,往中心逐渐降低,在气芯处可降至气体出口压强以下。旋风分离器内的低压气芯由排气管入口一直延伸到底部出灰口。因此,如果出灰口或集尘室密封不良,便易漏入气体,把已收集在锥形底部

的粉尘重新卷起,严重降低分离效果。

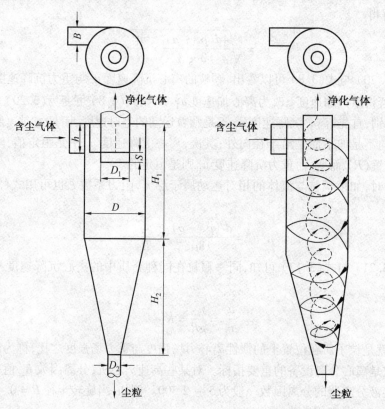

图 3.10   标准旋风分离器   图 3.11   气体在旋风分离器中的运动轨迹

图 3.11 中的主要设计参数如下:

$$h = \frac{D}{2}, B = \frac{D}{4}, D_1 = \frac{D}{2}, H_1 = 2D, H_2 = 2D, S = \frac{D}{8}, D_2 = \frac{D}{4}$$

旋风分离器的应用已有近百年的历史,因其结构简单,造价低廉,没有活动部件,可用多种材料制造,操作条件范围宽广,分离效率较高,所以至今仍是环保、化工、采矿、冶金、机械等领域最常用的一种除尘、分离设备。旋风分离器一般用来除去气流中直径在 5 μm 以上的尘粒。对颗粒含量高于 200 g/m³ 的气体,由于颗粒聚结作用,它甚至能除去 3 μm 以下的颗粒。旋风分离器还可以从气流中分离出雾沫。对于直径在 200 μm 以上的粗大颗粒,最好先用重力沉降法除去,以减少颗粒对分离器器壁的磨损;对于直径在 5 μm 以下的颗粒,一般旋风分离器的捕集效率不高,需用袋滤器或湿法捕集。旋风分离器不适用于处理黏性粉尘、含湿量高的粉尘及腐蚀性粉尘。此外,气量的波动对除尘效果及设备阻力影响较大。

3.4.2.2   旋风分离器的性能

评价旋风分离器性能的主要指标是尘粒从气流中的分离效果及气体经过旋风分离器的压强降。

(1) 临界粒径。

研究旋风分离器分离性能时,常从分析其临界粒径入手。所谓临界粒径,是理论上在旋风分离器中能被完全分离下来的最小颗粒直径。临界粒径是判断分离效率高低的重要依据。

计算临界粒径的关系式,可在如下简化条件下推导出来:

① 进入旋风分离器的气流严格按螺旋形路线做等速运动,其切向速度等于进口气速 u_1。

② 颗粒向器壁沉降时,必须穿过厚度等于整个进气宽度 B 的气流层,方能到达壁面而被分离。

③ 颗粒在滞流情况做自由沉降,其径向沉降速度可用式(3.21)计算。

因流体密度为 $\rho \ll \rho_S$,故式(3.21)中的 $\rho_S - \rho \approx \rho_S$;又旋转半径 R 可取平均值 R_m,则气流中颗粒的离心沉降速度为

$$u_r = \frac{d^2 \rho_S u_1^2}{18 \mu R_m}$$

颗粒到达器壁所需的时间为

$$\theta_t = \frac{B}{u_r} = \frac{18 \mu R_m B}{d^2 \rho_S u_1^2}$$

令气流的有效旋转圈数为 N_e,它在分离器内运行的距离便是 $2\pi R_m N_e$,则停留时间为

$$\theta = \frac{2\pi R_m N_e}{u_1}$$

若某种尺寸的颗粒所需的沉降时间 θ_t 恰好等于停留时间 θ,该颗粒就是理论上能被完全分离下来的最小颗粒。以 d_0 代表这种颗粒的直径,即临界直径,则

$$\frac{18 \mu R_m B}{d_0^2 \rho_S u_1^{\ 2}} = \frac{2\pi R_m N_e}{u_1}$$

解得

$$d_0 = \sqrt{\frac{9 \mu B}{\pi N_e \rho_S u_1}} \tag{3.23}$$

一般旋风分离器是以圆筒直径 D 为参数,其他尺寸都与 D 成一定比例。由式(3.23)可见,临界粒径随分离器尺寸增大而加大,因此分离效率随分离器尺寸增大而减小。所以,当气体处理量很大时,常将若干个小尺寸的旋风分离器并联使用(称为旋风分离器组),以维持较高的除尘效率。

在推导式(3.23)时所做的两项假设与实际情况差距较大,但因这个公式非常简单,只要给出合适的 N_e 值,尚属可用。N_e 的数值一般为 0.5 ~ 3.0,对标准旋风分离器,可取 $N_e = 5$。

(2)分离效率。

旋风分离器的分离效率有两种表示法,一种是总效率,以 η_0 代表;另一种是分效率,又称为粒级效率,以 η_p 代表。

总效率是指进入旋风分离器的全部颗粒中被分离下来的质量分数,即

$$\eta_0 = \frac{C_1 - C_2}{C_1} \tag{3.24}$$

式中 C_1—— 旋风分离器进口气体含尘浓度,g/m^3;

    C_2—— 旋风分离器出口气体含尘浓度,g/m^3。

　　总效率是工程中最常用的,也是最易于测定的分离效率。这种表示方法的缺点是不能表明旋风分离器对各种尺寸粒子的不同分离效果。

　　含尘气流中的颗粒通常是大小不均的。通过旋风分离器之后,各种尺寸的颗粒被分离下来的百分数互不相同。按各种粒度分别表明其被分离下来的质量分数,称为粒级效率。通常是把气流中所含颗粒的尺寸范围等分成 n 个小段,而其中第 i 个小段范围内的颗粒(平均粒径为 d_τ)的粒级效率定义为

$$\eta_p = \frac{C_{1i} - C_{2i}}{C_{1i}} \tag{3.25}$$

式中　　C_{1i}——进口气体中粒径在第 i 小段范围内的颗粒浓度,g/m^3;

　　　　C_{2i}——出口气体中粒径在第 i 小段范围内的颗粒浓度,g/m^3。

　　粒级效率 η_p 与颗粒直径 d_i 的对应关系可用曲线表示,称为粒级效率曲线。这种曲线可通过实测旋风分离器进、出气流中所含尘粒的浓度及粒度分布而获得。图3.12为某旋风分离器的粒级效率曲线。根据计算,其临界粒径 d_0 约为10 μm。理论上,凡直径大于10 μm的颗粒,其粒级效率都应为100%,而小于10 μm的颗粒,粒级效率都应为零,即应以 d_0 为界作清晰的分离,如图中折线 BCD 所示。但由图中实测的粒级效率曲线可知,对于直径小于 d_0 的颗粒,也有可观的分离效果,而直径大于 d_0 的颗粒,还有部分未被分离下来。这主要是因为直径小于 d_0 的颗粒中,有些在旋风分离器进口处已经很靠近壁面,在停留时间内能够到达壁面上;或者在器内聚结成了大的颗粒,因而具有较大的沉降速度。直径大于 d_0 的颗粒中,有些受气体涡流的影响未能到达壁面,或者沉降后又被气流重新卷起而带走。

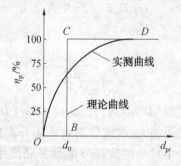

图3.12　粒级效率曲线

　　有时也把旋风分离器的粒级效率 η_p 绘成粒径比 d_0/d_{50} 的函数曲线。d_{50} 是粒级效率恰为50%的颗粒直径,称为分割粒径。图3.10所示的标准旋风分离器,其 d_{50} 可用下式估算

$$d_{50} \approx 0.27 \sqrt{\frac{\mu D}{u_i(\rho_S - \rho)}} \tag{3.26}$$

　　这种标准旋风分离器的 $\eta_p - d_0/d_{50}$ 关系曲线如图3.13所示。对于同一形式且尺寸比例相同的旋风分离器,无论大小,皆可通用同一条 $\eta_p - d_0/d_{50}$ 关系曲线,这就给旋风分离器效率的估算带来了很大方便。

　　前述的旋风分离器总效率 η_0,不仅取决于各种尺寸颗粒的粒级效率,而且取决于气流中所含尘粒的粒度分布。即使同一设备处于同样操作条件下,如果气流含尘的粒区分布不同,也会得到不同的总效率。如果已有粒级效率曲线,并且已知气体含尘的粒度分布数据,则可按下式估算总效率,即

$$\eta_0 = \sum_{i=1}^{n} x_i \eta_{pi} \tag{3.27}$$

式中　x_i—— 粒径在第 i 小段范围内的颗粒占全部颗粒的质量分数；

　　　η_{pi}—— 第 i 小段范围内颗粒的粒级效率；

　　　n—— 全部粒径被划分的段数。

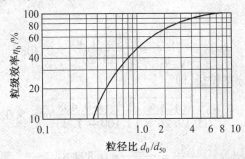

图 3.13　标准旋风分离器的 $\eta_p - d_0/d_{50}$ 关系曲线

（3）压强降。

气体经旋风分离器时,由进气管和排气管及主体器壁所引起的摩擦阻力,流动时的局部阻力以及气体旋转运动所产生的动能损失等,造成气体的压强降。压强降可看作与进口气体动能成正比,即

$$\Delta p = \xi \frac{\rho u_i^2}{2} \tag{3.28}$$

式中　ξ—— 比例系数,亦即阻力系数。

对于同一结构形式及尺寸比例的旋风分离器,ξ 为常数,不因尺寸大小而变。例如图 3.10 所示的标准旋风分离器,其阻力系数 $\xi = 8.0$。旋风分离器的压强降一般为 500 ~ 2 000 Pa。

影响旋风分离器性能的因素多而复杂,物系情况及操作条件是其中的重要方面。一般说来,颗粒密度大、粒径大、进口气速高及粉尘浓度高等情况均有利于分离。例如,含尘浓度高则有利于颗粒的聚结,可以提高效率,而且颗粒浓度增大可以抑制气体涡流,从而使阻力下降,所以较高的含尘浓度对压强降与效率两个方面都是有利的。但有些因素则对这两个方面有相互矛盾的影响,例如进口气速稍高有利于分离,但过高则导致涡流加剧,反而不利于分离,陡然增大压强降。因此,旋风分离器的进口气体流速保持在 10 ~ 25 m/s 范围内为宜。

例 3.4　用如图 3.10 所示的标准旋风分离器除去气流中所含固体颗粒。已知固体密度为 1 100 kg/m³、颗粒直径为 4.5 μm；气体的密度为 1.2 kg/m³、黏度为 1.8×10^{-5} Pa·s、流量为 0.40 m³/s；允许压强降为 1 780 Pa。试估算采用以下各方案时的设备尺寸及分离效率。

（1）一台旋风分离器；

（2）四台相同的旋风分离器串联；

（3）四台相同的旋风分离器并联。

解　（1）已知图 3.10 所示的标准旋风分离器的阻力系数 $\xi = 8.0$,依式(3.28)可以写出

$$1\ 780 = 8.0 \times 1.2 \times \left(\frac{u_i^2}{2}\right)$$

解得进口气体流速为
$$u_i = 19.26 \text{ m/s}$$

旋风分离器进口截面积为
$$hB = \frac{D^2}{8}, \text{且 } hB = \frac{V_s}{u_i}$$

故设备直径为
$$D/\text{m} = \sqrt{\frac{8V_s}{u_i}} = \sqrt{\frac{8 \times 0.40}{19.26}} = 0.408$$

再依式(3.26)计算分割粒径,即
$$d_{50} \approx 0.27\sqrt{\frac{\mu D}{u_i(\rho_s - \rho)}} = 0.27\sqrt{\frac{(1.8 \times 10^{-5}) \times 0.408}{19.26 \times (1\,100 - 1.2)}}\text{m} = 5.029 \times 10^{-6}\text{ m} = 5.029\ \mu\text{m}$$

$$\frac{d_i}{d_{50}} = \frac{4.5}{5.029} = 0.894\,8$$

查图 3.13 得 $\eta = 44\%$。

(2)当四台相同的旋风分离器串联时,若忽略级间连接管的阻力,则每台旋风分离器允许的压强降为
$$\Delta p/\text{Pa} = \frac{1}{4} \times 1\,780 = 445$$

则各级旋风分离器的进口气速为
$$u_i/(\text{m} \cdot \text{s}^{-1}) = \sqrt{\frac{2\Delta p}{\xi\rho}} = \sqrt{\frac{2 \times 445}{8 \times 1.2}} = 9.63$$

每台旋风分离器的直径为
$$D/\text{m} = \sqrt{\frac{8V_s}{u_i}} = \sqrt{\frac{8 \times 0.40}{9.63}} = 0.576\,5$$

又
$$d_{50} \approx 0.27\sqrt{\frac{(1.8 \times 10^{-5}) \times 0.576\,5}{9.63(1\,100 - 1.2)}}\text{m} = 8.46 \times 10^{-6}\text{ m} = 8.46\ \mu\text{m}$$

$$\frac{d_i}{d_{50}} = \frac{4.5}{8.46} = 0.532$$

查图 3.13 得每台旋风分离器的效率为 22%,则串联四级旋风分离器的总效率为
$$\eta = 1 - (1 - 0.22)^4 = 63\%$$

(3)当四台旋风分离器并联时,每台旋风分离器的气体流量为 $\left(\frac{1}{4} \times 0.4\right)$ m/s = 0.1 m/s,而每台旋风分离器的允许压强降仍为 1 780 Pa,则进口气速仍为
$$u_i/(\text{m} \cdot \text{s}^{-1}) = \sqrt{\frac{2\Delta p}{\xi\rho}} = \sqrt{\frac{2 \times 1\,780}{8 \times 1.2}} = 19.26$$

因此每台分离器的直径为
$$D/\text{m} = \sqrt{\frac{8 \times 0.1}{19.26}} = 0.203\,8$$

$$d_{50} \approx 0.27 \sqrt{\frac{(1.8 \times 10^{-5}) \times 0.203\,8}{19.26 \times (1\,100 - 1.2)}}\,\mathrm{m} = 3.55 \times 10^{-6}\,\mathrm{m} = 3.55\,\mu\mathrm{m}$$

$$\frac{d_i}{d_{50}} = \frac{4.5}{3.55} = 1.268$$

查图 3.13 得 $\eta = 61\%$。

由上面的计算结果可以看出,在处理气量及压强降相同的条件下,本例中串联四台与并联四台的效率大体相同,但并联时所需的设备小、投资省。

例 3.5　采用图 3.10 所示的标准型旋风分离器除去气流中的尘粒。分离器的 η_p - d_0/d_{50} 曲线如图 3.13 所示。已根据设备尺寸、操作条件及系统物性估算出分割直径 $d_{50} = 5.7\,\mu\mathrm{m}$,求除尘总效率。

气流中所含粉尘的粒度分布见表 3.2。

表 3.2　气流中所含粉尘的粒度分布

粒径范围 /μm	0 ~ 5	5 ~ 10	10 ~ 15	15 ~ 20	20 ~ 25	25 ~ 30	30 ~ 40	40 ~ 50	50 ~ 60	60 ~ 70
质量分数 x_i	0.02	0.05	0.14	0.38	0.19	0.12	0.05	0.03	0.01	0.01

解　依式(3.27)计算总效率,即

$$\eta_0 = \sum_{i=1}^{n} x_i \eta_{pi}$$

计算过程及结果见表 3.3。

表 3.3　计算过程及结果

粒径范围 /μm	平均粒径 d_i /μm	质量分数 /x_i	粒径比 d_0/d_{50} ($d_i/5.7$)	粒级效率 η_{pi} (由 d_0/d_{50} 查图 3.13)	$x_i \eta_{pi}$
0 ~ 5	2.5	0.02	0.44	0.16	0.003 2
5 ~ 10	7.5	0.05	1.32	0.61	0.031
10 ~ 15	12.5	0.14	2.19	0.80	0.112
15 ~ 20	17.5	0.38	3.07	0.90	0.342
20 ~ 25	22.5	0.19	3.95	0.93	0.177
25 ~ 30	27.5	0.12	4.82	0.96	0.115
30 ~ 40	35	0.05	6.14	0.97	0.048
40 ~ 50	45	0.03	7.89	0.99	0.030
50 ~ 60	55	0.01	9.65	0.99	0.01
60 ~ 70	65	0.01	11.4	1.00	0.01

$$\eta_0 = \sum_{i=1}^{n} x_i \eta_{pi} = 0.88$$

求得除尘总效率为 88%。

3.4.3　旋液分离器

旋液分离器又称为水力旋流器,是利用离心沉降原理从悬浮液中分离固体颗粒的设备,它的结构与操作原理和旋风分离器相类似,设备主体也是由圆筒和圆锥两部分组成,如图 3.14 所示。悬浮液经入口管沿切向进入圆筒,向下做螺旋形运动,固体颗粒受惯性离心力作用被甩向器壁,随下旋流降至锥底的出口,由底部排出的增浓液称为底流;清液或含有微

细颗粒的液体则成为上升的内旋流,从顶部的中心管排出,称为溢流。

　　旋液分离器的结构特点是直径小而圆锥部分长。因为固液间的密度差比固气间的密度差小,在一定的切线进口速度下,小直径的圆筒有利于增大惯性离心力,以提高沉降速度。同时,锥形部分加长可增大液流的行程,从而延长了悬浮液在器内的停留时间。

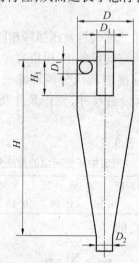

图 3.14　旋液分离器

　　旋液分离器不仅可用于悬浮液的增浓,在分级方面更有显著特点,而且还可用于不互溶液体的分离、气液分离以及传热、传质和雾化等操作中。

　　根据增浓或分级用途的不同,旋液分离器的尺寸比例也有相应的变化,可参照表3.4。在进行旋液分离器设计或选型时,应根据工艺的不同要求,对技术指标或经济指标加以综合权衡,以确定设备的最佳结构及尺寸比例。例如,用于分级时,分割粒径通常为工艺所规定,而用于增浓时,则往往规定总收率或底流浓度。从分离角度考虑,在给定处理量时,选用若干个小直径旋液分离器并联运行,其效果要比使用一个大直径的旋液分离器好得多。正因如此,多数制造厂家都提供不同结构的旋液分离器组,使用时可单级操作,也可串联操作,以获得更高的分离效率。

表 3.4　旋液分离器的主要设计参数

	增浓	分级
D_1	$D/4$	$D/7$
D_2	$D/3$	$D/7$
H	$5D$	$2.5D$
H_1	$0.3 \sim 0.4D$	$0.3 \sim 0.4D$

锥形段倾斜角一般为 $10° \sim 20°$

　　近年来,世界各国对超小型旋液分离器(指直径小于15 mm的旋液分离器)进行开发。超小型旋液分离器特别适用于微细物料悬浮液的分离操作,颗粒直径可小到 $2 \sim 5$ μm。

　　旋液分离器的粒级效率和颗粒直径的关系曲线与旋风分离器颇为相似,并且同样可根据粒级效率及粒径分布计算总效率。

　　在旋液分离器中,颗粒沿器壁快速运动时产生严重磨损,为了延长分离器的使用年限,应采用耐磨材料制造或采用耐磨材料做内衬。

3.4.4　沉降式离心机

离心沉降机用于液体非均相混合物(乳浊液或悬浮液)的分离,与旋流器比较,它有转动部件,转速可以根据需要任意增加,对于难分离的混合物可以采用转速高、离心分离因数大的设备。

根据离心分离因数 K_c 的大小,离心机可分为

常速离心机:$K_c < 3\ 000$(一般为 $600 \sim 1\ 200$);

高速离心机:$K_c = 3\ 000 \sim 50\ 000$;

超速离心机:$K_c > 50\ 000$。

3.4.4.1　转鼓式离心机

如图 3.15 所示为转鼓式离心沉降机的转鼓示意图。它的主体是上面带有翻边的圆筒,由中心轴带动其高速旋转,由于惯性离心力的作用,筒内液体形成环状柱体,这样,悬浮液从底部进入,同时受离心力的作用向筒壁沉降,如果颗粒随液体到达顶端以前沉到筒壁,即可从液体中除去,否则仍随液体流出。

3.4.4.2　蝶式分离机

蝶式分离机的转鼓内装有许多倒锥形碟片,碟片直径一般为 $0.2 \sim 0.6$ m,碟片数目为 $50 \sim 100$ 片,转鼓以 $4\ 700 \sim 8\ 500$ r/min 的转速旋转,分离因数可达 $4\ 000 \sim 10\ 000$。这种分离机可用于澄清悬浮液中少量细小颗粒以获得澄清的液体,也可用于乳浊液中轻、重两相的分离。图 3.16(a) 为用于分离乳浊液的碟式分离机的工作原理。料液由空心转轴顶部进入后流到碟片组的底部,碟片上带有小孔,料液通过小孔分配到各碟片通道之间。在离心力作用下,重液逐渐沉于每一碟片的下方并向转鼓外缘移动,经汇集后由重液出口连续排出。轻液则流向轴心由轻液出口排出。图 3.16(b) 为用于澄清液体的碟式分离机的工作原理示意图。这种分离机的碟片上不开孔,料液从转动碟片的四周进入碟片间的通道并向轴心流动。同时固体颗粒则逐渐向每一碟片的下方沉降,并在离心力作用下向碟片外线移动,沉积在转鼓内壁的沉渣可在停车后用人工卸除或间歇地用液压装置自动排除。重液出口用垫圈堵住,澄清液体由轻液出口排出。人工卸渣要停车清洗,故只适用于含固量 < 1%(质量分数)的悬浮液。

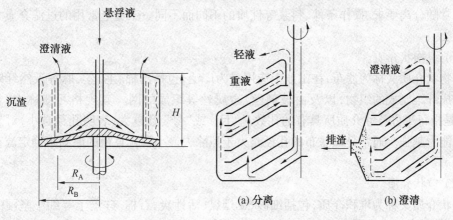

图 3.15　转鼓式离心沉降机　　　　　图 3.16　碟式分离机

3.5　过滤

当生产过程需处理含固相浓度较高的悬浊液,或处理含固相浓度极低且粒径微小的气－固混合物时,前面所介绍的沉降方法已不适宜,在此类情况下宜采用过滤操作来进行。

3.5.1　过滤的基本概念与过滤机理

过滤是在推动力的作用下,利用非均相混合物中各相对多孔固体介质的透过性差异来分离混合物的操作。与沉降操作相比较,具有操作时间短、分离较为完全的优点。在生产实践过程中,为提高生产效益,过滤操作往往与沉降设备串联,作为沉降的后续操作,以达到缩短分离时间、降低能耗的目的。

过滤在生产实际中主要用于处理含固相浓度较高的悬浊液。对所处理的悬浊液称为料浆,所用的多孔性介质称为过滤介质,透过介质孔道的液体称为滤液,被介质截留的固体颗粒层称为滤饼或滤渣,如图 3.17 所示。

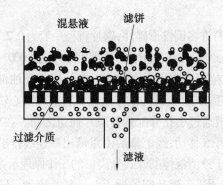

图 3.17　饼层过滤示意图

3.5.1.1　过滤介质

过滤介质是过滤设备的核心,它应具有足够的机械强度和尽可能小的流动阻力。过滤介质通常随分离要求、操作条件、料浆等性质的不同而不同。工业上常用的过滤介质大致有以下几类。

（1）织物状介质。

织物状介质又称为滤布,在工业上应用最为广泛,包括出棉、毛、丝、麻等天然纤维及由各种合成纤维制成的织物,以及由玻璃丝、金属丝等织成的网。其规格习惯称为“目”或“号”,是指每平方英寸介质所具有的孔数。“目”或“号”数越大,表明孔径越小,对悬浊液的拦截能力越强。通常是以滤布的孔径略大于拟除去最小颗粒直径的原则来确定滤布的规格。

（2）粒状介质。

粒状介质又称为堆积介质,包括细砂、无烟煤、活性炭、石棉、硅藻土等细小坚硬的颗粒状物质,例如家用净水器中的活性炭芯。

（3）多孔固体介质。

多孔固体介质是具有很多微细孔道的固体材料,如多孔陶瓷、多孔塑料、由纤维制成的深层多孔介质(例如由纤维绕成的绕线式滤芯)、多孔金属制成的管或板等。此类介质多耐腐蚀,且孔道细微,适用于处理只含少量细小颗粒及有腐蚀性的悬浊液。

3.5.1.2　滤饼过滤与深层过滤

根据过滤过程使用的介质和对颗粒截留原理的不同,过滤可分为滤饼过滤和深层过滤两类。

（1）滤饼过滤。

滤饼过滤又称为表面过滤,以织物状介质(滤布)为过滤介质。由于滤布的网孔直径通常稍大于颗粒直径,故过滤初期总会有部分颗粒穿过介质而使滤液浑浊(此种滤液应送回滤浆槽重新处理)。但当过滤开始一段时间后,会在孔道表面及内部迅速发生"架桥现象"(图 3.17(b)),因此使得尺寸小于孔道直径的颗粒也能被拦截,于是在过滤介质的上游则形成滤饼。在滤饼形成以后,主要起截留颗粒作用的实际上是滤饼本身,而非过滤介质,此种过滤则称为滤饼过滤。故滤饼过滤是以滤饼本体为实际过滤介质的过滤操作。

滤饼过滤要求滤饼能够迅速生成,常用于分离固相体积百分数大于 1% 的悬浊液,是生产中应用最广的过滤形式。

（2）深层过滤。

深层过滤广泛应用于城市水处理过程,以堆积状介质构成一定厚度的床层为过滤介质(如水厂的快滤池)。如图 3.18 所示,在过滤过程中,介质床层较厚且孔道直径较大时,重相颗粒将通过在床层内部的搭桥现象而被截留或吸附在孔隙中,在过滤介质表面无滤饼生成。很显然,此过滤形式下起截留颗粒作用的是介质内部曲折而细长的通道,即深层过滤是利用介质床层内部通道为过滤介质的过滤操作。由于此类过滤过程介质床层通常很厚,故称为深层过滤。

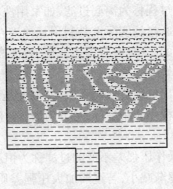

图 3.18　深层过滤示意图

在深层过滤过程中,介质内部通道随使用时间的推移,会因架桥现象逐渐减少而变小,故常用于处理固相体积百分数小于 0.1%、颗粒直径小于 5 μm 的悬浊液,且过滤介质必须定期更换或清洗再生。

（3）滤饼。

滤饼是由织物状过滤介质截留的重相颗粒垒积而成的固定床层。随着操作的进行,滤饼的厚度和流动阻力将逐渐增加。

若滤饼由不易变形的坚硬固体颗粒(如硅藻土、碳酸钙等)构成的,则当滤饼两侧的压强差增大时,颗粒的形状及颗粒间的空隙都不会有显著变化,故单位厚度滤饼的流体阻力可以认为恒定,此类滤饼称为不可压缩滤饼。反之,若滤饼是由某些氢氧化物之类的胶体物质构成的,则当两侧压强差增大时,颗粒的形状和颗粒间的空隙便有显著的改变,使得单位厚度滤饼的流动阻力增大,此类滤饼则称为可压缩滤饼。

(4) 助滤剂。

对于可压缩滤饼,当过滤推动力增大时滤饼中的孔道会变窄,甚至因颗粒过于细密而将通道堵塞;或因滤饼粘嵌在过滤介质的表面或孔隙中而不利于卸渣,导致生产周期延长,从而降低生产效益并缩短介质的使用寿命。为了减小可压缩滤饼的过滤阻力,减少细微颗粒对过滤介质中孔道的堵塞现象,可使用助滤剂改善饼层结构。助滤剂通常是具有多孔性、形状不规则、不可压缩的细小固体颗粒,如硅藻土、石棉、炭粉等。其基本要求如下:

① 能与滤渣形成多孔床层的细小颗粒,以保证滤饼有良好的渗透性及较低的流动阻力。

② 具有化学稳定性,应与悬浊液间无化学反应且不能被液相溶解。

③ 在过滤操作条件下,具有不可压缩性,以保持滤饼具有较高的空隙率。

可将助滤剂用环氧树脂调和后预涂在过滤介质表面,或直接加入悬浊液中以改善滤饼结构,使滤液得以畅流并有利于卸渣。但后者不宜用于滤饼需回收的过滤过程。

(5) 过滤推动力。

过滤过程的推动力可以是重力、离心力或压强差。以重力为推动力的过滤过程称为重力过滤。它是以压在饼层上方的料浆的重力形成的表压强为推动力来推动滤液在滤饼层及过滤介质中流动。重力过滤的过滤速度慢,仅适用于小规模、大颗粒、含量少的悬浊液过滤,如试验室中的滤纸过滤。离心过滤速度快,但往往受过滤介质强度及其孔径的制约,设备投资和动力消耗也比较大,多用于固相粒度大、浓度高的悬浊液。

以离心力为推动力的过滤过程称为离心过滤,如家用洗衣机的脱水机、工业生产过程中的过滤式离心机均属此类。离心过滤实际上是利用悬浊液在离心力场的作用下,在过滤介质内外形成的压差来实现分离的,其具有分离速度快、效率高等优点,缺点是处理小颗粒悬浊液时除渣比较困难。

人为地在滤饼上游和滤液出口间造成压强差,并以此压强差为推动力的过滤称为压差过滤。压差过滤在工业生产过程中应用最广,可分为加压过滤和真空吸滤,操作压强差可根据情况调节。

在压差过滤过程中,维持操作压强差不变的过滤称为恒压过滤。在恒压过滤过程中,随着滤饼层的增厚,过滤速度将逐渐减小,若逐渐加大压强差则可维持过滤速度不变,此种过滤则称为恒速过滤。相比较而言,恒压过滤过程便于实施,故多为实际采用,而恒速过滤过程由于控制困难,在生产中并不常见。

综上所述,在工业过程中,以恒压条件下的滤饼过滤最为常用。

必须指明,在恒压过滤过程中,由于介质上截留的滤饼厚度随过滤时间逐渐增大,过滤速度逐渐减小,当过滤速度减小到一定程度时,继续操作不经济,需进行卸渣操作,待装机复原后再开始新一轮的过滤。此外,由于滤饼中往往带有液体成分,故需对滤饼进行洗涤以保证所得滤饼的纯度。过滤操作存在一定的周期性,通常由过滤、洗涤、卸渣和复原4个基本环节组成。

3.5.2　过滤速率基本方程式

3.5.2.1　滤液通过饼层的流动特点

滤液通过饼层(包括滤饼和过滤介质)的流动与在普通管内的流动相仿,但有其突出特点。

(1) 非定态过程。

过滤操作中,滤饼厚度随过程进行而不断增加,若过滤过程中维持操作压强不变,则随滤饼增厚,过滤阻力加大,滤液通过的速度将减小;若要维持滤液通过速率不变,则需不断增大操作压强。

(2) 层流流动。

由于构成滤饼层的颗粒尺寸通常很小,形成的滤液通道不仅细小曲折,而且相互交联,形成不规则的网状结构,故滤液在通道内的流动阻力很大,流速很小,多属于层流流动的范围。

为了对滤液流动现象加以数字描述,常将复杂的实际流动过程加以简化。

简化模型是将床层中不规则的通道假设成长度为 L,当量直径为 d_e 的一组平行细管,并且规定:

① 细管的全部流动空间等于颗粒床层的空隙容积。

② 细管的内表面积等于颗粒床层的全部表面积。

在上述简化条件下,以 1 m³ 床层体积为基准,细管的当量直径可表示为床层空隙率 ε 及比表面积 A_b 的函数,即

$$d_e = 4 \times \frac{床层流动空间}{细管的全部内表面积} = \frac{4\varepsilon}{A_b} = \frac{4\varepsilon}{1-\varepsilon} \tag{3.29}$$

由于滤液通过饼层的流动常属于层流流型,故可以仿照圆管内层流流动的泊谡叶公式来描述滤液通过滤饼的流动。泊谡叶公式为

$$u_1 \propto \frac{d_e^2(\Delta p_c)}{\mu L} \tag{3.30}$$

式中　u_1——滤液在床层孔道中的流速,m/s;

L——床层厚度,m;

Δp_c——滤液通过滤饼层的压强降,Pa。

阻力与压强降成比例,故可认为式(3.30)表达了过滤操作中滤液流速与阻力的关系。

在与过滤介质层相垂直的方向上,床层空隙中的滤液流速 u_1 与按整个床层截面积计算的滤液平均流速 u 之间的关系为

$$u_1 = \frac{u}{\varepsilon} \tag{3.31}$$

将式(3.29)、式(3.31)代入式(3.30),得

$$u = \frac{1}{K'} \frac{\varepsilon^3}{a^2(1-\varepsilon)^2}\left(\frac{\Delta p_c}{\mu L}\right) \tag{3.32}$$

对于颗粒床层内的层流流动,K' 可取为 5,于是

$$u = \frac{\varepsilon^3}{5a^2(1-\varepsilon)^2}\left(\frac{\Delta p_c}{\mu L}\right) \tag{3.32(a)}$$

3.5.2.2　过滤速率与速度

单位时间获得的滤液体积称为过滤速率,单位为 m^3/s。单位过滤面积上的过滤速率称为过滤速度,单位为 m/s。若过滤过程中其他因素不变,则由于滤饼厚度不断增加而使过滤速度逐渐变小。任一瞬间的过滤速度可写成如下形式:

$$u = \frac{dV}{Ad\theta} = \frac{\varepsilon^3}{5a^2(1-\varepsilon)^2}\left(\frac{\Delta p_c}{\mu L}\right) \tag{3.33}$$

而过滤速率为

$$\frac{dV}{d\theta} = \frac{\varepsilon^2}{5a(1-\varepsilon)^2}\left(\frac{A \cdot \Delta p_c}{\mu L}\right) \tag{3.34}$$

式中　　V——滤液量,m^3;

　　　　θ——过滤时间,s;

　　　　A——过滤面积,m^2。

3.5.2.3　过滤阻力

(1)滤饼的阻力。

式(3.32(a))及式(3.33)中的 $\dfrac{\varepsilon^3}{5a^2(1-\varepsilon)^2}$ 反映了颗粒及颗粒床层的特性,其值随物料而不同,但对于特定的不可压缩滤饼其为定值。若以 r 代表其倒数,即

$$r = \frac{5a^2(1-\varepsilon)^2}{\varepsilon^3} \tag{3.35}$$

式中　　r——滤饼的比阻,$1/m^2$。

则式(3.32(b))可写成

$$\frac{dV}{Ad\theta} = \left(\frac{\Delta p_c}{\mu r L}\right) = \left(\frac{\Delta p_c}{\mu R}\right) \tag{3.36}$$

式中　　R——滤饼阻力,$R = rL$,$1/m$。

显然,式(3.36)具有速度=推动力/阻力的形式,式中 $\mu r L$ 或 μR 为过滤阻力。其中 μr 为比阻,但因 μ 代表滤液的影响因素,rL 代表滤饼的影响因素,因此习惯上将 r 称为滤饼的比阻,R 称为滤饼阻力。

比阻 r 是单位厚度滤饼的阻力,它在数值上等于黏度为 $1\ Pa \cdot s$ 的滤液以 $1\ m/s$ 的平均流速通过厚度为 $1\ m$ 的滤饼层时所产生的压强降。比阻反映了颗粒形状、尺寸及床层的空隙率对滤液流动的影响。床层空隙率 ε 越小及颗粒比表面 A_b 越大,则床层越致密,对流体流动的阻滞作用也越大。

(2)介质的阻力。

过滤介质的阻力与其材质、厚度等因素有关。通常把过滤介质的阻力视为常数,仿照式(3.36)可以写出滤液穿过过滤介质层的速度关系式

$$\frac{dV}{Ad\theta} = \frac{\Delta p_m}{\mu R_m} \tag{3.37}$$

式中　　Δp_m——过滤介质上、下游两侧的压强差,Pa;

　　　　R_m——介质阻力,$1/m$。

（3）过滤总阻力。

由于过滤介质的阻力与最初形成的滤饼层的阻力往往是无法分开的,因此很难划定介质与滤饼之间的分界面,更难测定分界面处的压强,所以过滤计算中总是把过滤介质与滤饼联合起来考虑。

通常,滤饼与滤布的面积相同,所以两层中的过滤速度应相等,则

$$\frac{dV}{Ad\theta} = \frac{\Delta p_c + \Delta p_m}{\mu(R + R_m)} = \frac{\Delta p}{\mu(R + R_m)} \quad (3.38)$$

式中, $\Delta p = \Delta p_c + \Delta p_m$,代表滤饼与滤布两侧的总压强差,称为过滤压强差。在实际过滤设备上,常有一侧处于大气压下,此时 Δp 就是另一侧表压的绝对值,所以 Δp 也称为过滤的表压强。式(3.38)表明,过滤推动力为滤液通过串联的滤饼与滤布的总压强差,过滤总阻力为滤饼与介质的阻力之和,即 $\sum R = \mu(R + R_m)$ 。

为方便起见,假设过滤介质对滤液流动的阻力相当于厚度为 L_e 的滤饼层的阻力,即

$$rL_e = R_m$$

于是,式(3.38)可写为

$$\frac{dV}{Ad\theta} = \frac{\Delta p}{\mu(rL + rL_e)} = \frac{\Delta p}{\mu r(L + L_e)} \quad (3.39)$$

式中 L_e —— 过滤介质的当量滤饼厚度,或称虚拟滤饼厚度,m。

在一定操作条件下,以一定介质过滤一定悬浮液时, L_e 为定值;但同一介质在不同的过滤操作中, L_e 值不同。

3.5.2.4 过滤基本方程式

若每获得 1 m³ 滤液所形成的滤饼体积为 v m³,则任一瞬间的滤饼厚度与当时已经获得的滤液体积之间的关系为

$$LA = vV$$

则

$$L = \frac{vV}{A} \quad (3.40)$$

式中 v —— 滤饼体积与相应的滤液体积之比,无量纲,或 m³/m³。

同理,如果生成厚度为 L_e 的滤饼所应获得的滤液体积以 V_e 表示,则

$$L_e = \frac{vV_e}{A} \quad (3.41)$$

式中 V_e —— 过滤介质的当量滤液体积,或称虚拟滤液体积,m³。

V_e 是与 L_e 相对应的滤液体积,因此,一定操作条件下,以一定介质过滤一定的悬浮液时, V_e 为定值,但同一介质在不同的过滤操作中, V_e 值不同。

如果知道悬浮液中固相的体积分数 X_V 和滤饼的孔隙率,可通过物料衡算求得 L 与 V 之间的关系,即

$$V_F = V + LA$$
$$V_F X_V = LA(1 - \varepsilon)$$

解得

$$L = \frac{V}{A} \frac{X_V}{(1 - \varepsilon - X_V)}$$

显然

$$v = \frac{LA}{V} = \frac{X_V}{1 - \varepsilon - X_V} \qquad (3.42)$$

式中 V_F—— 料浆的体积,m^3;

         X_V—— 悬浮液中固相的体积分数。

（1）不可压缩滤饼的过滤基本方程式。

将式(3.40)、式(3.41)代入式(3.39)中,得

$$\frac{dV}{d\theta} = \frac{A^2 \Delta p}{\mu r v (V + V_e)} \qquad (3.43)$$

若令

$$q = \frac{V}{A}, \quad q_e = \frac{V_e}{A}$$

则

$$\frac{dq}{d\theta} = \frac{\Delta p}{\mu r v (q + q_e)} \qquad (3.43(a))$$

式中 q—— 单位过滤面积所得滤液体积,m^3/m^2;

         q_e—— 单位过滤面积所得当量滤液体积,m^3/m^2。

式(3.43)是过滤速率与各相关因素间的一般关系式,为不可压缩滤饼的过滤基本方程式。

（2）可压缩滤饼的过滤基本方程式。

对可压缩滤饼,比阻在过滤过程中不再是常数,而是两侧压强差的函数。通常用下面的经验公式来粗略估算压强差增大时比阻的变化,即

$$r = r'(\Delta p)^s \qquad (3.44)$$

式中 r'—— 单位压力差下滤饼的比阻,$1/m^2$;

         Δp—— 过滤压强差,Pa;

         s—— 滤饼的压缩性指数,无量纲。一般情况下,$s = 0 \sim 1$;对于不可压缩滤饼,$s = 0$。几种典型物料的压缩指数见表3.5。

表 3.5   几种典型物料的压缩指数

物料	硅藻土	碳酸钙	钛白(絮凝)	高岭土	滑石	黏土	硫酸锌	氢氧化铝
s	0.01	0.19	0.27	0.33	0.51	0.56 ~ 0.6	0.69	0.9

在一定压强差范围内,式(3.44)对大多数可压缩滤饼都适用。

将式(3.44)代入式(3.39)得到

$$\frac{dV}{d\theta} = \frac{A^2 \Delta p^{1-s}}{\mu r' v (V + V_e)} \qquad (3.45)$$

或

$$\frac{dq}{d\theta} = \frac{\Delta p^{1-s}}{\mu r' v (q + q_e)} \qquad (3.45(a))$$

上式为过滤基本方程式的一般表达式,适用于可压缩滤饼及不可压缩滤饼。表示过滤进程中任一瞬间的过滤速率与各有关因素间的关系,是过滤计算及强化过滤操作的基本依据。对于不可压缩滤饼,因 $s = 0$,上式即简化为式(3.43)。

例 3.6　直径为 0.1 mm 的球形颗粒状物质悬浮于水中,用过滤方法分离。过滤时形成不可压缩滤饼,其空隙率为 60%。

(1) 试求滤饼的比阻 r。

(2) 又知此悬浮液中固相所占的体积分数为 10%,求每平方米过滤面积上获得 0.5 m³ 滤液时的滤饼阻力 R。

解　(1) 根据式(3.35)知

$$r = \frac{5a^2(1-\varepsilon)^2}{\varepsilon^3}$$

已知滤饼的空隙率 $\varepsilon = 0.6$。

球形颗粒的比表面 $a = \dfrac{颗粒表面积}{颗粒体积} = \dfrac{\pi d^2}{\dfrac{\pi}{6}d^3} = \dfrac{6}{d} = \dfrac{6}{0.1 \times 10^{-3}}\,\text{m}^2/\text{m}^3 = 6 \times 10^4\ \text{m}^2/\text{m}^3$

所以

$$r/\text{m}^{-2} = \frac{5(6 \times 10^4)^2(1-0.6)^2}{(0.6)^3} = 1.333 \times 10^{10}$$

(2) 根据式(3.36)知

$$R = rL$$

式中

$$L = \frac{V}{A}v = qv$$

而

$$v = \frac{X_V}{1 - \varepsilon - X_V} = \frac{0.1}{1 - 0.6 - 0.1} = 1/3$$

则

$$R/\text{m}^{-1} = rL = 1.333 \times 10^{10} \times 0.5 \times 1/3 = 2.22 \times 10^9$$

3.5.2.5　强化过滤的途径

过滤技术大体上向两个方向发展:开发新的过滤方法和过滤设备,以适应物料特性;加快过滤速率以提高过滤机(池)的生产能力。

就加速过滤过程而言,可采取如下途径:

① 改变悬浮液中颗粒的聚集状态。

采取措施对原料液进行预处理使细小颗粒聚集成较大颗粒。预处理包括添加凝聚剂、絮凝剂。调整物理条件(加热、冷冻、超声波震动、电磁场处理、辐射等)。

② 改变滤饼结构。

通常改变滤饼结构的方法是使用助滤剂(掺滤和预敷)。助滤剂不但能改变滤饼结构,降低滤饼可压缩性,减小流动阻力,而且还可防止过滤介质早期堵塞和吸附悬浮液中细小颗粒获得清洁滤液的作用。

③ 采用机械的、水力的或电场人为地干扰(或限制)滤饼的增厚。

近几年开发的动态过滤技术可大大加速过滤速率。适当提高悬浮液温度以降低滤液黏度,当压缩指数 $s < 1$ 时,加大过滤推动力,选择阻力小的滤布等对加快过滤速率都有一定效果。

3.5.3　恒压与恒速过滤

3.5.3.1　恒压过滤

（1）恒压过滤方程式。

对恒压过滤过程，Δp 为常数。对于一定的悬浊液，若滤饼不可压缩，则 μ、r、υ、V_e、A 均为定值，故式（3.45）中 $\dfrac{1}{r'\mu\upsilon}$ 的值为常数，令其为 k，称为过滤常数，m^2/s，即

$$k = \frac{1}{r'\mu\upsilon} \tag{3.46}$$

很显然，过滤常数 k 与过滤推动力及悬浊液的性质等有关，其值通常由试验测定。

若将式（3.46）代入式（3.45），则有

$$\frac{\mathrm{d}V}{\mathrm{d}\theta} = \frac{k\Delta p^{1-s}A^2}{V + V_e} \tag{3.47}$$

式（3.47）为恒压过滤过程的滤液流量计算式。

当介质阻力与滤饼阻力相比可忽略时，式（3.47）中的 V_e 即可略去，故可改写为

$$\frac{\mathrm{d}V}{\mathrm{d}\theta} = \frac{k\Delta p^{1-s}A^2}{V} \tag{3.47(a)}$$

由于式（3.47）中只存在滤液体积 V、时间 θ 两个变量，因此可将式（3.47）分离变量，并按 $\theta = 0$，$V = 0$；$V = \theta$，$V = V$ 的边界条件积分，即

$$\int_0^V (V + V_e)\mathrm{d}V = k\Delta p^{1-s}A^2 \int_0^\theta \mathrm{d}\theta$$

$$V^2 + 2V_e V = 2k\Delta p^{1-s}A^2\theta \tag{3.48}$$

式（3.48）表达了恒压过滤过程中过滤时间与所获滤液体积间的定量关系。

令 $K = 2k\Delta p^{1-s}$，K 仍称为过滤常数，则式（3.48）可改写为

$$V^2 + 2V_e V = KA^2\theta \tag{3.48(a)}$$

对式（3.48（a）），若令 $q = \dfrac{V}{A}$，$q_e = \dfrac{V_e}{A}$，则可得

$$q^2 + 2q_e q = K\theta \tag{3.48(b)}$$

式（3.48（b））表达了过滤时间 θ 与单位过滤介质面积上所获滤液体积 $q(\mathrm{m}^3/\mathrm{m}^3)$ 之间的关系。

式（3.48（a））、式（3.48（b））统称为恒压过滤方程式。

虽然滤饼有可能是可压缩的，其压缩性会影响到 K、V_e 或 q_e 的值，但在一定的过滤条件下，它们均为常数并可由试验测定。因此，上述恒压过滤方程式也可用于可压缩滤饼的计算。

当介质阻力与滤饼阻力相比可忽略时，式（3.48（a））、式（3.48（b））中的 V_e 与 q_e 均可略去，则有

$$V^2 = KA^2\theta \tag{3.49}$$

$$q^2 = K\theta \tag{3.49(a)}$$

（2）K、V_e、q_e 的测定。

在恒压过滤基本方程式中出现的 K、V_e、q_e 是进行过滤工艺计算必须确定的参数。当过

滤操作条件及悬浊液的性质一定时,它们均为常数并可借助试验测定。

根据式(3.48(a)),只要在恒压差条件下测出过滤中的任意两个时刻 θ_1、θ_2 以前所获滤液体积 V_1、V_2,即可由式(3.48(a))建立方程组

$$\begin{cases} V_1^2 + 2V_e V_1 = KA^2\theta_1 \\ V_2^2 + 2V_e V_2 = KA^2\theta_2 \end{cases}$$

解之,即可估算出 K、V_e 或 q_e 的值。

在试验室里测定过滤常数时,为减小测定误差往往需测得多组 $\theta - V$ 数据,并由 $q = \dfrac{V}{A}$ 转化为 $\theta - q$ 数据,然后借助解析法即可求出 K 和 q_e 的值。

将式(3.48(b))变形为

$$\frac{\theta}{q} = \frac{1}{K}q + \frac{2q_e}{K} \tag{3.50}$$

很显然,在以 $\dfrac{\theta}{q}$ 为纵坐标、q 为横坐标的直角坐标系下,式(3.50)应为直线,其斜率为 $\dfrac{1}{K}$,截距为 $\dfrac{2q_e}{K}$,故可采用解析法求出 K 和 q_e。

为保证测出的 K、V_e 及 q_e 有足够的可信度,以便用于工业过滤装置,试验条件必须尽可能与工业条件相吻合,要求采用相同的悬浊液、相同的介质、相同的操作温度和压强差。

例3.8　过滤固相浓度为 1%(体积分数)的碳酸钙悬浊液。已知颗粒的真实密度为 2 710 kg/m³,清液密度为 1 000 kg/m³,滤饼含液量为 46%(质量分数)。求滤饼得率 v。

解　根据题意,取 1 m³ 料浆为衡算基准,则

纯固相量:0.01 m³,$(0.01 \times 2\ 710)$ kg = 27.1 kg

纯液相量:0.99 m³,$(0.99 \times 1\ 000)$ kg = 990 kg

若固体颗粒全部被介质截留,则根据题意设所得滤渣中液相的质量为 x,则有

$$\frac{x}{27.1 + x} = 46\%$$

解得

$$x = 23.09 \text{ kg}$$

因为,碳酸钙颗粒依前述可视为不可压缩滤渣,故所得滤渣体积为

$$\left(\frac{27.1}{2\ 710} + \frac{23.09}{1\ 000}\right) \text{m}^3 = 0.033\ 09 \text{ m}^3$$

所得滤液体积为

$$\left(\frac{990 - 23.09}{1\ 000}\right) \text{m}^3 = 0.966\ 9 \text{ m}^3$$

故滤饼得率为

$$v = 0.03\ 309/0.9\ 669 = 0.034\ 22$$

例3.9　用一过滤面积为 0.2 m² 的过滤机测定某碳酸钙悬浊液的过滤常数。已知操作压强差为 0.15 MPa,温度为 20 ℃。经测定,当过滤进行到 5 min 时,共得滤液 0.034 m³;进行到 10 min 时,共得滤液 0.05 m³。

(1) 估算 K、V_e 及 q_e 的值;

（2）当过滤进行到 1 h 时，所得滤液量为多少（m^3）？

解 （1）根据题意 $\theta_1 = 300$ s，$V_1 = 0.034$ m^3；$\theta_2 = 600$ s，$V_2 = 0.050$ m^3。

根据式（3.48(a)），则有

$$0.034^2 + 2 \times 0.034 V_e = 300 \times 0.2^2 K \tag{a}$$

$$0.05^2 + 2 \times 0.05 V_e = 600 \times 0.2^2 K \tag{b}$$

联解式（a）、（b），得

$$K = 1.26 \times 10^{-4} \text{ m}^2/\text{s}$$

$$V_e = 5.22 \times 10^{-3} \text{ m}^3$$

$$q_e = \frac{V_e}{A} = 2.61 \times 10^{-2} \text{ m}$$

由式（3.48(a)）有

$$V^2 + 2 \times 5.22 \times 10^{-3} V = 1.26 \times 10^{-2} \times 0.02^2 \times 3\,600$$

解得

$$V = 0.130 \text{ m}^3$$

3.5.3.2 恒速过滤

过滤设备（如板框压滤机）内部空间的容积是一定的，当料浆充满此空间后，供料的体积流量就等于滤液流出的体积流量，即过滤速率。所以，当用排量固定的正位移泵向过滤机供料而未打开支路阀时，过滤速率便是恒定的。这种维持速率恒定的过滤方式称为恒速过滤。

恒速过滤时的过滤速度为

$$\frac{\mathrm{d}V}{A\mathrm{d}\theta} = \frac{V}{A\theta} = \frac{q}{\theta} = u_R = 常数 \tag{3.51}$$

所以

$$q = u_R \theta \tag{3.52}$$

或

$$V = A u_R \theta \tag{3.52(a)}$$

式中 u_R—— 恒速阶段的过滤速度，m/s。

上式表明，恒速过滤时，V（或 q）与 θ 的关系是通过原点的直线。

对于不可压缩滤饼，根据式（3.43(a)），可写出

$$\frac{\mathrm{d}q}{\mathrm{d}\theta} = \frac{\Delta p}{\mu r \upsilon (q + q_e)} = u_R = 常数$$

在一定的条件下，式中的 μ、r、υ、u_R 及 q_e 均为常数，仅 Δp 及 q 随 θ 而变化，于是得到

$$\Delta p = \mu r \upsilon u_R^2 \theta + \mu r \upsilon u_R q_e \tag{3.53}$$

或写成

$$\Delta p = a\theta + b \tag{3.53(a)}$$

式中 a、b—— 常数，$a = \mu r \upsilon u_R^2$，$b = \mu r \upsilon u_R q_e$。

式（3.53(a)）表明，对不可压缩滤饼进行恒速过滤时，其操作压强差随过滤时间成直线增高。所以，实际上很少采用把恒速过滤进行到底的操作方法，而是采用先恒速后恒压的复合式操作方法。

由于采用正位移泵,过滤初期维持恒定速率,泵出口表压强逐渐升高。经过 θ_R 时间后,获得体积为 V_R 的滤液,若此时表压强恰已升至能使支路阀自动开启的给定数值,则开始有部分料浆返回泵的入口,进入压滤机的料浆流量逐渐减小,而压滤机入口表压强维持恒定。后阶段的操作即为恒压过滤。

对于恒压阶段的 $V-\theta$ 关系,仍可用过滤基本方式(3.45)求得,即

$$\frac{\mathrm{d}V}{\mathrm{d}\theta} = \frac{kA^2 \Delta p^{1-s}}{V + V_e}$$

或

$$(V + V_e)\mathrm{d}V = kA^2 \Delta p^{1-s}\mathrm{d}\theta$$

若令 V_R、θ_R 分别代表升压阶段终了瞬间的滤液体积及过滤时间,则上式的积分形式为

$$\int_{V_R}^{V}(V + V_e)\mathrm{d}V = kA^2 \Delta p^{1-s}\int_{\theta_R}^{\theta}\mathrm{d}\theta$$

积分上式并将 $K = 2k\Delta p^{1-s}$ 代入,得

$$(V^2 - V_R^2) + 2V_e(V - V_R) = KA^2(\theta - \theta_R) \tag{3.54}$$

式(3.54)即为恒压阶段的过滤方程,式中 $(V - V_R)$、$(\theta - \theta_R)$ 分别代表转入恒压操作后所获得的滤液体积及所经历的过滤时间。

例3.10　在 $0.06\ \mathrm{m}^2$ 的过滤面积上以 $1.5 \times 10^{-4}\ \mathrm{m}^3/\mathrm{s}$ 的速率进行过滤试验,测得的两组数据见表3.6。

表 3.6　例 3.10 中测得的两组数据

过滤时间 θ/s	100	500
过滤压强 $\Delta p/\mathrm{Pa}$	3×10^4	9×10^4

今欲在框内尺寸为 $635\ \mathrm{mm} \times 635\ \mathrm{mm} \times 60\ \mathrm{mm}$ 的板框过滤机内处理同一料浆,所用滤布与试验时相同。过滤开始时,以与试验相同的滤液流速进行恒速过滤,至过滤压强达到 $6 \times 10^4\ \mathrm{Pa}$ 时改为恒压操作。每获得 $1\ \mathrm{m}^3$ 滤液所生产的滤饼体积为 $0.02\ \mathrm{m}^3$。试求框内充满滤饼所需的时间。

解　欲求滤框充满滤饼所需的时间 θ,可用式(3.54)进行计算。为此,需先求得式中有关参数。

依式(3.53(a)),对不可压缩滤饼进行恒速过滤时的 $\Delta p - \theta$ 关系为

$$\Delta p = a\theta + b$$

将测得的两组数据分别代入上式

$$3 \times 10^4 = 100a + b,9 \times 10^4 = 500a + b$$

解得

$$a = 150, b = 1.5 \times 10^4$$

即

$$\Delta p = 150\theta + 1.5 \times 10^4$$

因板框过滤机所处理的悬浮液特性及所用滤布均与试验时相同,且过滤速度也一样,故板框过滤机在恒速阶段的 $\Delta p - \theta$ 关系也符合上式。

恒速终了时的压强差 $\Delta p_R = 6 \times 10^4\ \mathrm{Pa}$,故

$$\theta_R/\mathrm{s} = \frac{\Delta p - b}{a} = \frac{6 \times 10^4 - 1.5 \times 10^4}{150} = 300$$

由过滤试验数据算出的恒速阶段的有关参数见表3.7。

表 3.7　　例 3.10 中有关参数

θ/s	100	300
$\Delta p/Pa$	3×10^4	6×10^4
$V(= 1.5 \times 10^{-4}\theta)/m^3$	0.015	0.045
$q\left(= \dfrac{V}{A} \right) \Big/ (m^3 \cdot m^{-2})$	0.25	0.75

由式(3.47(b))知

$$\frac{\mathrm{d}V}{\mathrm{d}\theta} = \frac{kA^2 \Delta p^{1-s}}{V + V_e}$$

将上式改写为

$$2(q + q_e)\frac{\mathrm{d}V}{\mathrm{d}\theta} = 2k\Delta p^{1-s}A = KA$$

应用表3.7中数据便可求得过滤常数 K 和 q_e,即

$$K_1 A = 2(q_1 + q_e)\frac{\mathrm{d}V}{\mathrm{d}\theta} = 2 \times 1 \times 10^{-4}(0.25 + q_e) \tag{a}$$

$$K_2 A = 2(q_2 + q_e)\frac{\mathrm{d}V}{\mathrm{d}\theta} = 2 \times 1 \times 10^{-4}(0.75 + q_e) \tag{b}$$

本题中正好 $\Delta p_2 = 2\Delta p_1$,于是

$$K_2 = 2K_1 \tag{c}$$

联解式(a)、(b)、(c)得到

$$q_e = 0.25 \ m^3/m^2, K_2 = 5 \times 10^{-3} \ m^2/s$$

上面求得的 q_e、K_2 为在板框过滤机中恒速过滤终点,即恒压过滤的过滤常数。

$$q_R/(m^3 \cdot m^{-2}) = u_R\theta_R = \left(\frac{1.5 \times 10^{-4}}{0.06}\right) \times 300 = 0.75$$

$$A/m^2 = 2 \times 0.635^2 = 0.806\ 5$$

滤饼体积及单位过滤面积上的滤液体积为

$$V_c/m^3 = 0.635^2 \times 0.06 = 0.024\ 2$$

$$q/(m^3 \cdot m^{-2}) = \left(\frac{V_c}{A}\right)\Big/ v = \frac{0.024\ 2}{0.806\ 5 \times 0.02} = 1.5$$

将式(3.54)改写为

$$(q^2 - q_R^2) + 2q_e(q - q_R) = K(\theta - \theta_R)$$

再将 K、q_e、q_R 及 q 的数值代入上式,得

$$(1.5^2 - 0.75^2) + 2 \times 0.25(1.5 - 0.75) = 5 \times 10^{-3}(\theta - 300)$$

解得

$$\theta = 712.5 \ s$$

3.5.4　过滤设备与滤池

3.5.4.1　过滤机

环保工程常用的过滤机械设备有板框压滤机、转鼓真空过滤机和叶滤机。

（1）板框压滤机。

图 3.19 所示为板框压滤机工作流程示意图。在流程图中可看到,板框压滤机的主要部件是板和框。在板和框的四角都钻有垂直于板和框平面的垂直孔,每个垂直孔的编号与端板上孔的编号相同。在框内的 1 号转角上钻有与 1 号垂直孔相通的暗道,其中,只在 3 号内转角上钻有与 3 号垂直孔相通的暗道,这种板称为洗涤板;只在 2、4 号内转角上钻有与 2、4 号垂直孔相通的暗道,这种板称为非洗涤板。洗涤板和非洗涤板的两侧面都刻有凹槽形流道,并与暗道相通。另外,在板与框之间滤布的四角上,也钻有相应的孔。当按照洗涤板 → 滤布 → 滤框 → 滤布 → 非洗涤板的顺序组装时,将得到由 1、2、3、4 号垂直孔组成的 4 条通道。其中 1 号是待过滤料浆的通道,2、3、4 号是过滤液流出的通道,特别地,3 号通道也是注进洗涤水的通道。为了保证装合时不出错误,在板框压滤机出厂时,厂方已在板和框上刻上了装合的先后序号。

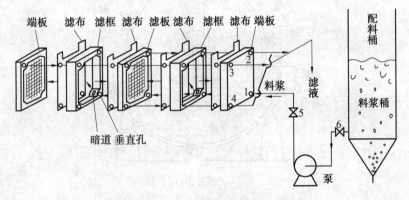

图 3.19　板框压滤机工作流程示意图
1— 料浆通道;2、3、4— 滤液通道;5、6— 阀门

板框压滤机的工作流程是:离心泵将料浆送入 1 号通道,料浆从框的 1 号暗道流进框内,滤液透过滤布进入板的凹槽流道,顺着与垂直相通的暗道流过滤液通道而排出滤液;滤渣则留在了框中。当框内积累了一定量的滤渣后,停止输送料浆,关闭连接 1 号通道的 5 号阀门,用清水泵从 3 号通道输入清水,对框内滤渣进行洗涤,洗涤完成后,卸开板与框,卸去滤渣,更换滤布后重新装合,进行下一轮的过滤操作。因此,一个过滤生产操作周期包括了板框装合、通入料浆过滤、洗涤滤渣、卸渣和整理 5 个操作环节。图 3.20 是装合后的板框过滤机实物图。

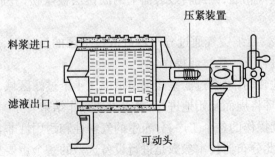

图 3.20　装合后的板框过滤机实物图

如果要进行精密过滤,只要将普通滤布换成相应规格的微孔滤膜即可。

(2) 转鼓真空过滤机。

转鼓真空过滤机由转鼓、液槽、抽真空装置和喷气喷水装置组成。核心部件是转鼓和分布装置。转鼓外形是一个长圆筒,其内部顺圆筒轴心线用金属板隔成了 18 个扇形小区,每个小区就是一个过滤室,每个过滤室都有一个通道与转鼓轴颈端面连通,轴颈端面紧密地接触在气体分布器上。气体分布器是分布真空和压缩气体的设备,设计有 4 个气室。随着转鼓的转动,每个过滤室相继与分布器的各室接通,这样就使过滤面形成 4 个工作区,如图 3.21 所示。

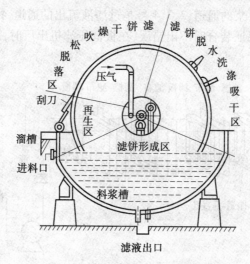

图 3.21 外滤式转鼓真空过滤机的工作过程

① 滤饼形成区。当转鼓上的过滤室转到料浆槽并浸没在料浆液中时,过滤室与分配器一室相通,一室与真空相连,在真空抽吸下,滤液进入过滤室并通过分配器流出管外,而转鼓表面上则形成滤饼层。此工作区称为滤饼形成区。

② 洗涤吸干区。随着转鼓的转动,滤饼离开料浆液进入滤饼脱水区,在此区由于抽吸的作用,滤饼脱水,随后又被洗水淋洗,且被抽吸干燥,在此区进一步降低了滤饼中溶质的含量。

③ 吹松脱落区。当已经淋洗干燥了的滤饼转到此区时,过滤室与分布器的三号气室相通。三号气室与压缩空气相通,因此转鼓表面上的滤饼层被吹松,并脱落下来,随后刮刀开始清除剩余的滤饼。

④ 再生区。在此区,压缩空气通过分布器进入再生区的过滤室,吹落滤布上的微细颗粒,使滤布再生,以备进行下一轮过滤操作。

因为转鼓在不断地转动,每个过滤室相继通过上述 4 个过滤区域,就构成了一个连续进行的操作循环,这种循环将周而复始地进行,直至过滤操作结束。

分布器控制着连续操作的各个工序,分布室的气密性和耐用性非常重要,它直接影响整个过滤操作的效果,因此分布器技术参数是进行设备选型的一个重要指标。

(3) 叶滤机。

叶滤机由许多滤叶构成,滤叶安装在密闭的筒壳内。图 3.22 为直立式叶滤机。滤叶由外面包有滤布的骨架构成,骨架为多孔金属板或金属丝制成的空心框。操作时,悬浮液在加压($p \leqslant 0.4$ MPa 表压) 下注满筒壳,滤液经滤布和滤叶骨架,经排出管排入过滤机旁的汇流槽内,当滤布上的滤渣达到足够厚度时,将机壳内悬浮液放出,而滤渣在加压下用水洗涤,洗涤路径与过滤时一样,为置换洗涤法。洗涤后取出滤叶组件,卸除滤渣,安装后进行下一循环操作。

与板框压滤机比较,叶滤机有如下优点:洗涤水用量少而洗涤效果好、滤布磨损较轻、管理简单、单位过滤面积生产能力大。其缺点是:制造复杂、成本高、滤布更换较麻烦。

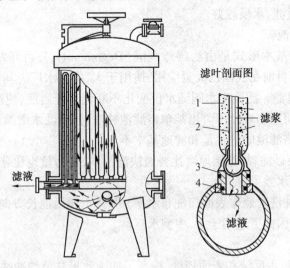

图 3.22　直立式叶滤机
1— 滤布;2— 滤饼;3— 汇流槽;4— 排出管

3.5.4.2　滤池

在城市水处理中,广泛采用以石英砂等粒状滤料为过滤介质的滤池,用于截留水中悬浮杂质而获得澄清水。由于属于深层过滤形式,因此要求原水悬浮物含量较低,一般与沉淀池联用,置于沉淀池之后。

滤池有多种形式,以石英砂作为滤料的普通快滤池使用历史最久。在此基础上,人们从不同的工艺角度发展了其他形式快滤池。为充分发挥滤料层截留杂质的能力,出现了滤料粒径循水流方向减小或不变的过滤池,例如双层、多层及均质滤料滤池,上向流和双向流滤池等。为了减少滤池阀门,出现了虹吸滤池、无阀滤池、移动罩冲洗滤池以及其他水力冲洗滤池等。在冲洗方式上,有单冲水冲洗和气水反冲洗两种。

(1)普通快滤池。

普通快滤池为传统的快滤池布置形式,滤料一般为单层细砂级配滤料或煤、砂双层滤料,冲洗采用单水冲洗,冲洗水由水塔(箱)或水泵供给。

普通快滤池站的设施,主要由以下几个部分组成:

① 滤池本体。它主要包括进水管渠、排水槽、过滤介质(滤料层)、过滤介质承托层(垫料层)和配(排)水系统。

② 管廊。它主要设置有 5 种管(渠),即浑水进水管、清水出水管、冲洗进水管、冲洗排水管及初滤排水管,以及阀门、一次监测表设施等。

③ 冲洗设施。它包括冲洗水泵、水塔及辅助冲洗设施等。

④ 控制室。它是值班人员进行操作管理和巡视的工作现场,室内设有控制台、取样器及二次监测指示仪表等。

相比其他形式滤池,普通快滤池具有以下特点:

① 有成熟的运转经验,运行稳妥可靠。

② 采用砂滤料,材料易得,价格便宜。

③ 采用大阻力配水系统,单池面积可做的较大,池深较浅。

④ 可采用降速过滤,水质较好。

(2) 均粒滤料滤池。

均粒滤料滤池的基本形式是由法国德利满(Degremont)公司开发的一种重力式快滤池,采用气水反冲洗,目前在我国已大量应用,适用于大、中型水厂。其主要特点如下:

① 恒水位等速过滤。滤池出水阀随水位变化不断调节开启度,使池内水位在整个过滤周期内保持不变,滤层不出现负压。当某单格滤池冲洗时,待滤水继续进入该格滤池作为表面扫洗水,使其他各格滤池的进水量和滤速基本不变。

② 采用均粒石英砂滤料,滤层厚度比普通快滤池厚,截污量也比普通快滤池大,故滤速较高,过滤周期长,出水效果好。

③ V 形进水槽(冲洗时兼作表面扫洗布水槽) 和排水槽沿池长方向布置,单池面积较大时,有利于布水均匀,因此更适用于大、中型水厂。

④ 承托层较薄。

⑤ 冲洗采用空气、水反洗和表面扫洗,提高了冲洗效果并节约冲洗用水。

⑥ 冲洗时,滤层保持微膨胀状态,避免出现跑砂现象。

(3) 压力滤池。

压力滤池是用钢制压力容器为外壳制成的快滤池,如图 3.23 所示,容器内装有滤料及进水和配水系统。容器外设置各种管道和阀门等。压力滤池在压力下进行过滤。进水用泵直接打入,滤后水常借压力直接送到用水装置、水塔或后面的处理设备中。压力滤池常用于工业给水处理中,往往与离子交换器串联使用。配水系统常用小阻力系统中的缝隙式滤头,水头损失一般为 $1.0 \sim 1.2$ m。其中允许水头损失值一般可达 $5 \sim 6$ m,可直接从滤层上、下压力表读数得知。为提高冲洗效果,可考虑用压缩空气辅助冲洗。

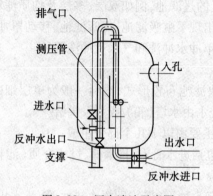

图 3.23 压力滤池示意图

　　压力滤池有现成产品,直径一般不超过 3 m。其特点是,可以省去清水泵站;运转管理较方便;可移动位置,临时性给水也很适用,但耗用钢材多,滤料的装卸不方便。

3.6　空气净化工程

　　气体的净化过程是大气污染治理过程中较为常见的分离操作之一。实现气体的净制过程除可用前面所介绍的重力沉降与离心沉降方法外,还可利用惯性、袋滤、静电等作用,或者用液体对气体进行洗涤,即所谓的湿法分离。此外,为提高分离效率,还可在颗粒直径很小的情况下,通过预先增大粒子的有效直径而后加以分离。例如使含尘或含雾气体与过饱和蒸汽接触,则发生以粒子为核心的冷凝;又如将气体引入超声场内,则可增加粒子的层动能量,从而使之碰撞并附聚,可令微小尘粒附聚成直径约为 10 μm 的颗粒以便分离。空气净化过程中所用的设备为除尘器。除尘器的发展已经有百余年的历史,早期的除尘器主要用于气流中回收有用的物料,因而有时也称为收尘器。进入 20 世纪 60 年代,环境保护的问题越来越突出,使除尘器的用途发生了改变,也促使除尘器的性能得到了很大的提高。

　　除尘器按其作用机理不同,可以分为机械除尘器和电力除尘器。按其清灰方式不同,可分为干式除尘器和湿式除尘器。

　　目前一般习惯上将除尘器分为四大类:

　　(1)机械除尘器。

　　机械除尘器是利用质量力(重力、惯性力和离心力)的作用使粉尘与气流分离的装置,其分类见表 3.8。

表 3.8　机械除尘器的分类

除尘器	最小捕集粒径 / μm	阻力 /Pa	效率 /%
重力沉降室	50 ~ 100	50 ~ 130	< 50
惯性除尘器	20 ~ 50	300 ~ 800	50 ~ 70
旋风除尘器(中效)	20 ~ 40	400 ~ 800	60 ~ 85
旋风除尘器(高效)	5 ~ 10	1 000 ~ 1 500	80 ~ 90

　　这类除尘器结构简单、造价低、维护方便,但除尘效率不高,往往用作多级除尘系统中的前级预除尘。

　　(2)过滤式除尘器。

　　过滤式除尘器是使含尘气流通过织物或多孔填料层进行过滤分离的装置,其分类见表3.9。

表 3.9　过滤式除尘器的分类

除尘器	最小捕集粒径 / μm	阻力 /Pa	效率 /%
袋式除尘器	< 0.1	800 ~ 1 500	> 99
颗粒层除尘器	20 ~ 50	1 000 ~ 2 000	90 ~ 96

　　依据所选用的滤料和设计参数不同,袋式除尘器的效率可以很高。

　　(3)湿式除尘器。

　　湿式除尘器是利用液滴或液膜洗涤含尘气流,使粉尘与气流分离的装置,其分类见表3.10。

表 3.10   湿式除尘器的分类

除尘器	最小捕集粒径 / μm	阻力 /Pa	效率 /%
水浴除尘器	2	200 ~ 500	85 ~ 95
旋风水膜除尘器	2	800 ~ 1 250	60 ~ 85
文丘里洗涤器	< 0.1	5 000 ~ 20 000	90 ~ 98

湿式除尘器既可用于除尘,又可用于气体吸收,所以又称为湿式气体洗涤器,包括低能湿式除尘器和高能文氏管除尘器。这类除尘器的特点是主要用水作为除尘介质。一般来说,湿式除尘器的除尘效率较高,但所消耗的能量较高,同时会产生污水,需要进行处理。

(4)电除尘器。

电除尘器是利用高压电场使粉尘荷电,在电场力的作用下使粉尘与气流分离的装置,其分类见表 3.11。

表 3.11   电除尘器的分类

除尘器	最小捕集粒径 / μm	阻力 /Pa	效率 /%
干式电除尘器	< 0.1	125 ~ 200	90 ~ 98
湿式电除尘器	< 0.1	125 ~ 200	90 ~ 98

电除尘器依据清灰方式不同分为干式电除尘器和湿式电除尘器。这类除尘器的除尘效率高,消耗动力少,主要缺点是消耗钢材多,一次性投资高。

下面对几种常用的空气净化设备做概略介绍。

3.6.1   惯性分离器(组)

惯性分离器又称为动量分离器,是利用夹带于气流中的颗粒或液滴的惯性而实现分离。在气体流动的路径上设置障碍物,气流绕过障碍物时发生突然的转折,颗粒或液滴便撞击在障碍物上被捕集下来。如图 3.24 所示是惯性分离器(组),在每一容器内,气流中的颗粒撞击挡板后落入底部。容器中的气速必须控制适当,使之既能进行有效的分离,又不致重新卷起已沉降的颗粒。

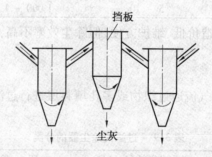

图 3.24   惯性分离器(组)

惯性分离器与旋风分离器的原理相近,颗粒的惯性越大,气流转折的曲率半径越小,则其效率越高。所以,颗粒的密度及直径越大,则越易分离;适当增大气流速度及减小转折处的曲率半径也有助于提高效率。一般说来,惯性分离器的效率比降尘室的略高,能有效地捕集 10 μm 以上的颗粒,压强降在 100 ~ 1 000 Pa,可作为预除尘器使用。

为增强分离效果,惯性分离器内也可充填疏松的纤维状物质以代替刚性挡板。在此情况下,沉降作用、惯性作用及过滤作用都产生一定的分离效果。若以黏性液体润湿填充物,则分离效率还可提高。工业生产中惯性分离器的常见形式有多种,如蒸发器及塔器顶部的折流式除沫器、冲击式除沫器等。

3.6.2　袋式过滤器

袋式过滤器是工业过滤除尘设备中使用最广的一类,它的捕集效率高,一般不难达到99% 以上,而且可以捕集不同性质的粉尘,适用性广,处理气体量可由每小时几百立方米到数十万立方米,使用灵活,结构简单,性能稳定,维修也较方便。但其应用范围主要受滤材的耐温、耐腐蚀性的限制,一般用于 300 ℃ 以下,也不适用于黏性很强及吸湿性强的粉尘;设备尺寸及占地面积也很大。

如图 3.25 所示,在袋式过滤器中,过滤过程分成两个阶段,首先是含尘气体通过清洁滤材,由于前述的惯性碰撞、拦截、扩散、沉降等各种机理的联合作用而把气体中的粉尘颗粒捕集在滤材上;当这些捕集的粉尘不断增加时,一部分粉尘嵌入或附着在滤材上形成粉尘层。此时的过滤主要是依靠粉尘层的筛滤效应,捕集效率显著提高,但压降也随之增大。由此可见,工业袋式过滤器的除尘性能受滤材上粉尘层的影响很大,所以根据粉尘的性质而合理地选用滤材是保证过滤效率的关键。一般当滤材孔径与粉尘直径之比小于 10 时,粉尘就易在滤材孔上架桥堆积而形成粉尘层。

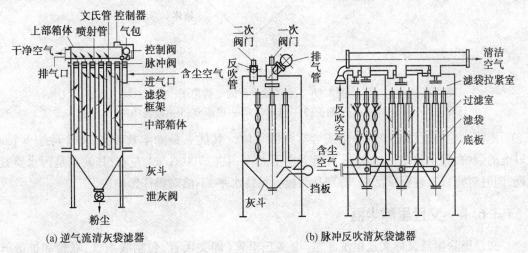

(a) 逆气流清灰袋滤器　　　　　　(b) 脉冲反吹清灰袋滤器

图 3.25　袋式除尘器

通常滤材上沉积的粉尘负荷量达到 0.1 ～ 0.3 kg/m³, 压降达到 1 000 ～ 2 000 Pa 时,便须进行清灰。应尽量缩短清灰的时间,延长两次清灰的间隔时间,这是当今过滤问题研究中的关键问题之一。

袋式过滤器的结构形式很多,按滤袋形状可分为圆袋及扁袋两种,前者结构简单,清灰容易,应用最广;后者可大大提高单位体积内的过滤面积,有新的发展。按清灰方式分为机械清灰、逆气流清灰、脉冲喷吹清灰及逆气流振动联合清灰等形式。

3.6.3　泡沫除尘器

图 3.26 所示为一台泡沫除尘器的结构简图,其外壳呈圆形或方形,上下分成两室,中间装有筛扳,筛孔直径为 2 ~ 8 mm,开孔率为 8% ~ 30%。当水或其他液体由上室的一侧靠近筛板处的进液室流过筛板,而含尘气体以一定速度(一般为 10 ~ 30 m/s)由筛板下进入,穿过筛孔与液体接触时,板上即出现气、液两相充分混合的泡沫层,这种泡沫层处于剧烈运动的状态,具有很大的两相接触面积,而且接触面是不断破灭和更新的,因此形成良好的捕尘条件。含尘气体经筛板上升时,较大的尘粒先被少部分由筛板泄漏下降的含尘液体洗去一部分,由锥形底排出,气体中的微小尘粒则在通过筛板后,被泡沫层所捕捉,并随泡沫层从除尘器的另一侧经溢流挡板流出。溢流挡板的高度直接影响泡沫层的高度,一般溢流挡板的高度不超过 40 mm,否则流体阻力会增加过大。

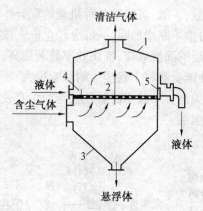

图 3.26　泡沫除尘器的结构简图
1— 外壳;2— 筛板;3— 锥形底;4— 进液室;5— 溢流挡板

泡沫除尘器适用于净制含尘或含雾沫的气体。其优点是除尘效率高(对于除去 5 μm 以上的微粒,除尘效率可达 99%),阻力也不大,一般在 700 N/m² 左右;其缺点是污水要处理,同时对筛板安装要求严格,特别是筛板要保持水平,不然对操作影响很大。

3.6.4　文丘里除尘器

文丘里除尘器又称文丘里洗涤器,由文丘里管(即文氏管,包括收缩管、喉管和扩散管三部分)和旋风分离器组成,如图 3.27 所示。

操作时,含尘气体以 60 ~ 120 m/s 的高速通过喉部时,把由喉部外围的环形夹套经若干径向小孔引入的液体喷成很细的雾滴而形成很大的两相接触面积,在高速湍流的气流中,尘粒与雾滴聚集成较大的颗粒,这样就等于增大了原来尘粒的直径,随后引入旋风分离器进行分离,达到净化气体的目的。

文丘里管的几何尺寸对除尘效果有很大影响,各部分尺寸应满足一定的要求,如收缩管的中心角一般不大于 25°,扩散管的中心角为 7°,液体用量约为气体体积流量的 1/1 000。

文丘里除尘器的优点是构造简单,操作方便,除生效率高(对于 0.5 ~ 1.5 μm 的尘粒,除尘效率可达 99%);其缺点是流体阻力大,一般为 4 ~ 10 kN/m²。

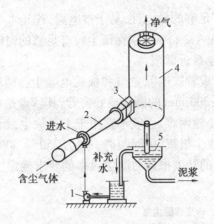

图 3.27　文丘里除尘器
1— 水泵;2— 文氏管;3— 进气口;4— 旋风除尘器;5— 重力沉降池

3.6.5　静电除尘器

前述的重力沉降和离心沉降两种操作方式,虽然能用于含尘气体或含颗粒溶液的分离,但是,前者能够分离的粒子不能小于 50 ~ 70 μm,而后者也不能小于 1 ~ 3 μm。对于更小的颗粒,其常用分离方法之一就是采用静电除尘,即在电力场中,将微小粒子集中起来再除去。自 Cottrell(1907 年) 首先成功地将电除尘用于工业气体净化以来,经过近一个世纪的发展,静电除尘器已成为现代处理微粉分离的主要高效设备之一。

静电除尘过程分为 4 个阶段:气体电离、粉尘获得离子而荷电、荷电粉尘向电极移动及将电极上的粉尘清除掉。

如图 3.28 所示,将放电极作为负极,平板集尘极作为正极而构成电场,一般对电场施加 60 kV 的高压直流电,提高放电极附近的电场强度,可将电极周围的气体绝缘层破坏,引起电晕放电,于是气体便发生电离,成为负离子、正离子及自由电子。正离子立即就被吸至放电极而被中和,负离子及自由电子则向集尘极移动并形成负离子屏障。当含尘气体通过这里时,粒子即被荷电成为负的荷电粒子,在库仑力的作用下移向集尘极而被捕集。

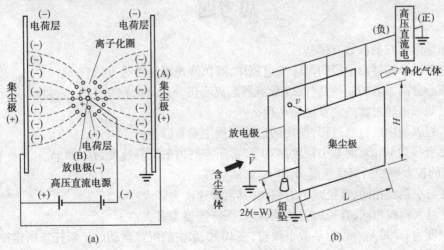

图 3.28　静电除尘原理示意图

大多数的工业气体都有足够的导电性,易于被电离,若气体导电率低,可以加水蒸气,流过电极的气体速度宜低(0.3 ~ 2 m/s),以保证尘粒有足够的时间来沉降。颗粒越细,要求分离的程度越高,气流速度越接近低限。

按收尘极的分类又可分成管式电除尘器和板式电除尘器两种(图3.29)。管式电除尘器的收尘极为直径为200 ~ 300 mm的圆管或蜂窝管,其特点是电场强度比较均匀,有较高的电场强度,但粉尘的清理比较困难,一般不宜用于干式除尘,而通常用于湿式除尘。板式电除尘器,具有各种形式的收尘极板,极间距离一般为250 ~ 400 mm,电晕极安放在板的中间,悬挂在框架上,电除尘器的长度根据对除尘效率的要求确定,它是工业中最广泛采用的形式。

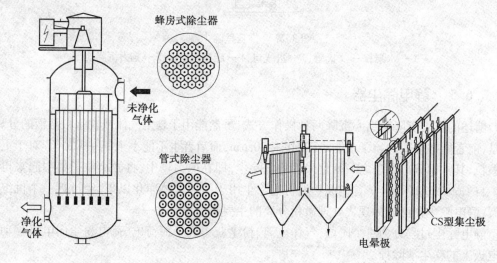

图3.29 管式电除尘器和板式电除尘器

在化学工业中,电除尘器常用于硫酸、氯化铵、炭黑、焦油沥青及石油油水分离等生产过程,用于除去粉尘或烟雾。其中使用最多的是干、湿法静电除尘器。电除尘器的设备复杂,价格昂贵,但因能够除去极细小的颗粒,除尘效率很高,所以在工业生产中已得到应用。

思考题

1. 描述非球形颗粒的参数有哪些?
2. 颗粒在旋风分离器内沿径向沉降的过程中,其沉降速度是否为常数?
3. 提高离心分离因数的途径是什么(旋流器和离心机分别讨论)?
4. 恒压过滤和恒速过滤的主要区别是什么?
5. 环境工程领域中的过滤过程,使用的过滤介质主要有哪些?
6. 已算出直径为40 μm的某小颗粒在20 ℃常压空气内的沉降速度为0.08 m/s,另一种直径为1 μm的较大颗粒的沉降速度为10 m/s,试计算:
(1) 密度与小颗粒相同、直径减半的颗粒,其沉降速度为多大?
(2) 密度与大颗粒相同、直径加倍的颗粒,其沉降速度为多大?
7. 已知密度为1 700 kg/m³的某微小颗粒,在10 ℃水中的沉降运动处于斯托克斯定律区,并测得颗粒沉降速度为10 mm/s。今将此固体颗粒置入另一待测黏度的混合液体中,此混合液体的密度为 750 kg/m³,测得颗粒沉降速度为 4.5 mm/s。试求混合液体的黏度。

8.设颗粒的沉降速度处于斯托克斯区,颗粒初速度为零,试推导颗粒下降速度与降落时间的关系。现有颗粒密度为 1 600 kg/m³,直径为 0.18 mm 的塑料小球,在温度为 20 ℃ 的水中自由沉降(初速度为零)。试求塑料球加速至沉降速度的 99% 需多少时间? 在该段时间内颗粒下降的距离为多少?

9.欲用降尘室净化温度为 20 ℃、流速为 2 500 m³/s 的常压空气,空气中所含灰尘的密度为 1 800 kg/m³,要求净化后的空气不含有直径大于 10 μm 的尘粒。试求所需沉降面积为多大? 若降尘室底面的宽为 2 m、长为 5 m,室内需要设多少块隔板?

10.有两种悬浮液,过滤时形成的滤饼的比阻系数 r_0 皆为 2.5×10^{10} m⁻²,其中一滤饼不可压缩,另一滤饼的压缩系数 $s = 0.5$。已知滤液黏度均为 0.001 Pa·s,介质当量滤液量 q_e 皆为 0.005 m³/m²,悬浮液的固体含量皆为 20 kg/m³。若两种悬浮液均以 1.0×10^{-4} m³/(m²·s) 的速率进行等速过滤。试分别求出两种悬浮液的压差 Δp 随时间的变化规律。

第4章 传热与传质

4.1 传热学概述

传热是指由于温度引起的能量转移,又称为热传递。由热力学第二定律可知,凡是有温度差存在时,热量就必然会从高温处传递到低温处,因此传热是自然界和工程技术领域中极普遍的一种传递现象。无论在能源、宇航、化工、动力、冶金、机械、建筑等工业部门,还是在农业、环境保护等部门中部涉及许多有关传热的问题。

应予指出,热力学和传热学两门学科既有区别又有联系。热力学不研究引起传热的机理和传热的快慢,它仅研究物质的平衡状态,确定系统由一种平衡状态变到另一种平衡状态所需的总能量,而传热学研究能量的传递速率,因此可以认为传热学是热力学的扩展。热力学(能量守恒定律)和传热学(传热速率方程)两者结合,才可能解决传热问题。

4.1.1 传热学在工程中的作用

在环境工程及化学工程中,传热是广泛应用的单元操作之一。一般来说,传热过程总是与其他单元操作结合在一起,或者作为另一单元操作的一部分,也可以作为进一步加工的预处理。例如传热学在环境工程中的常见作用有:

① 污泥中温与高温消化过程都需要外界向消化体系输送热量,以维持消化细菌正常新陈代谢所需的温度。

② 污水的中和反应过程要在一定温度下进行,为了达到并保持一定的温度,就需要向反应器输入或从它输出热;又如在蒸发、蒸馏、干燥等单元操作中,都要向这些设备输入或输出热。

③ 生产设备的保温,污水处理厂废水处理过程中热能的合理利用以及废热的回收,循环水冷却等都涉及传热的问题。

对传热过程的要求经常有以下两种情况:一种是强化传热过程,在传热设备中加热或冷却物料,控制热量并以所期望的方式传递,使其达到指定温度,如各种换热设备中的传热;另一种是削弱传热过程,如对设备或管道进行保温,减少热损失。

在工业生产过程中需要解决的传热问题大致可以分为两类:一类是传热计算,如设计或校核换热器;另一类是改进和强化换热设备,这两个问题常常是联系在一起的。

传热过程既可连续进行亦可间歇进行。对于前者,传热系统(例如换热器)中不积累能量(即输入的能量等于输出的能量),称为定态传热。定态传热的特点是传热速率(单位时间传递的热量)在任何时刻都为常数,并且系统中各点的温度仅随位置变化而与时间无关。对于后者,传热系统中各点的温度既随位置又随时间而变,此种传热过程为非定态传热。本章中除非另有说明,讨论的都是定态传热。

本章将从传热学的基本理论出发,介绍传热的基本规律及其在工业生产中的应用。

4.1.2　三种基本传热方法

根据传热机理的不向,热传递有三种基本方式:热传导、热对流和热辐射。传热可依靠其中的一种方式或几种方式同时进行,净的热流方向总是由高温处向低温处流动。

4.1.2.1　热传导(又称导热)

若物体各部分之间不发生相对位移,仅借分子、原子和自由电子等微观粒子的热运动而引起的热量传递称为热传导(又称导热)。热传导的条件是系统两部分之间存在温度差,此时热量将从高温部分传向低温部分,或从高温物体传向与它接触的低温物体,直至整个物体的各部分温度相等为止。热传导在固体、液体和气体中均可进行,但它的微观机理因物态而异。固体中的热传导属于典型的导热方式。在金属固体中,热传导起因于自由电子的运动;在不良导体的固体中和大部分液体中,热传导是通过晶格结构的振动,即是原子、分子在其平衡位置附近的振动来实现的;在气体中,热传导则是由于分子不规则运动而引起的。对于纯热传导的过程,它仅是静止物质内的一种传热方式,也就是说没有物质的宏观位移。

4.1.2.2　热对流

流体各部分之间发生相对位移所引起的热传递过程称为热对流。热对流仅发生在流体中。在流体中产生对流的原因有两个:一个是因流体中各处的温度不同而引起密度的差别,使轻者上浮、重者下沉,流体质点产生相对位移,这种对流称为自然对流;另一个是因泵(风机)或搅拌等外力所致的质点强制运动,这种对流称为强制对流。流动的原因不同,对流传热的规律也不同。应该指出,在同一种流体中,有可能同时发生自然对流和强制对流。

在化工传热过程中,常遇到的并非单纯对流方式,而是流体流过固体表面时发生的热对流和热传导联合作用的传热过程,即是热由流体传到固体表面(或反之)的过程,通常将它称为对流传热(又称为给热)。对流传热的特点是靠近壁面附近的流体层中依靠热传导方式传热,而在流体主体中则主要依靠对流方式传热。由此可见,对流传热与流体流动状况密切相关。虽然热对流是一种基本的传热方式,但是由于热对流总伴随着热传导,要将两者分开处理是很困难的。因此一般并不讨论单纯的热对流,而是着重讨论具有实际意义的对流传热。

4.1.2.3　热辐射

因热的原因而产生的电磁波在空间的传递,称为热辐射。所有物体(包括固体、液体和气体)都能将热能以电磁波形式发射出去,而不需要任何介质,也就是说它可以在真空中传播。

自然界中一切物体都在不停地向外发射辐射能,同时又不断地吸收来自其他物体的辐射能,并将其转变为热能。物体之间相互辐射和吸收能量的总结果称为辐射传热。由于高温物体发射的能量比吸收的多,而低温物体则相反,从而使净热量从高温物体传向低温物体。辐射传热的特点是:不仅有能量的传递,而且还有能量形式的转换,即在放热处,热能转变为辐射能,以电磁波的形式向空间传送;当遇到另一个能吸收辐射能的物体时,即被其部分地或全部地吸收而转变为热能。应该指出,只有在物体温度较高时,热辐射才能成为主要的传热方式。

实际上,上述的三种基本传热方式,在传热过程中常常不是单独存在的,而是两种或三种传热方式的组合,称为复杂传热。例如,在化工厂中普遍使用的间壁式换热器内,冷、热流体分别流过间壁两侧,它是热流体通过固体壁面将热传给冷流体的传热过程,涉及壁面两侧与接触流体间的对流传热和通过固体壁面的热传导。又如高温气体与固体壁面之间的传热,就要同时考虑对流传热和辐射传热。

4.1.3　热载体

在化工生产中,物料在换热器内被冷却或加热时,通常需要用某种流体取走或供给热量,此种流体称为载热体,其中起冷却或冷凝作用的载热体称为冷却剂(或冷却介质);起加热作用的载热体称为加热剂(或加热介质)。

对一定的传热过程,待冷却或待加热物料的初始与终了温度常由工艺条件所决定,因此需要取出或提供的热量是一定的。热量的多少决定了传热过程的操作费用。但是,单位热量的费用因载热体而异。例如,当冷却时,温度要求越低,费用越高;当加热时,温度要求越高,费用越高。因此为了提高传热过程的经济效益,必须选择适当温位的载热体。同时选择载热体时应考虑以下原则:

① 载热体的温度易调节控制。

② 载热体的饱和蒸气压较低,加热时不易分解。

③ 载热体的毒性小,不易燃、易爆,不易腐蚀设备。

④ 价格便宜,来源容易。

工业上常用的冷却剂有水、空气和各种冷冻剂。水和空气可将物料最低冷却至环境温度,其值随地区和季节而异,一般不低于 $20 \sim 30 \ ℃$。在水资源紧缺地区,常采用空气冷却。一些常用冷却剂及其适用温度范围见表 4.1。工业上常用的加热剂有热水、饱和蒸汽、矿物油、联苯混合物、熔盐及烟道气等。它们适用的温度范围见表 4.2。若所需的加热温度很高,则需采用电加热。

表 4.1　常用冷却剂及其适用温度范围

冷却剂	水(自来水、河水、井水)	空气	盐水	氨蒸气
适用温度 /℃	$0 \sim 80$	> 30	$0 \sim -15$	$< -15 \sim -30$

表 4.2　常用加热剂及其适用温度范围

加热剂	热水	饱和蒸汽	矿物油	联苯混合物	熔盐($w(KNO_3) = 53\%$, $w(NaNO_2) = 40\%$ $w(NaNO_3) = 7\%$)	烟道气
适用温度 /℃	$40 \sim 100$	$100 \sim 180$	$180 \sim 250$	$255 \sim 380$(蒸汽)	$142 \sim 530$	$\sim 1\ 000$

4.1.4　间壁换热过程分析

4.1.4.1　间壁换热器

进行换热的设备称为换热器。工业生产中冷、热两种流体的热交换,一般情况下不允许两种流体直接接触,要求用固体壁面隔开,这种换热器称为间壁式换热器。套管式换热器是其中的一种,它是由两根同心的管子套在一起组成的。如图 4.1 所示,两种流体分别在内管及两根管的环隙中流动,进行热量交换。热流体的温度由 t_{h1} 降至 t_{h2};冷流体的温度由 t_{c1} 升至 t_{c2}。

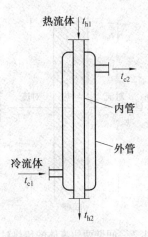

图 4.1　套管式换热器

4.1.4.2　传热速率与热流密度

传热速率 Q 是指单位时间内通过传热面的热量,单位为 W。传热速率也称为热流量。传热速率是传热过程的基本参数,用来表示换热器传热的快慢。

热流密度 q 是指单位时间内通过单位传热面积的热量,即单位传热面积的传热速率,单位为 W/m^2。热流密度又称为热通量。

传热速率与热流密度的关系为

$$q = \frac{Q}{A} \tag{4.1}$$

与其他传递过程类似,传热速率与传热推动力成正比,与传热阻力成反比,即

$$传热速率 = \frac{传热温差}{热阻(传热阻力)}$$

4.1.4.3　稳态传热与非稳态传热

在传热过程中物系各点温度不随时间变化的热量传递过程称为稳态传热。连续的工业生产过程大都属于稳态传热。在传热过程中物系各点温度随时间变化的热量传递过程称为非稳态传热。生产中的间歇操作传热过程和连续生产中开、停车或改变操作参数时的传热过程属于非稳态传热。

4.1.4.4　两流体通过间壁的换热过程

两流体通过间壁的传热过程由对流、导热、对流三个过程串联组成,如图4.2所示。

① 热流体以对流方式将热量传递到间壁的左侧 Q_1。

② 热量从间壁的左侧以热传导的方式传递到间壁的右侧 Q_2。

③ 最后以对流方式将热量从间壁的右侧传递给冷流体 Q_3。

热流体沿流动方向温度不断下降,而冷流体温度不断上升,即在不同的空间位置温度是不同的,但对于某一固定位置,温度不随时间而变,属于稳态传热过程。

$$Q_1 = Q_2 = Q_3 \tag{4.2}$$

流体与固体壁面之间的传热以对流为主,并伴有分子热运动引起的热传导。

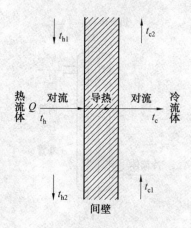

图 4.2　间壁两侧流体的传热过程

4.1.4.5　传热速率方程式

传热过程的推动力是两流体的温度差,沿传热管长度,各位置的温差不同,故使用平均温度差,以 Δt_m 表示。在稳态传热中,传热速率与平均温度差、传热面积成正比。即得传热速率方程式为

$$Q = KA\Delta t_m \tag{4.3}$$

式中　Q——传热速率,W;

　　　K——比例系数,称为总传热系数,$W/(m^2 \cdot \text{℃})$ 或 $W/(m^2 \cdot K)$;

　　　A——传热面积,m^2;

　　　Δt_m——两流体的平均温度差,℃ 或 K。

式(4.3) 又称为传热基本方程式,它是换热器设计最重要的方程式。当所要求的传热速率 Q、平均温度差 Δt_m 及总传热系数已知时,可用传热速率方程式计算所需要的传热面积 A。传热速率方程式可以写成推动力与阻力的形式,即

$$Q = \frac{\Delta t}{\frac{1}{KA}} = \frac{\Delta t}{R} \tag{4.4}$$

或

$$q = \frac{Q}{A} = \frac{\Delta t}{\frac{1}{K}} = \frac{\Delta t}{r} \tag{4.5}$$

式中　R——总传热面的热阻,K/W;

　　　r——单位传热面积的热阻,$(m^2 \cdot K)/W$。

由式(4.4) 和式(4.5) 可知,若求传热速率,关键要求出传热过程的热阻;若要提高传热速率,关键在于减小传热过程的热阻。

间壁式换热器的传热由热传导和热对流组成,因此,要掌握传热过程的原理,首先要分别研究热传导和对流传热的基本原理。

4.2   热传导

4.2.1   温度场、等温面和温度梯度

物体或系统内各点间的温度差,是热传导的必要条件。由热传导方式引起的热传递速率(简称导热速率)决定于物体内温度的分布情况。温度场就是任一瞬间物体或系统内各点的温度分布总和。

一般情况下,物体内任一点的温度为该点的位置以及时间的函数,故温度场的数学表达式为

$$t = f(x, y, z, \theta) \tag{4.6}$$

式中 x, y, z —— 物体内任一点的空间坐标;

t —— 温度,℃ 或 K;

θ —— 时间,s。

若温度场内各点的温度随时间而变,此温度场为非定态温度场,这种温度场对应于非定态的导热状态。若温度场内各点的温度不随时间而变,即为定态温度场。定态温度场的数学表达式为

$$t = f(x, y, z), \frac{\partial t}{\partial \theta} = 0 \tag{4.7}$$

特殊情况下,若物体内的温度仅沿一个坐标方向发生变化,此温度场为定态的一维温度场,即

$$t = f(x,), \frac{\partial t}{\partial \theta} = 0, \frac{\partial t}{\partial y} = 0, \frac{\partial t}{\partial z} = 0 \tag{4.8}$$

温度场中同一时刻下相同温度各点所组成的面称为等温面。由于某瞬间内空间任一点上不可能同时有不同的温度,故温度不同的等温面彼此不能相交。

由于等温面上温度处处相等,故沿等温面将无热量传递,而沿和等温面相交的任何方向,因温度发生变化则有热量的传递。温度随距离的变化程度以沿与等温面垂直方向为最大,通常将两相邻等温面的温度($t + \Delta t$)与 t 之间的温度差 Δt 与距两面间的垂直距离 Δn 之比值的极限称为温度梯度。温度梯度的数学定义式为

$$\mathrm{grad}\, t = \lim_{\Delta n \to 0} \frac{\Delta t}{\Delta n} = \overrightarrow{\frac{\partial t}{\partial n}}$$

温度梯度 $\overrightarrow{\frac{\partial t}{\partial n}}$ 为向量,它的正方向是指向温度增加的方向,如图4.3所示。通常,将温度梯度的标量 $\frac{\partial t}{\partial n}$ 也称为温度梯度。

对定态的一维温度场,温度梯度可表示为

$$\mathrm{grad}\, t = \frac{\mathrm{d}t}{\mathrm{d}x}$$

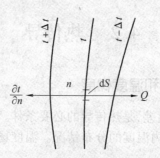

图4.3　　温度梯度与傅里叶定律

4.2.2　傅里叶(Fourier)定律

傅里叶定律为热传导的基本定律,表示通过等温表面的导热速率与温度梯度及传热面积成正比,即

$$dQ \propto - dS \frac{\partial t}{\partial n}$$

或

$$dQ = - \lambda dS \frac{\partial t}{\partial n} \qquad (4.9)$$

式中　Q——导热速率,即单位时间内传导的热,其方向与温度梯度相反,W;

　　　　S——等温表面的面积,m^2;

　　　　λ——比例系数,称为导热系数,W/(m·℃)。

式(4.9)中的负号表示热流方向总是与温度梯度的方向相反,如图4.3所示。应予指出,傅里叶定律不是根据基本原理推导得到的,它与牛顿黏性定律相类似,导热系数 λ 与黏度 μ 一样,也是粒子微观运动特性的表现。λ 作为导热系数是表示材料导热性能的一个参数,λ 越大,表明该材料导热越快。可见,热量传递和动量传递具有类似性。

4.2.3　导热系数

式(4.9)可改写为

$$\lambda = - \frac{dQ}{dS \frac{\partial t}{\partial n}} \qquad (4.9(a))$$

上式即为导热系数的定义式,由此式可知,导热系数在数值上等于单位温度梯度下的热通量。因此,导热系数表征物质导热能力的大小,是物质的物理性质之一。导热系数的数值与物质的组成、结构、密度、温度及压强有关。

各种物质的导热系数通常用试验方法测定。导热系数数值的变化范围很大。一般来说,金属的导热系数最大,非金属固体的次之,液体的较小,气体的最小。工程计算中常见物质的导热系数可从有关手册中查得。一般情况下,各类物质的导热系数大致范围见表4.3。

表 4.3 各类物质的导热系数大致范围

物质种类	气体	液体	非导热固体	金属	绝热材料
$\lambda/(W \cdot (m \cdot ℃)^{-1})$	0.006 ~ 0.6	0.07 ~ 0.7	0.2 ~ 3.0	15 ~ 420	< 0.25

4.2.3.1 固体的导热系数

固体材料的导热系数与温度有关,对于大多数均质固体,其 λ 值与温度大致呈线性关系:

$$\lambda = \lambda_0(1 + a't) \tag{4.10}$$

式中　　λ—— 固体在 t ℃ 时的导热系数,$W/(m \cdot ℃)$;

　　　　λ_0—— 物质在 0 ℃ 时的导热系数,$W/(m \cdot ℃)$。

　　　　a'—— 温度系数,$1/ ℃^{-1}$,对大多数金属材料 a' 为负值,而对大多数非金属材料 a' 为正值。

同种金属材料在不同温度下的导热系数可在化工手册中查到,当温度变化范围不大时,一般可采用温度范围内的平均值。

4.2.3.2 液体的导热系数

液态金属的导热系数比一般液体高,而且大多数液态金属的导热系数随温度的升高而减小。在非金属液体中,水的导热系数最大。除水和甘油外,绝大多数液体的导热系数随温度的升高而略有减小。一般说来,纯液体的导热系数比其溶液的要大。溶液的导热系数在缺乏数据时可按纯液体的 λ 值进行估算,估算公式如下:

有机化合物的水溶液

$$\lambda = 0.9 \sum a_i\lambda_i \tag{4.11}$$

互溶的有机混合液

$$\lambda = \sum a_i\lambda_i \tag{4.12}$$

式中　　a_i—— 组分 i 的质量分数;

　　　　λ_i—— 组分 i 的导热系数,$W/(m \cdot ℃)$。

4.2.3.3 气体的导热系数

气体的导热系数最小,对导热不利,但有利于保温绝热。工业上所用的保温材料,就是因其空隙中有气体,故适宜于保温隔热。

气体的导热系数随温度升高而增大。在通常的压力范围内,其导热系数随压力变化很小,只有在过高或过低的压力(高于 2×10^5 kPa 或低于 3 kPa)下,导热系数才随压力的增加而增大。常压下气体混合物的导热系数用下式计算:

$$\lambda = \frac{\sum \lambda_i y_i M^{1/3}}{\sum y_i M^{1/3}} \tag{4.13}$$

式中　　y_i—— 气体混合物中组分 i 的摩尔分数;

　　　　M_i—— 气体混合物中组分 i 的相对分子质量。

4.2.4 平壁的稳态热传导

4.2.4.1 单层平壁的稳态热传导

图 4.4 为单层平壁热传导。壁厚为 b,壁的面积为 A,假定平壁的材质均匀,导热系数 λ 不随温度变化,视为常数,平壁的温度只沿着垂直于壁面的 x 轴方向变化,故等温面皆为垂直于 x 轴的平行平面。若平壁侧面的温度 t_1 及 t_2 不随时间而变化,则该平壁的热传导为一维稳态热传导。传热速率 Q、传热面积 A 均为恒定值,傅里叶定律可以表示为

$$Q = -\lambda A \frac{dt}{dx}$$

当 $x = 0$ 时,$t = t_1$;当 $x = b$ 时,$t = t_2$,且 $t_1 > t_2$,积分上式可得

$$Q\int_0^b dx = -\lambda A \int_{t_1}^{t_2} \frac{dt}{dx}$$

求得导热速率方程式

$$Q = \frac{\lambda}{b}A(t_1 - t_2) \tag{4.14}$$

或

$$Q = \lambda A \frac{t_1 - t_2}{b} = \frac{t_1 - t_2}{\dfrac{b}{\lambda A}} = \frac{\Delta t}{R} \tag{4.15}$$

或

$$q = \frac{Q}{A} = \frac{t_1 - t_2}{\dfrac{b}{\lambda}} = \frac{\Delta t}{r} \tag{4.16}$$

式中　b——平壁厚度,m;

　　　Δt——温度差,导热的推动力,K 或 ℃;

　　　R——导体的热阻,K/W 或 C/W;

　　　r——单位传热面积的导体的热阻,m·K/W 或 m·℃/W。

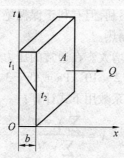

图 4.4　单层平壁热传导

由式(4.15)、(4.16)可以看出,导热速率与传热推动力成正比,与热阻成反比。壁厚 b 越大,传热面积 A 与导热系数 λ 越小,则热阻越大。

设壁厚 x 处的温度为 t,则由式(4.15)可得

$$Q = \frac{\lambda A}{x}(t_1 - t) \tag{4.17}$$

即

$$t = t_1 - \frac{Q}{\lambda A}x \tag{4.18}$$

或

$$t = t_1 - \frac{q}{\lambda}x \tag{4.19}$$

式(4.18)、(4.19)即为平壁的温度分布关系式,由此可以看出平壁内温度沿壁厚呈直线关系。需注意的是,平壁内温度分布呈直线关系的前提是导热系数 λ 为常数。

例 4.1　现有一平壁,厚度为 400 mm,内壁温度为 500 ℃,外壁温度为 100 ℃。试求:

(1) 通过平壁的导热能量,W/m²;

(2) 平壁内距内壁 150 mm 处的温度。已知该温度范围内平壁的平均导热系数 $\lambda = 0.6$ W/(m·℃)。

解　(1) 由式(4.16)得

$$q/(\mathrm{W \cdot m^{-2}}) = \frac{t_1 - t_2}{\frac{b}{\lambda}} = \frac{500 - 100}{\frac{0.4}{0.6}} = 600$$

(2) 由式(4.19)得

$$t/\mathrm{℃} = t_1 - \frac{q}{\lambda}x = 500 - \frac{600}{0.6} \times 0.15 = 350$$

4.2.4.2　多层平壁的稳态热传导

工业上常遇到由多层不同材料组成的平壁,称为多层平壁。如生产工业普通砖用的窑炉,其炉壁通常由耐火砖、保温砖和普通建筑砖组成。以三层平壁为例,讨论多层平壁的稳态热传导问题。如图 4.5 所示,假设各层平壁的厚度分别为 b_1、b_2、b_3,各层材质均匀,导热系数分别为 λ_1、λ_2、λ_3,皆可视为常数,层与层之间接触良好,相互接触的表面上温度相等,各等温面亦皆为垂直于 x 轴的平行平面。平壁的面积为 A,在稳态热传导过程中,通过各层的导热速率必相等。与单层平壁同样处理,可得下列方程。

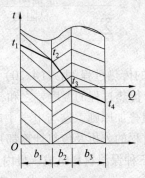

图 4.5　多层平壁的稳态热传导

第一层

$$Q_1 = \lambda_1 A \frac{t_1 - t_2}{b_1} = \frac{\Delta t_1}{\dfrac{b_1}{\lambda_1 A}}$$

第二层

$$Q_2 = \frac{\Delta t_2}{\dfrac{b_2}{\lambda_2 A}}$$

第三层

$$Q_3 = \frac{\Delta t_3}{\dfrac{b_3}{\lambda_3 A}}$$

对于稳态热传导过程:

$$Q_1 = Q_2 = Q_3 = Q$$

因此

$$Q = \frac{\Delta t_1 + \Delta t_2 + \Delta t_3}{\dfrac{b_1}{\lambda_1 A} + \dfrac{b_2}{\lambda_2 A} + \dfrac{b_3}{\lambda_3 A}}$$

亦可写成下面形式

$$Q = \frac{\Delta t_1 + \Delta t_2 + \Delta t_3}{R_1 + R_2 + R_3} = \frac{t_1 - t_4}{R_1 + R_2 + R_3} \tag{4.20}$$

同理,对 n 层平壁,穿过各层导热速率的一般公式为

$$Q = \frac{\displaystyle\sum_{i=1}^{n} \Delta t_i}{\displaystyle\sum_{i=1}^{n} \Delta R_i} = \frac{t_1 - t_{n+1}}{\displaystyle\sum_{i=1}^{n} \Delta R_i} \tag{4.21}$$

即

$$Q = \frac{\displaystyle\sum_{i=1}^{n} \Delta t_i}{\displaystyle\sum_{i=1}^{n} \Delta R_i} = \frac{总推动力}{总阻力} \tag{4.22}$$

式中 i——n 层平壁的壁层序号。

多层平壁热传导是一种串联的传热过程,由式(4.20) 和式(4.21) 可以看出,串联传热过程的推动力(总温度差) 为各分传热过程的温度差之和,串联传热过程的总热阻为各分传热过程的热阻之和,此为串联热阻叠加原则。这与电学中串联电阻的欧姆定律类似。热传导中串联热阻叠加原则,对传热过程的分析及传热计算都是非常重要的。

例 4.2 有一锅炉的墙壁由三种保温材料组成。最内层是耐火砖,厚度 $b_1 = 150$ mm,导热系数 $\lambda_1 = 1.06$ W/(m·℃);中间为保温砖,厚度 $b_2 = 310$ mm,导热系数 $\lambda_2 = 0.15$ W/(m·℃);最外层为建筑砖,厚度 $b_3 = 200$ mm,导热系数 $\lambda_3 = 0.69$ W/(m·℃)。测得炉的内壁温度为 1 000 ℃,耐火砖与保温砖之间界面处的温度为 946 ℃。试求:

（1）单位面积的热损失；

（2）保温砖与建筑砖之间界面的温度；

（3）建筑砖外侧温度。

解　用下标 1 表示耐火砖，2 表示保温砖度，3 表示建筑砖。t_3 为保温砖与建筑砖的界面温度，t_4 为建筑砖的外侧温度。

（1）热损失（即热通量）q 为

$$q/(\mathrm{W} \cdot \mathrm{m}^{-2}) = \frac{Q}{A} = \frac{\lambda_1(t_1 - t_2)}{b_1} = \frac{1.06}{0.15} \times (1\,000 - 946) = 381.6$$

（2）保温砖与建筑砖的界面温度 t_3。

由于是稳态热传导，所以

$$q_1 = q_2 = q_3 = q$$

$$q = \frac{\lambda_2(t_2 - t_3)}{b_2}$$

$$381.6 = \frac{0.15}{0.31} \times (946 - t_3)$$

解得

$$t_3 = 157.3 \ ℃$$

（3）建筑外侧温度 t_4。

同理

$$q = \frac{\lambda_3(t_3 - t_4)}{b_3}$$

$$381.6 = \frac{0.69}{0.2} \times (157.3 - t_3)$$

解得

$$t_3 = 46.7 \ ℃$$

各层温度差与热阻的数值见表 4.4。

表 4.4　各层温度差与热阻的数值

保温材料	温度差 $\Delta t/℃$	热阻 $r/(\mathrm{m}^2 \cdot ℃ \cdot \mathrm{W}^{-1})$
耐火砖	$\Delta t_1 = 1\,000 - 946 = 54$	0.142
保温砖	$\Delta t_2 = 946 - 157.3 = 788.7$	2.07
建筑砖	$\Delta t_3 = 157.3 - 24.6 = 132.7$	0.28

以上的计算结果表明，多层平壁的稳态热传导中，热阻大的保温层，分配于该层的温度差亦大，即温度差与热阻成正比。

4.2.5　圆筒壁的稳态热传导

4.2.5.1　单层圆筒壁的稳态热传导

如图 4.6 所示，设圆筒的内半径为 r_1，内壁温度为 t_1，外半径为 r_2，外壁温度为 $t_2(t_1 > t_2)$，圆筒的长度为 L，平均导热系数 λ 为常数。若圆筒壁的长度超过其外径的 10 倍以上，沿轴向散热可忽略不计，温度只沿半径方向变化，等温面为同心圆柱面。圆筒壁与平壁的不同点是其传热面积随半径而变化。在半径 r 处取一厚度为 $\mathrm{d}r$ 的薄层，则半径为 r 处的传热面积

为 $A = 2\pi rL$。由傅里叶定律,此薄圆筒层的传热速率为

$$Q = -\lambda A \frac{dt}{dr} = -\lambda 2\pi rL \frac{dt}{dr}$$

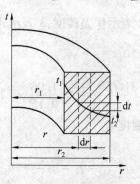

图 4.6   单层圆筒壁的稳态热传导

稳态热传导时,Q 为常量,将上式分离变量并积分,得

$$Q \int_{r_1}^{r_2} \frac{dr}{r} = -2\pi L\lambda \int_{t_1}^{t_2} dt$$

$$Q\ln \frac{r_2}{r_1} = 2\pi L\lambda (t_1 - t_2)$$

$$Q = 2\pi L\lambda \frac{t_1 - t_2}{\ln \dfrac{r_2}{r_1}} = \frac{t_1 - t_2}{\dfrac{1}{2\pi L\lambda}\ln \dfrac{r_2}{r_1}} = \frac{\Delta t}{R} \tag{4.23}$$

式(4.23)即为单层圆筒壁的稳态热传导速率方程式。该式可以进行下面的转换,写成与平壁热传导速率方程式相似的形式。即

$$Q = \frac{2\pi L(r_2 - r_1)\lambda (t_1 - t_2)}{(r_2 - r_1)\ln \dfrac{2\pi r_2 L}{2\pi r_1 L}}$$

$$= \frac{(A_2 - A_1)\lambda (t_1 - t_2)}{(r_2 - r_1)\ln \dfrac{A_2}{A_1}}$$

$$= \lambda A_m \frac{t_1 - t_2}{b}$$

$$= \frac{t_1 - t_2}{\dfrac{b}{\lambda A_m}} \tag{4.24}$$

式中 b—— 圆筒壁的厚度,$b = r_2 - r_1$,m;

       A_m—— 对数平均面积,$A_m = \dfrac{A_2 - A_1}{\ln \dfrac{A_2}{A_1}}$,m^2。

当 $A_2/A_1 \leqslant 2$ 时,可用对数平均值 $A_m = (A_1 + A_2)/2$ 近似计算。

设距圆筒内壁 x 处的温度为 t,则由式(4.23)可得

$$Q = 2\pi L\lambda \frac{t_1 - t_2}{\ln\dfrac{r}{r_1}}$$

即

$$t = t_1 - \frac{Q}{2\pi L\lambda}\ln\frac{r}{r_1} \tag{4.25}$$

式(4.25)即为圆筒壁的温度分布关系式,由此可见,圆筒壁内温度沿半径呈对数曲线关系。

4.2.5.2 多层圆筒壁的稳态热传导

多层圆筒壁在工程上也是经常遇到的,如蒸气管道的保温。热量由多层圆筒壁的最内层传导到最外壁,依次经过各层,所以多层圆筒壁的导热过程可视为是各单层圆筒壁串联进行的导热过程。对稳态导热过程,单位时间内由多层壁所传导的热量与经过各单层壁所传导的热量相等。以三层圆筒壁为例,如图4.7所示,假定各层壁厚分别为 $b_1 = r_2 - r_1$,$b_2 = r_3 - r_2$,$b_3 = r_4 - r_3$;各层材料的导热系数 λ_1、λ_2、λ_3 皆视为常数,层与层之间接触良好,相互接触的表面温度相等,各等温面皆为同心圆柱面。多层圆筒壁的热传导计算,可参照多层平壁。

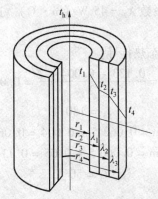

图 4.7 多层圆筒壁的稳态热传导

第一层
$$Q_1 = 2\pi L\lambda_1 \frac{t_1 - t_2}{\ln\dfrac{r_2}{r_1}}$$

第二层
$$Q_2 = 2\pi L\lambda_2 \frac{t_2 - t_3}{\ln\dfrac{r_3}{r_2}}$$

第三层
$$Q_3 = 2\pi L\lambda_3 \frac{t_3 - t_4}{\ln\dfrac{r_4}{r_3}}$$

稳态热传导 $\qquad Q_1 = Q_2 = Q_3 = Q$

根据各层温度差之和等于总温度差的原则,整理以上三式可得

$$Q = \frac{2\pi L(t_1 - t_4)}{\dfrac{1}{\lambda_1}\ln\dfrac{r_2}{r_1} + \dfrac{1}{\lambda_2}\ln\dfrac{r_3}{r_2} + \dfrac{1}{\lambda_3}\ln\dfrac{r_4}{r_3}} \tag{4.26}$$

同理,对于 n 层圆筒壁,热传导的一般公式为

$$Q = \frac{2\pi L(t_1 - t_{n+1})}{\sum\limits_{i=1}^{n} \frac{1}{\lambda_i} \ln \frac{r_{i+1}}{r_i}} \tag{4.27}$$

式中 i —— n 层圆筒壁的壁层序号。

可以写成与多层平壁计算公式相仿的形式:

$$Q = \frac{t_1 - t_4}{\frac{b_1}{\lambda_1 A_{m1}} + \frac{b_2}{\lambda_2 A_{m2}} + \frac{b_3}{\lambda_3 A_{m3}}} \tag{4.28}$$

式中 A_{m1}、A_{m2}、A_{m3} —— 各层圆筒壁的对数平均面积,m^2。

由多层平壁或多层圆筒壁热传导公式可见,多层壁的总热阻等于串联的各层热阻之和,传热速率正比于总温度差,反比于总热阻,即

$$传热速率 = \frac{总温差}{总热阻}$$

例 4.3   为了减少热损失,在 $\phi 133 \ mm \times 4 \ mm$ 的蒸气管道外层包扎一层厚度为 $50 \ mm$ 的石棉层,其平均导热系数 $\lambda_2 = 0.2 \ W/(m \cdot \text{℃})$。蒸气管道内壁温度为 $180 \ \text{℃}$,要求石棉层外侧温度为 $50 \ \text{℃}$,管壁的导热系数 $\lambda_2 = 45 \ W/(m \cdot \text{℃})$。试求每米管长的热损失及蒸气管道外壁的温度。

解   此题为多层圆筒壁稳态热传导。

$$r/m = \frac{0.133 - 0.004 \times 2}{2} = 0.0625$$

$$t_1 = 180 \ \text{℃}$$

$$r_2/m = 0.0625 + 0.004 = 0.0665$$

$$r_3/m = 0.0665 + 0.05 = 0.1165$$

$$t_3 = 50 \ \text{℃}$$

每米管长的热损失为

$$\frac{Q}{L} \bigg/ (W \cdot m^{-1}) = \frac{2\pi L(t_1 - t_3)}{\frac{1}{\lambda_1} \ln \frac{r_2}{r_1} + \frac{1}{\lambda_2} \ln \frac{r_3}{r_2}} = \frac{2\pi(180 - 50)}{\frac{1}{45} \times \ln \frac{0.0665}{0.0625} + \frac{1}{0.2} \ln \frac{0.1165}{0.0665}} = 291.07$$

由于圆筒壁稳态热传导,每米管长的热损失相等,即

$$291.07 = \frac{2\pi L(t_1 - t_2)}{\frac{1}{\lambda_1} \ln \frac{r_2}{r_1}} = \frac{2\pi(180 - t_2)}{\frac{1}{45} \times \ln \frac{0.0665}{0.0625}}$$

解得

$$t_2 = 179.9 \ \text{℃}$$

由计算结果可知,蒸气管道的内外壁面温度相近,保温材料石棉起到了较好的保温作用。

4.3　对流传热

4.3.1　传热边界层及对流传热方程

　　对流传热是流体质点发生相对位移而引起的热量传递过程,对流传热仅发生在流体中,因此它与流体的流动状况密切相关。工业上遇到的对流传热,常指间壁式换热器中两侧流体与固体壁面之间的热交换,即流体将热量传给固体壁面或者由壁面将热量传给流体的过程。在第 2 章流体流动中已指出,流体的流动类型只有层流与湍流两种。当流体做层流流动时,在垂直于流体流动方向上的热量传递,主要以热传导的方式进行。而当流体为湍流流动时,无论流体主体的湍动程度多大,紧邻壁面处总有一薄层流体沿着壁面做层流流动(即层流底层),同理,此层内在垂直于流体流动方向上的热量传递,仍是以热传导方式为主。由于大多数流体的导热系数较小,热阻主要集中在层流底层中,因此温度差也主要集中在该层中。在层流底层与湍流主体之间存在着一个过渡区,过渡区内的热量传递是传导与对流的共同作用。而在湍流主体中,由于流体质点的剧烈混合,可以认为无传热阻力,即温度梯度为零。在处理上,将有温度梯度存在的区域称为传热边界层,传热的主要热阻即在此层中。图 4.8 所示为对流传热时截面上的温度分布情况。

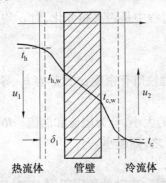

图 4.8　对流传热时截面上的温度分布

　　由上述分析可见,对流传热与流体的流动情况及流体的性质有关,其影响因素很多。目前采用一种简化的方法,即将流体的全部温度差集中在厚度为 δ_1 的有效膜内,如图 4.8 所示。此有效膜的厚度 δ_1 难以测定,所以在处理上,以 a 代替 λ/δ_1,热流体与壁面间对流传热过程可用下式描述:

$$Q = \alpha_h A(t_h - t_{h,w}) = \alpha_h A \Delta t \tag{4.29}$$

或

$$Q = \frac{(t_h - t_{h,w})}{\dfrac{1}{\alpha_h A}} = \frac{\Delta t}{\dfrac{1}{\alpha_h A}} \tag{4.30}$$

　　式(4.29)和式(4.30)称为牛顿冷却定律。

　　同理,冷流体侧对流传热关系亦可表示为

$$Q = \alpha_c A(t_{c,w} - t_c) = \alpha_c A \Delta t \tag{4.31}$$

式中　　Q——对流传热速率,W;

　　　　A——传热面积,m^2;

　　　　Δt——对流传热温度差,$\Delta t = t_h - t_{h,w}$ 或 $\Delta t = t_{c,w} - t_c$,℃;

　　　　t_h——热流体平均温度,℃;

　　　　$t_{h,w}$——与热流体接触的壁面温度,℃;

　　　　t_c——冷流体的平均温度,℃;

　　　　$t_{c,w}$——与冷流体接触的壁面温度,℃;

　　　　α_h——热流体侧的对流传热系数,$W/(m^2 \cdot K)$ 或 $W/(m^2 \cdot ℃)$;

　　　　α_c——冷流体侧的对流传热系数,$W/(m^2 \cdot K)$ 或 $W/(m^2 \cdot ℃)$;

牛顿冷却定律并非理论推导的结果,而是一种推论,即假设单位面积传热量与温度差 Δt 成正比。该公式形式简单,并未揭示对流传热过程的本质,也未减少计算的困难,只不过将所有的复杂因素都转移到对流传热系数 α 中。所以如何确定在各种具体条件下的对流传热系数,是对流传热的中心问题。

4.3.2　影响对流传热系数的主要因素

理论分析和试验表明,影响对流传热系数 α 的因素有以下几个方面。

(1)流体的种类和状态。

液体、气体、蒸气及在传热过程中是否有相变化,对 α 均有影响。有相变化时对流传热系数比无相变化时大得多。

(2)流体的物理性质。

影响对流传热系数 α 的物理性质有密度 ρ、比热容 c_p、导热系数 λ、黏度 μ 等。

(3)流体的流动状态。

流体的流动状态取决于 Re 的大小,分为层流和湍流。Re 越大,流体的湍动程度越大,层流底层的厚度越薄,α 值越大;反之,则越小。

(4)流体对流的状况。

对流分为自然对流和强制对流,流动的原因不同,其对流传热规律也不相同。自然对流是流体内部冷(温度 t_1)、热(温度 t_2)各部分的密度不同所产生的浮升力作用而引起的流动。因 $t_2 > t_1$,所以 $\rho_2 < \rho_1$。若流体的体积膨胀系数为 β,则 ρ_2 与 ρ_1 的关系为

$$\rho_1 = \rho_2(1 + \beta\Delta t), \Delta t = t_2 - t_1$$

单位质量流体由于密度不同所产生的浮升力为

$$\frac{(\rho_1 - \rho_2)g}{\rho_2} = \frac{[(1 + \beta\Delta t)\rho_2 - \rho_2]g}{\rho_2} = \beta g\Delta t \tag{4.32}$$

(5)传热面的形状、位置及大小。

传热面的形状多种多样,如管、板、管束、管径、管长、管子排列方式、垂直放置或水平放置等都将影响对流传热系数。通常对于一种类型的传热面,用一个特征尺寸 L(对流体流动和传热有决定性影响的尺寸)来表征其大小。

4.3.3　对流传热过程的因次分析

由上述分析可见,影响对流传热的因素很多,故对流传热系数的确定是一个极为复杂的

问题。在第 2 章中用因次分析法求得湍流时的摩擦系数的无因次数群关系式,这里用同样方法求得对流传热系数的关系式。

对于一定的传热面,流体无相变的对流传热系数的影响因素有流速 u、传热面的特性尺寸 L、流体的黏度 μ、定压比热容 c_p、流体的密度 ρ、流体的导热系数 λ、单位质量流体的浮升力 $\beta g \Delta t$,写成函数形式为

$$\alpha = f(u, L, \mu, \lambda, \rho, c_p, \beta g \Delta t) \tag{4.33}$$

采用第 2 章中的无因次化方法可以将式(4.33)转化成无因次形式

$$\frac{\alpha L}{\lambda} = f\left(\frac{Lu\rho}{\mu}, \frac{c_p \mu}{\lambda}, \frac{L^3 \rho^2 \beta g \Delta t}{\mu^2}\right) \tag{4.34}$$

式(4.34)表示无相变条件下,对于一定类型的传热面,对流传热系数无因次准数关联式。式中准数的名称、符号、意义见表 4.5。

表 4.5　准数的名称、符号和意义

准数	准数名称	符号	意义
$\dfrac{\alpha L}{\lambda}$	努赛尔(Nusselt)准数	Nu	表示对流传热系数
$\dfrac{Lu\rho}{\mu}$	雷诺(Reynolds)准数	Re	表示流动状态的影响
$\dfrac{c_p \mu}{\lambda}$	普兰特(Prandtl)准数	Pr	表示流体物性的影响
$\dfrac{L^3 \rho^3 \beta g \Delta t}{\mu^2}$	格拉斯霍夫(Grashof)准数	Gr	表示自然对流的影响

式(4.34)可以表示成

$$Nu = K Re^a Pr^f Gr^h \tag{4.35}$$

或

$$Nu = f(Re, Pr, Gr) \tag{4.36}$$

具体的函数关系式由试验确定,所得到的准数关联式是一个经验公式,在使用时应注意:

(1)适用范围。

各个关联式都规定了准数的适用范围,这是根据试验数据确定的,使用时不能超过规定 Re、Pr、Gr 的范围。

(2)特性尺寸。

在建立准数关联式时,通常选用对流体流动和传热产生主要影响的尺寸,作为准数中的特性尺寸 L。如圆管内对流传热时选用管内径;非圆管对流传热时选用当量直径。

(3)定性温度。

流体在对流传热过程中,从进口到出口温度是变化的,确定准数中流体的物性参数(μ,λ,ρ,c_p)的温度称为定性温度。不同的关联式有不同的确定方法,一般有以下 3 种方法:

① 取流体的平均温度: $\qquad t_m = (t_1 + t_2)/2$

② 取壁面的平均温度: $\qquad t_m = t_w$

③ 取流体与壁面的平均温度(膜温): $\qquad t_m = (t + t_w)/2$

4.3.4 流体无相变时的对流传热系数经验关联式

工业生产中常遇到流体无相变时的对流传热情况,对流传热系数关联式为式(4.36),$Nu = f(Re, Pr, Gr)$,包括强制对流和自然对流。在强制对流时,Gr 可忽略不计;而自然对流时,Re 可忽略不计。这样式(4.36)可进一步简化。

强制对流

$$Nu = f(Re, Pr) \tag{4.37}$$

自然对流

$$Nu = f(Gr, Pr) \tag{4.38}$$

下面按照强制对流和自然对流两大类,介绍工程上常用的流体无相变时的对流传热系数的经验关联式。

4.3.4.1 流体在管内强制对流时的对流传热系数

(1)流体在圆形直管内强制湍流时的对流传热系数。

① 低黏度流体。

$$Nu = 0.023Re^{0.8}Pr^n \tag{4.39}$$

即

$$\alpha = 0.023 \frac{\lambda}{d} \left(\frac{du\rho}{\mu}\right)^{0.8} \left(\frac{c_p\mu}{\lambda}\right)^n \tag{4.40}$$

当流体被加热时,式中 $n = 0.4$;流体被冷却时,$n = 0.3$。

适用范围:$Re > 10^4, 0.6 < Pr < 160$,管长与管径之比 $L/d \geqslant 50, \mu < 2 \times 10^3 \, \text{Pa} \cdot \text{s}$。

特性尺寸:管内径 d_i。

定性温度:流体进、出口温度的算术平均值。

式中的 n 值考虑到层流底层中温度对流体黏度和导热系数的影响。对液体而言,其黏度随着温度的升高而降低,从而使底层厚度变薄,而液体的导热系数一般皆随着温度的升高而降低,但其变化不显著,所以总的结果是对流传热系数增大;对气体情况则不同,气体的黏度随着温度的升高而增大,显然底层厚度增大,同时气体温度升高,导热系数增大,但其影响不及前者大,所以总的效果是对流传热系数变小。液体被冷却时,情况与上述相反。又由于大多数液体的 $Pr > 1$,故 $Pr^{0.4} > Pr^{0.3}$,而大多数气体的 $Pr < 1$,其结果必是 $Pr^{0.4} < Pr^{0.3}$。

② 高黏度液体。

因靠近管壁处的液体黏度(μ_w)与管中心处的黏度(μ)相差较大,所以计算对流传热系数时应考虑壁温对黏度的影响,引入一无因次的黏度比后,方能与试验结果相符。

$$Nu = 0.027Re^{0.8}Pr^{0.33} \left(\frac{\mu}{\mu_w}\right)^{0.14} \tag{4.41}$$

适用范围:$Re > 10^4, 0.7 < Pr < 16\,700$,管长与管径 $L/d \geqslant 60$。

特性尺寸:管内径 d_i。

定性温度:除黏度计算取壁温外,其余均取流体进、出口温度的算术平均值;由于壁温通常较难确定,在壁温未知的情况下,用下式近似计算亦可满足工程计算的需要。

当液体被加热时

$$\left(\frac{\mu}{\mu_w}\right)^{0.14} = 1.05$$

当液体被冷却时

$$\left(\frac{\mu}{\mu_{\mathrm{w}}}\right)^{0.14} = 0.95$$

对于气体,不管是加热或冷却,$\left(\frac{\mu}{\mu_{\mathrm{w}}}\right)^{0.14}$ 皆取 1。

③ 短管。

对于 $L/d < 50$ 的短管,管子入口处扰动较大,所以 α 较高,需要修正,乘以短管修正系数 ϕ_{i},即

$$\phi_{\mathrm{i}} = 1 + \left(\frac{d_{\mathrm{i}}}{L}\right)^{0.7} \tag{4.42}$$

④ 弯管。

流体在弯管内流动时,由于离心力的作用,扰动增大,对流传热系数较直管的大一些。此时 α 可以乘以弯管校正系数 ε_{R},即

$$\varepsilon_{\mathrm{R}} = 1 + 1.77\frac{d_{\mathrm{i}}}{R} \tag{4.43}$$

式中　　d_{i}—— 管内径,m;

　　　　R—— 弯管的曲率半径,m。

（2）流体在圆形直管内强制层流时的对流传热系数。

流体在管内层流动时传热较复杂,往往伴有自然对流。只有在小管径,并且流体和壁面的温差较小的情况下,即 $Gr < 25\ 000$ 时,自然对流的影响可忽略不计,此时可采用下述关系式计算对流传热系数,即

$$Nu = 1.86\left(Re \cdot Pr \cdot \frac{d_{\mathrm{i}}}{L}\right)^{\frac{1}{3}}\left(\frac{\mu}{\mu_{\mathrm{w}}}\right)^{0.14} \tag{4.44}$$

适用范围:$Re > 2\ 300, Re \cdot Pr \cdot \dfrac{d_{\mathrm{i}}}{L} > 10, 0.6 < Pr < 6\ 700$。

特性尺寸:管内径 d_{i}。

定性温度:除黏度计算取壁温外,其余均取流体进、出口温度的算术平均值。

当 $Gr > 25\ 000$ 时,自然对流的影响不能忽略,可按式（4.44）计算,然后乘以修正系数 Ψ,则

$$\Psi = 0.8(1 + 0.015Gr^{1/3}) \tag{4.45}$$

（3）流体在圆形直管内处于过渡区时的对流传热系数。

流体在过渡区范围内,即当 $Re = 2\ 300 \sim 10\ 000$ 时,用湍流公式计算出 α 值后再乘以校正系数,则

$$f = 1 - \frac{6 \times 10^5}{Re^{1.8}} \tag{4.46}$$

（4）流体在非圆形管内强制对流时的对流传热系数。

对于流体在非圆形管内强制对流时的对流传热系数的计算,上述有关经验关联式均适用,只要将管内径改为当量直径即可,但这种方法计算的结果误差较大。对一些常用的非圆形管道,宜采用根据试验得到的关联式,如套管环隙的对流传热系数关联式为

$$\alpha = 0.02 \frac{\lambda}{d_e}\left(\frac{d_0}{d_i}\right)^{0.53}Re^{0.8}Pr^{1/3} \tag{4.47}$$

适用范围：$1\ 200 < Re < 220\ 000$，$1.65 < d_0/d_i < 17$（d_0 为外管内径；d_i 为内管外径）。

特性尺寸：当量直径 $d_e = d_0 - d_i$。

定性温度：流体进、出口温度的算术平均值。

例 4.4 常压下，空气以 15 m/s 的流速在长为 4 m、ϕ60 mm × 3.5 mm 的钢管中流动，温度由 160 ℃ 升到 240 ℃。试求管壁对空气的对流传热系数。

解 此题为空气在圆形直管内做强制对流。

定性温度 $t_m/℃ = (160 + 240)/2 = 200$

查 200 ℃ 时空气的物性数据如下：

$$c_p = 1.026 \times 10^3\ \text{J}/(\text{kg} \cdot ℃),\lambda = 0.039\ 28\ \text{W}/(\text{m} \cdot ℃)$$

$$\mu = 26.0 \times 10^{-6}\ \text{Pa} \cdot \text{s},\rho = 0.746\ \text{kg/m}^3,Pr = 0.68$$

$$Re = \frac{du\rho}{\mu} = \frac{0.053 \times 15 \times 0.746}{26 \times 10^{-6}} = 2.28 \times 10^4 > 10^4$$

特性尺寸

$$d_i/\text{m} = 0.060 - 2 \times 0.003\ 5 = 0.053$$

$$L/d = 4/0.053 = 75.5 > 60$$

空气被加热，$n = 0.4$，则

$$Nu = 0.023Re^{0.8}Pr^{0.4} = 0.023 \times (2.28 \times 10^4)^{0.8} \times 0.68^{0.4} = 60.4$$

$$\alpha/(\text{W} \cdot (\text{m}^2 \cdot ℃)^{-1}) = \frac{Nu\lambda}{d} = \frac{60.4 \times 0.03928}{0.053} = 44.8$$

例 4.5 一套管换热器，外管为 ϕ89 mm × 3.5 mm 钢管，内管为 ϕ25 mm × 2.5 mm 钢管。环隙中为 $p = 100$ kPa 的饱和水蒸气冷凝，冷却水在内管中流过，进口温度为 15 ℃，出口温度为 35 ℃，冷却水流速为 0.4 m/s。试求管壁对水的对流传热系数。

解 此题为水在圆形直管内流动。

定性温度 $t_m/℃ = (15 + 35)/2 = 25$

查 25 ℃ 时空气的物性数据如下：

$$c_p = 4.179 \times 10^3\ \text{J}/(\text{kg} \cdot ℃),\lambda = 0.608\ \text{W}/(\text{m} \cdot ℃)$$

$$\mu = 90.27 \times 10^{-5}\ \text{Pa} \cdot \text{s},\rho = 997\ \text{kg/m}^3$$

$$Re = \frac{du\rho}{\mu} = \frac{0.02 \times 0.4 \times 997}{90.27 \times 10^{-5}} = 8\ 836 \quad (Re = 2\ 300 \sim 10\ 000，过渡区)$$

$$Pr = \frac{c_p\mu}{\lambda} = \frac{4.179 \times 10^3 \times 90.27 \times 10^{-5}}{0.608} = 6.2$$

水被加热，$n = 0.4$。

校正系数为

$$f = 1 - \frac{6 \times 10^5}{Re^{1.8}} = 1 - \frac{6 \times 10^5}{8\ 836^{1.8}} = 0.952\ 4$$

$$\alpha/(\text{W} \cdot (\text{m}^2 \cdot ℃)^{-1}) = 0.023 \frac{\lambda}{d_i}Re^{0.8}Pr^{0.4}f$$

$$= 0.023 \times \frac{0.608}{0.02} \times 8\,836^{0.8} \times 6.2^{0.4} \times 0.952\,4$$

$$= 1\,978$$

求对流传热系数的关键是,首先确定流体的种类、流动类型、对流的种类等问题,然后选择合适的经验公式进行计算,计算时要满足公式的适用范围。

4.3.4.2　流体在管外强制对流时的对流传热系数

在化工生产中经常遇到流体在管外流动,与管外壁进行对流传热的情况。流体在管外流动时有三种情况:流体与单根管子或管束之间相互平行、相互垂直或垂直与平行交替。在列管式换热器中壳程中的流体与管壁间的传热多数属于最后这种情况。流体在管外平行于管子流动的传热,其传热规律及准数关联式均与流体在管内强制对流时相同,特性尺寸为当量直径。下面介绍流体垂直流过单管和管束时的对流传热过程。

流体在管外垂直流过时,分为垂直流过单管和垂直流过管束两种情况。由于工业上所用的换热器中多为流体垂直流过管束,故只介绍这种情况的计算方法。

流体垂直流过管束时的对流传热很复杂,管束的排列又分为直排和错排两种,如图 4.9 所示。对第一排管子,不论直排还是错排,流体流动情况相同。但从第二排开始,流体在错排管束间通过时受到阻拦,使湍动增强,故错排式管束的对流传热系数大于直排式。流体在管束外垂直流过时的对流传热系数可用下式计算:

$$Nu = C\varepsilon Re^n Pr^{0.4} \tag{4.48}$$

式中 C、ε、n 由试验确定,其值见表 4.6。

适用范围:$5\,000 < Re < 70\,000$,$x_1/d_0 = 1.25 \sim 5$,$x_2/d_0 = 1.25 \sim 5$。流速 u 取流动方向上最窄处的流速。

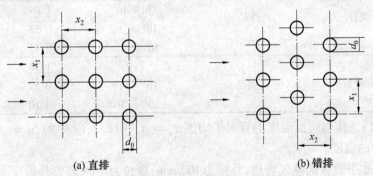

(a) 直排　　　　　　　　　　　　　　(b) 错排

图 4.9　管束的排列

表 4.6　流体垂直于管束时的 C、ε、n

排数	直排		错排		C
	n	ε	n	ε	
1	0.6	0.171	0.6	0.171	$x_1/d_0 = 1.2 \sim 3$
2	0.65	0.157	0.6	0.228	$C = 1 + 0.1 x_1/d_0$
3	0.65	0.157	0.6	0.290	$x_1/d_0 > 3$
4	0.65	0.157	0.6	0.290	$C = 1.3$

特性尺寸:管外径 d_0。

定性温度:流体进、出口温度的算术平均值。

由于用式(4.47)求出各排对流传热系数不同,故管束的平均对流系数可按下式计算。即

$$\alpha_m = \frac{\sum \alpha_i A_i}{\sum A_i} \tag{4.49}$$

式中　　α_i——各排对流传热系数,$W/(m^2 \cdot ℃)$;

　　　　A_i——各排传热管的外表面积,m^2。

在列管式换热器中壳程中的流体与管壁间的对流传热是流体与管束垂直与平行交替的,根据换热器的结构,选用相应的经验公式进行计算。

4.3.4.3　大空间自然对流传热

大空间自然对流是指传热面与周围的流体温度不同,且在周围没有阻碍自然对流的物体存在时所产生的纯自然对流传热过程。例如沉浸式换热器和管道、设备表面与周围大气之间的传热属于这种情况。

大空间自然对流传热时,其准数关联式为

$$Nu = C(Gr,Pr)^n \tag{4.50}$$

即

$$\alpha = C \frac{\lambda}{L} \left(\frac{L^3 \rho^2 \beta g \Delta t}{\mu^2} \cdot \frac{c_p \mu}{\lambda} \right)^n \tag{4.51}$$

式中 C、n 由试验确定,其值见表4.7。

表4.7　式(4.51)中的 C、n 值

传热面的形状	特性尺寸	$GrPr$	C	n
水平圆管	外径 d_0	$1 \sim 10^4$	1.09	1/5
		$10^4 \sim 10^9$	0.53	1/4
		$10^9 \sim 10^{12}$	0.13	1/3
垂直管或板	高度 L	$< 10^4$	1.36	1/5
		$10^4 \sim 10^9$	0.59	1/4
		$10^9 \sim 10^{12}$	0.10	1/3

定性温度:流体与壁面温度的算术平均值,$t_m = (t_w + t)/2$,Gr 中的 $\Delta t = t_w - t$,t_w 为壁面温度,t 为流体的温度。

例4.6　水平放置的蒸气管道,外径为100 mm,管长为5 m,若管外温度为110 ℃,大气温度为20 ℃,试计算蒸气管道通过自然对流散失的热量。

解　此题属于自然对流传热,用式(4.51)计算。

定性温度 $t_m = \frac{110 + 20}{2}℃ = 65 ℃$,查65 ℃时空气的物性数据为

$$\rho = 1.05 \text{ kg/m}^3, \mu = 2.04 \times 10^{-5} \text{ Pa} \cdot s, \lambda = 0.029 \text{ 3 W/(m} \cdot \text{K)}$$

$$Pr = 0.695, \beta/K^{-1} = \frac{1}{T} = \frac{1}{273 + 65} = 2.96 \times 10^{-3}$$

计算 Gr,Pr:

$$Gr = \frac{d_0^3 \rho^2 \beta g \Delta t}{\mu^2} = \frac{0.1^3 \times 1.05^2 \times 2.96 \times 10^{-3} \times 9.81 \times (110 - 20)}{(2.04 \times 10^{-5})^2} = 6.92 \times 10^6$$

$$GrPr = 6.92 \times 10^6 \times 0.695 = 4.81 \times 10^6$$

查表 4.7 得，$C = 0.53, n = 1/4$，则

$$\alpha / (\text{W} \cdot (\text{m}^2 \cdot \text{K})^{-1}) = C \frac{\lambda}{d_0} (Gr \times Pr)^n = 0.53 \times \frac{0.0293}{0.1} \times (4.81 \times 10^6)^{1/4} = 7.27$$

散热量

$$Q / \text{W} = \alpha A \Delta t = \alpha \pi d_0 L \Delta t = 7.27 \times 3.14 \times 0.1 \times 5 \times 90 = 1\ 027.25$$

4.3.5　流体有相变时的对流传热

有相变时的对流传热可分为蒸气冷凝和液体沸腾两种情况，由于流体与壁面间的传热过程中同时又发生相的变化，因此要比无相变时的传热更为复杂。相变时流体放出或吸收大量的潜热，但流体的温度不发生变化，因此对流传热系数要比无相变时大得多。

4.3.5.1　蒸气冷凝时的对流传热

当饱和蒸气与低于饱和温度的壁面接触时，将冷凝成液滴并释放出汽化热，这就是蒸气冷凝传热。这种传热方式在工业生产中广泛应用。

（1）蒸气冷凝的方式。

蒸气冷凝有两种方式，即膜状冷凝和滴状冷凝。

① 膜状冷凝。

冷凝液能够润湿壁面，在壁面上形成一层完整的液膜，壁面被冷凝液所覆盖，蒸气冷凝只能在液膜表面进行，即蒸气冷凝放出的潜热只有通过液膜后才能传给壁面。由于蒸气冷凝产生相变化，热阻较小，这层液膜往往成为冷凝传热的主要热阻。如果壁面竖直放置，液膜在重力的作用下，沿壁面向下流动，逐渐增厚，最后在壁面的底部滴下。水平放置较粗的管子，液膜较厚，使得平均对流传热系数下降，如图 4.10(a)、(b) 所示。

② 滴状冷凝。

冷凝液不能够润湿壁面，在壁面上形成许多的小液滴，液滴长大到一定程度后，在重力作用下落下，如图 4.10(c) 所示。

滴状冷凝时，由于形成液滴，大部分壁面与蒸气直接接触，蒸气可以直接在壁面上冷凝，没有液膜引起的附加热阻。因此滴状冷凝的对流传热系数比膜状冷凝要高出几倍到十几倍。但是，到目前为止，在工业冷凝器中即使采用了促进滴状冷凝的措施，液滴也不能持久。因此，工业冷凝器的设计都按膜状冷凝考虑。

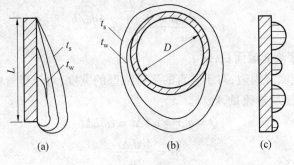

图 4.10　蒸气冷凝方式

（2）膜状冷凝的对流传热系数。

① 蒸气在水平管外冷凝。

蒸气在水平管外冷凝的对流传热系数可用下式计算

$$\alpha = 0.725 \left(\frac{\rho^2 g \lambda^3 r}{n^{2/3} \mu d_0 \Delta t} \right)^{1/4} \tag{4.52}$$

式中　ρ——冷凝液的密度，kg/m^3；

　　　r——蒸气汽化热，取饱和温度 t_s 下的数值，J/kg；

　　　λ——冷凝液的导热系数，$W/(m \cdot K)$；

　　　μ——冷凝液的黏度，$Pa \cdot s$；

　　　Δt——饱和温度 t_s 与壁面温度 t_w 之差，$\Delta t = t_s - t_w$；

　　　n——水平管束在垂直列上的管子数，若为单根水平管，则 $n = 1$。

定性温度：流体温度与壁温度的算术平均值，$t = (t_s + t_w) / 2$。

特性尺寸：管外径。

② 蒸气在竖壁或竖直管外的冷凝。

图 4.11 所示为蒸气在竖壁或竖直管外的冷凝，冷凝液在重力的作用下，液膜以层流状态从顶端向下流动，逐渐变厚，若壁面足够高，随着液膜的增厚，在壁面的下部液膜有可能发展为湍流。从层流变为湍流的临界 Re 值为 2 000。用来判断冷凝传热液膜流型的 Re 通常表示为冷凝液的质量流量函数。

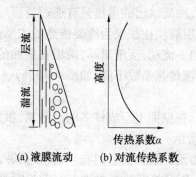

(a) 液膜流动　　(b) 对流传热系数

图 4.11　蒸气在竖壁或竖直管外的冷凝

由此得冷凝液膜的 Re 表达式为

$$Re = \frac{d_e u \rho}{\mu} = \frac{\frac{4A}{b} \frac{q_m}{A}}{\mu} = \frac{4 q_m / b}{\mu} \tag{4.53}$$

式中　A——冷凝液流通截面积，m^2；

　　　r——冷凝液润湿周边，对于竖直的平壁为壁的宽度，对于竖管壁为管壁周长，m；

　　　q_m——冷凝液质量流量，kg/s。

　　因　　　　　　　　　　$Q = q_m r = \alpha A \Delta t = \alpha b L \Delta t$

　故　　　　　　　　　　　　$Re = \frac{4 \alpha L \Delta t}{r \mu} \tag{4.54}$

式中　L——竖壁或竖直管长度，m；

蒸气在竖壁或竖直管外冷凝的对流传热系数可用下式计算。

液膜为层流($Re < 2\ 000$)时,则

$$\alpha = 1.13\left(\frac{\rho^2 g \lambda^3 r}{\mu L \Delta t}\right)^{1/4} \tag{4.55}$$

液膜为湍流($Re < 2\ 000$)时,则

$$\alpha = 0.007\ 7\left(\frac{\rho^2 g \lambda^3}{\mu^2}\right)^{1/3} Re^{0.4} \tag{4.56}$$

定性温度:流体温度与壁面温度的算术平均值,$t = (t_s + t_w)/2$;

特性尺寸:竖壁长或竖直管高,m。

例 4.7　温度为 100 ℃ 的饱和水蒸气,在单根圆管外冷凝,管外径为 80 mm,管长为 1 m,管外壁温度维持在 80 ℃。试求:

(1) 当管子垂直放置时,水蒸气冷凝对流传热系数;

(2) 当管子水平放置时,水蒸气冷凝对流传热系数。

解　(1) $t_s = 100$ ℃,查得水蒸气的汽化热 $r = 2\ 258 \times 10^3$ J/kg。

定性温度 $t_m = \dfrac{100 + 80}{2}$℃ $= 90$ ℃,查得水的物性参数为

$$\rho = 965.3\ \text{kg/m}^3, \lambda = 0.680\ \text{W/(m} \cdot \text{K)}, \mu = 0.315 \times 10^{-3}\ \text{Pa} \cdot \text{s}$$

假设液膜为层流,由式(4.55)得

$$
\begin{aligned}
\alpha/(\text{W} \cdot (\text{m}^2 \cdot \text{K})^{-1}) &= 1.13\left(\frac{\rho^2 g \lambda^3 r}{\mu L \Delta t}\right)^{1/4} \\
&= 1.13 \times \left(\frac{965.3^2 \times 9.81 \times 0.68^3 \times 2\ 258 \times 10^3}{0.315 \times 10^{-3} \times 1 \times 20}\right)^{1/4} \\
&= 6\ 400
\end{aligned}
$$

核算 Re,由式(4.54)得

$$Re = \frac{4\alpha L \Delta t}{r\mu} = \frac{4 \times 6\ 400 \times 1 \times 20}{2\ 258 \times 10^3 \times 0.315 \times 10^{-3}} = 720 < 2\ 000$$

故假设层流是正确的。

(2)　　　　　　　　　　　　　$n = 1$

$$\alpha = 0.725\left(\frac{\rho^2 g \lambda^3 r}{n^{2/3} \mu d_0 \Delta t}\right)^{1/4}$$

$$\frac{\alpha_{水平}}{\alpha_{垂直}} = \frac{0.725}{1.13}\left(\frac{L}{d_0}\right)^{1/4} = \frac{0.725}{1.13}\left(\frac{1}{0.08}\right)^{1/4} = 1.206$$

$$\alpha_{水平}/(\text{W} \cdot (\text{m}^2 \cdot \text{K})^{-1}) = 1.206 \times 6\ 400 = 7\ 718.4$$

(3) 影响冷凝传热的因素。

从前面讨论可知,饱和蒸气冷凝时,热阻集中在冷凝液膜内,液膜的厚度和流动状况是影响冷凝传热的关键。因此,凡是影响液膜状况的因素均影响冷凝传热。

① 膜两侧温差。

当液膜呈层流流动时,液膜两侧的温差 Δt 加大,则蒸气冷凝速率增大,因而液膜增厚,使得冷凝传热系数下降。

② 冷凝液物性。

冷凝液的密度越大,黏度越小,则液膜的厚度越小,因而冷凝传热系数越大,同时导热系

数的增加也有利于冷凝传热。

③蒸气的流向与速度。

前面讨论的冷凝传热系数计算中,忽略了蒸气流速的影响,故只适用于蒸气静止或流速较低的情况。当蒸气流速较大时,蒸气与液膜之间的摩擦力作用不能忽略。若蒸气与液膜的流动方向相同,这种作用力会使液膜减薄,可促使液膜产生一定的波动,因而使冷凝传热系数增大。若蒸气与液膜的流动方向相反,摩擦力会阻碍液膜的流动,使液膜增厚,对传热不利。但是当蒸气的流速较大,摩擦力超过液膜的重力时,液膜会被蒸气吹离壁面,反而使冷凝传热系数增大。蒸气流速对 α 的影响与蒸气压力有关,随着压力增大,影响加剧。

④不凝性气体的影响。

前面讨论的是纯蒸气冷凝。在实际工业生产中,蒸气中往往含有空气等不凝气体,在蒸气冷凝过程中在液膜表面会形成一层气膜,这样蒸气在液膜表面冷凝时,必须通过此不凝气膜,气膜的导热系数较小,使得热阻增大,传热系数大大减小。在静止的蒸气中,不凝气含量只有1%,就使得冷凝传热系数降低60%。因此,在冷凝器的设计中必须设置不凝气排出口,操作中定时排出不凝气。若蒸气价格高或有毒,须集中处理,不可放空。

⑤蒸气过热的影响。

蒸气温度高于操作压力下的饱和温度,即为过热蒸气。过热蒸气与低于饱和温度的壁面相接触时,包括冷却和冷凝两个过程。液膜壁面仍维持饱和温度 t_s,只有远离液膜处维持过热,对于冷凝而言,温差仍为 $t_s - t_w$,故通常过热蒸气的冷凝过程按饱和蒸气冷凝处理,用前述关联式计算的 α 值,误差约为3%,可以忽略不计。在计算时,要考虑过热蒸气的显热部分,即原公式中的 r 改为 $r = r + c_p(t_v - t_\alpha)$,$c_p$ 为过热蒸气的比热容,t_v 为过热蒸气温度。

⑥冷凝壁面的影响。

冷凝液膜为膜状冷凝传热的主要热阻,如何减薄液膜厚度,降低热阻,是强化膜状冷凝传热的关键。

对水平放置的管束,冷凝液从上部各管子流到下部管排,液膜变厚,使 α 变小。为强化传热应设法减少垂直方向上管排数目,或将管束由直排改为错排。对于竖壁或竖直管,在壁面上开若干纵向沟槽,冷凝液由槽峰流到槽底,借重力顺槽下流,以减薄壁面上的液膜厚度。也可在壁面上沿纵向装金属丝或直翅片,使冷凝液在表面张力的作用下,流向金属丝或翅片附近集中,形成一股股小溪向下流动,从而使壁面上液膜减薄,这种方法可使冷凝传热系数大大提高。

4.3.5.2　液体沸腾时的对流传热

液体加热时,在液体内部伴有由液相变成气相产生气泡的过程,称为液体沸腾。因在加热面上有气泡不断生成、长大和脱离,故造成对流体的强烈扰动。沸腾传热的对流传热系数远远大于单相传热的对流传热系数。

(1)液体沸腾的分类。

①大容器沸腾。

大容器沸腾是指加热面被沉浸在无强制对流的液体内部而引起的沸腾传热过程。液体在壁面附近加热,产生气泡,气泡逐渐长大,脱离表面,自由上浮,属于自然对流,同时气泡的运动导致液体扰动,两者加和是一种很强的对流传热过程。

②管内沸腾。

当液体在压差作用下,以一定的流速流过加热管,在管内发生沸腾,称为管内沸腾,也称为强制对流沸腾。这种情况下管壁所产生的气泡不能自由上浮,而是被迫与液体一起流动,与大容器沸腾相比,其机理更为复杂。

③ 饱和沸腾。

如果液体的主体温度达到饱和温度,从加热面上产生的气泡不再重新凝结的沸腾称为饱和沸腾。

本节只介绍大容器中的饱和沸腾。

(2) 沸腾产生的条件。

在一定压力下,若液体饱和温度为 t_s,液体主体温度为 t_1,则 $\Delta t = t_1 - t_s$,称为液体的过热度。过热度是液体中气泡存在和成长的条件,也是气泡形成的条件。过热度越大,则越容易生成气泡,生成的气泡数量越多。在壁面过热度最大。若壁面温度为 t_w,则过热度 $\Delta t = t_w - t_s$。产生沸腾除了保持一定的过热度外,还要有汽化核心存在。加热壁面有许多粗糙不平的小坑和划痕等,这些地方有微量气体,当被加热时,就会膨胀生成气泡,成为汽化核心。

(3) 大容器饱和沸腾曲线。

图 4.12 为试验得到的常压下水的大容器饱和沸腾曲线,它表明 α 与 Δt 之间的关系。曲线分为几个区域:自然对流区、核状沸腾区和膜状沸腾区。

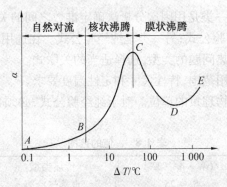

图 4.12　常压下水的大容器饱和沸腾曲线

当 Δt 较小时,只有少量汽化核心,产生的气泡较少,长大速度较慢,汽化主要在液体表面发生,传热以自然对流为主,α 较小,如图中 AB 段,称为自然对流区。随着 Δt 的逐渐增大,汽化核心数目增多,气泡产生速度加大,气泡逐渐上升,脱离表面,由于气泡的产生、长大、脱离、上升,扰动了液体,起到了搅拌的作用,从而使 α 很快上升,如图中 BC 段,这个阶段称为核状沸腾区。当 Δt 增大到一定程度,气泡产生速度大于脱离的速度,在壁面形成一层不稳定的气膜,液体必须通过此膜才能接受壁面的热量,因气体的导热系数比液体小得多,使传热困难,对流传热系数 α 下降。随着 Δt 的逐渐增大,气膜逐渐稳定,对流传热系数基本不变,如图中 CDE 段,称为膜状沸腾区。由核状沸腾向膜状沸腾的转折点 C 称为临界点,临界点下的温度差和传热系数分别称为临界温度差 Δt_c 和临界传热系数 α_c。工业设备中的液体沸腾,一般应控制在核状沸腾区,控制 Δt 不大于临界温度差 Δt_c。

(4) 沸腾对流传热系数关联式。

沸腾对流传热系数可用下式计算,即

$$\alpha = C \, \Delta t^m p^n$$

式中　　p——绝对压强,Pa;

　　　　Δt——过热度,K;

　　　　C、m、n——由试验测定。

（5）影响沸腾传热的因素。

由于液体沸腾要产生气泡,所以凡是影响气泡生成、长大和脱离壁面的因素均对沸腾有影响。概括起来,主要有以下几方面:

① 液体的物性。影响沸腾传热的物性主要有液体的导热系数、密度、黏度及表面张力等。一般情况下,随导热系数、密度的增加而增大,随黏度、表面张力的增加而减小。

② 过热度 Δt。过热度 Δt 是影响沸腾传热的重要因素,其影响在前面已经进行了详细分析。在设计和操作中,要控制好过热度,使传热尽可能在核状沸腾下进行。

③ 操作压力。提高操作压力,将提高液体的汽化温度,使液体的黏度和表面张力减小,从而使 α 增大。

④ 加热面的状况。新的或清洁的壁面 α 较大。壁面越粗糙,汽化核心越多,越有利于沸腾传热。

4.3.6　选用对流传热系数关联式的注意事项

α 计算大致分为两类,一类是用因次分析法确定准数之间的关系,通过试验确定关系式中的系数和指数,属于半经验公式;另一类是纯经验公式。在选用时要注意以下几点:

① 针对所要解决的传热问题的类型,选择适当的关联式。

② 要注意关联式的适用范围、特性尺寸和定性温度要求。

③ 要注意正确使用各物理量的单位。对于纯经验公式,必须使用公式所要求的单位。α 值的范围见表 4.8。

表 4.8　α 值的范围

传热类型	$\alpha/(W \cdot m^2 \cdot K^{-1})$	传热类型	$\alpha/(W \cdot m^2 \cdot K^{-1})$
空气自然对流	5 ~ 25	水蒸气冷凝	5 000 ~ 15 000
空气强制对流	30 ~ 300	有机蒸气冷凝	500 ~ 3 000
水自然对流	200 ~ 1 000	水沸腾	1 500 ~ 30 000
水强制对流	1 000 ~ 8 000	有机物沸腾	500 ~ 15 000
有机液体强制对流	500 ~ 1 500		

4.4　辐射换热

4.4.1　热辐射的基本概念

辐射是物质固有的属性。当物体内的原子经复杂的波动后,就会对外发射出辐射能,这种能量是以电磁波的形式发射出来并进行传播的。电磁波的波长范围宽广,从理论上说可以从零到无穷大,但能被物体吸收而转变为热能的电磁波主要为可见光和红外线两部分,其波长为 0.4 ~ 40 μm,统称为热射线。其中可见光(波长 0.38 ~ 0.76 μm)的辐射能仅占很小一部分,只有在很高温度下才能觉察其热效应。引起物体内原子波动的原因虽较多,但仅仅由于物体本身温度引起的热射线的传播过程,才称为热辐射。

热射线服从反射和折射定律,能在均匀介质中做直线传播,在真空和大多数气体(惰性气体和对称双原子气体)中可以完全透过,但是对于大多数固体和液体,热射线则不能透过。根据这些性质,热射线遇到某物体时,其中一部分能量 Φ_A 被吸收,一部分能量 Φ_R 被反射,另一部分能量 Φ_D 则透过物体,如图 4.13 所示。根据能量守恒定律,有

$$\Phi_A + \Phi_R + \Phi_D = \Phi \tag{4.57}$$

即

$$\frac{\Phi_A}{\Phi} + \frac{\Phi_R}{\Phi} + \frac{\Phi_D}{\Phi} = 1 \tag{4.58}$$

或

$$A_b + R + D = 1 \tag{4.59}$$

式中　　A_b——物体的吸收率,$A_b = \dfrac{\Phi_A}{\Phi}$,无因次;

　　　　R——物体的吸收率,$R = \dfrac{\Phi_R}{\Phi}$,无因次;

　　　　D——物体的吸收率,$D = \dfrac{\Phi_D}{\Phi}$,无因次。

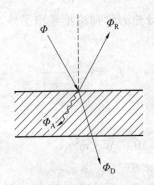

图 4.13　辐射能的吸收、反射和透过

能全部吸收辐射能的物体,即 $A_b = 1$,称为绝对黑体,简称黑体。

能全部反射辐射能的物体,即 $R = 1$,称为镜体或绝对白体。

能全部透过辐射能的物体,即 $D = 1$,称为透热体。

黑体和镜体都是理想物体,自然界中并不存在。但有些物体比较接近于黑体,如无光泽的黑煤,其吸收率为 0.97;磨光的金属表面的反射率约等于 0.97,接近于镜体;单原子气体和对称的双原子气体,可视为透热体。很多原子气体和不对称的双原子气体,则只能有选择地吸收和发射某些波长范围的辐射能。

物体的吸收率、反射率和透过率的大小取决于物体的性质、温度、表面状况和辐射线的波长等。一般,固体和液体都是不透热体,即 $D = 0$,故 $A_b + R = 1$。气体则不同,$R = 0$,故 $A_b + D = 1$。

能够以相等的吸收率吸收所有波长辐射能的物体,称为灰体。灰体具有以下特点:

① 灰体的吸收率 A_b 不随辐射线的波长而变。

② 灰体是不透热体,即 $A_b + R = 1$。

灰体也是理想物体,但是大多数的工程材料都可视为灰体,从而可使辐射传热的计算大为简化。

4.4.2　热辐射的基本定律

4.4.2.1　物体的辐射能力与普朗克定律

物体在一定温度下,单位时间、单位面积所发射的全部波长的总能量,称为该物体在该温度下的辐射能力,以 E 表示,单位为 W/m^2。

在一定温度下,每增加 $d\lambda$ 波长时,辐射能力的增量 dE 称为辐射强度(或单色辐射能力)以 I_λ 表示,即

$$I_\lambda = \frac{dE}{d\lambda} \tag{4.60}$$

式中　　I_λ —— 辐射强度,W/m^2;

　　　　λ —— 波长,m。

对于黑体,辐射能力以 E_0 记,其辐射强度 $I_{\lambda 0}$ 同样可表示为

$$I_{\lambda 0} = \frac{dE_0}{d\lambda} \tag{4.61}$$

1900 年,普朗克运用量子统计热力学理论推导出了绝对黑体的辐射强度 $I_{\lambda 0}$ 随波长和温度变化的因数关系:

$$I_{\lambda 0} = \frac{c_1 \lambda^{-5}}{e^{c_2/\lambda T} - 1} \tag{4.62}$$

式中　　T —— 黑体的绝对温度,K;

　　　　e —— 自然对数的底数;

　　　　c_1 —— 常数,$c_1 = 3.743 \times 10^{-16}$ W·m²;

　　　　c_2 —— 常数,$c_2 = 1.4387 \times 10^{-2}$ m·K。

式(4.62)称为普朗克定律,若在不同的温度下,黑体的单色辐射强度 $I_{\lambda 0}$ 对波长 λ 进行标绘,可得到黑体辐射强度与波长的分布规律曲线。

每个温度有一条能量分布曲线,在不太高的温度下,辐射能主要集中在波长在 0.8 ～ 10 μm 的范围内,当 $\lambda < 0.1$ μm 时,每一等温线的 $I_{\lambda 0}$ 均接近零,波长增加时,发射强度亦随之增加而达到某高峰值,然后 $I_{\lambda 0}$ 又随 λ 的增加而减小,至 $\lambda > 100$ μm 时又基本上回到零。显然每一等温曲线下面到横轴间的面积,代表黑体在一定温度下的发射能力 E_0。能量分布曲线的高峰值随温度的升高而移向波长较短的一边,遵循维恩"位移定律":

$$\lambda^* T = 2.9 \text{ μm·K}$$

式中　　λ^* —— 指定温度 T 下,$I_{\lambda 0}$ 高峰值时的波长。

上式表明,随 T 的升高,所发射的能谱中可见光部分的份额逐步增多,因而辐射体的"亮度"逐渐从暗红色、黄色、亮黄色逐步变为亮白色。但对工程上所关心的温度范围以内(例如 1 000 ℃ 以内),可见光部分的能量所占总能量的百分比还是很小的,90% 以上属于波长为 0.76 ～ 40 μm 的红外线所携带的能量。只有当温度相当高,例如太阳(表面温度约 6 000 K)辐射时,其总能量的 90% 属于 0.3 ～ 3 μm 波长范围的射线所携带的能量,其中可

见光的射线能量大约占总能量的 1/3 还多。

4.4.2.2　斯蒂芬 – 玻尔兹曼定律

对于黑体的辐射能力 E_0，将式（4.62）代入式（4.61），从波长为 $0 \sim \infty$ 加以积分：

$$E_0 = \int_0^\infty I_{\lambda 0} \mathrm{d}\lambda = \int_0^\infty \frac{c_1 \lambda^{-5}}{\mathrm{e}^{c_2/\lambda T} - 1} \mathrm{d}\lambda$$

积分整理后得

$$E_0 = \sigma_0 T^4 = c_0 \left(\frac{T}{100}\right)^4 \tag{4.63}$$

式中　　σ_0——黑体的辐射常数，$\sigma_0 = 5.67 \times 10^{-8}$ W/（m² · K⁴）；

c_0——黑体的辐射系数，$c_0 = 5.67$ W/（m² · K⁴）。

式（4.63）称为斯蒂芬 – 玻尔兹曼定律，它揭示了黑体辐射能力与其表面温度的关系。

4.4.2.3　克希霍夫定律

克希霍夫定律揭示了辐射能力 E 与吸收率 A_b 间的关系。

设有彼此非常接近的两平行壁 1 与 2，壁 1 为灰体，壁 2 为黑体，如图 4.14 所示。这样，从一个壁面发射出来的能量将全部投射到另一壁面上。以 E_1、A_{b1}、T_1 和 E_0、A_{b0}、T_0 分别表示灰体和黑体的辐射能力、吸收率及温度，并设 $T_1 > T_0$，两壁中间介质为透热体，系统与外界绝热。以单位时间、单位面积为基准讨论两壁间传热情况。由灰体壁 1 所辐射的能量 E_1 投射于黑体壁 2 而全部被吸收；由壁 2 发射的 E_0 被壁 1 吸收了 $A_{b1}E_0$，余下的 $(1 - A_{b1})E_0$ 被反射回壁 2 全部被吸收。

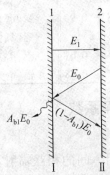

图 4.14　克希霍夫定律的推导

故对壁 1 而言，辐射传热的结果为

$$q = E_1 - A_{b1}E_0$$

当两壁达到平衡，即 $T_1 = T_0$ 时，$q = 0$，则

$$\frac{E_1}{A_{b1}} = E_0$$

因壁 1 可以用任何壁来替代，故上式可写成

$$\frac{E_1}{A_{b1}} = \frac{E_2}{A_{b2}} = \cdots\cdots = \frac{E}{A_b} = E_0 \tag{4.64}$$

上式即为克希霍夫定律，它说明任何物体的辐射能力与吸收率的比值恒等于同温度下黑体的辐射能力，因此其值仅与物质的温度有关。

由式(4.64)即可写出灰体的发射能力:

$$E = A_0 E_0 = A_b c_0 \left(\frac{T}{100}\right)^4 = c \left(\frac{T}{100}\right)^4 \qquad (4.65)$$

式中　　c——灰体的发射系数,$c = A_b c_0$。

对于实际物体(灰体),由于 $A_b < 1$,故 $c < c_0$。由此可见,在任一温度下,黑体的辐射能力最大,而且物体的吸收率越大,其辐射能力亦越大。

前已述及,黑体在自然界是不存在的,它只是用来作为比较的标准。在同一温度下,灰体的辐射能力与黑体的辐射能力之比定义为物体的黑度(或称物体的发射率),用 ε 表示,即

$$\varepsilon = \frac{E}{E_0} \qquad (4.66)$$

式(4.66)与式(4.64)比较,可以得知 $\varepsilon = A_b$,即在同一温度下,物体的吸收率与黑度在数值上是相等的。但它们的物理意义是不同的,ε 表示物体发射能力占黑体发射能力的分数,A_b 为外界投射来的辐射能可被物体吸收的分数。黑体 ε 值和物体的性质、温度及表面情况(表面粗糙度及氧化程度等)有关,其值要由试验测定。表4.9是一些常用工业材料的黑度 ε 值。由此可计算物体的发射能力 E,即

$$E = \varepsilon c_0 \left(\frac{T}{100}\right)^4 \qquad (4.67)$$

表4.9　常用工业材料的黑度 ε

材料	温度 /℃	黑度 ε	材料	温度 /℃	黑度 ε
红砖	20	0.93	铜(氧化的)	200 ~ 600	0.57 ~ 0.87
耐火砖	—	0.8 ~ 0.9	铜(磨光的)	—	0.03
钢板(氧化的)	200 ~ 600	0.8	铝(氧化的)	200 ~ 600	0.11 ~ 0.19
钢板(磨光的)	940 ~ 1 100	0.55 ~ 0.61	铝(磨光的)	225 ~ 575	0.038 ~ 0.057
铸铁(氧化的)	200 ~ 600	0.64 ~ 0.78	银(磨光的)	200 ~ 600	0.012 ~ 0.03

4.4.3　灰体间的热辐射及角系数

4.4.3.1　灰体间的热辐射

工程上常遇到的辐射传热是两固体间的相互辐射,这类固体在热辐射中均可视为灰体。而在工程上通常遇到的温度范围内,例如1 500 ℃以内,对辐射传热起作用的主要是红外线。对于红外射线,固体和液体实际上都是不透明体,无论吸收或发射射线,只限于表面和深度不到1 mm的表面薄层。对于金属,这个薄层的厚度甚至不到1 μm。因此,除非温度很高,通常可以认为工程材料的透射率 $D \approx 0$。

由于是灰体间的热辐射,相互进行着辐射能的多次被吸收和多次被反射的过程,因此,在计算两固体间相互辐射传热时,必须考虑到两物体的吸收率和反射率、形状与大小以及两者间的距离和相互位置。现以最简单的两个面积较大的平行灰体壁(距离很小)之间的相互辐射为例,推导其辐射传热的计算式。

如图4.15(a)所示,若两壁间介质为透热体,且壁面1和2相距很近,故每个壁面所发射的辐射能全部投射到另一壁面上。设 $T_1 > T_2$,从平壁1发射出辐射能 E_1,被平壁2吸收了 A_{b2},其余 $(1 - A_{b2}) E_1$ 被反射回壁1,又被壁1吸收后反射……,如此无穷往返进行,直至 E_1 被完全吸收为止。同理,壁2发射出的辐射能 E_2,也经历类似的反复吸收和反射的过程(图

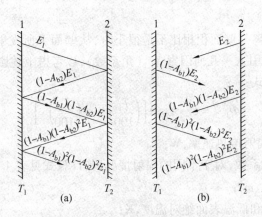

图 4.15　两平行灰体间的相互辐射

4.15(b))。由于辐射能是以光速传播,上述过程是瞬间内完成的。现就平壁 1 而言,本身的辐射能为 E_1,从平壁 2 辐射到平壁 1 的总能量为 E'_2(图中 1、2 两平壁自右至左各箭头所表示的能量的总和),被平壁吸收掉 $A_{b1} E'_2$,其余部分 $(1 - A_{b1}) E'_2$ 被反射回去。因此从壁 1 辐射和反射的能量之和 E'_1(即图中自左至右各箭头所表示的能量总和)应为

$$E'_1 = E_1 + (1 - A_{b1}) E'_2$$

同样,平壁 2 本身的辐射能 E_2 和反射的能量 $(1 - A_{b2}) E'_1$ 之和 E'_2 为

$$E'_2 = E_2 + (1 - A_{b2}) E'_1$$

联解以上两式得

$$E'_1 = \frac{E_1 + E_2 - A_{b1} E_2}{A_{b1} + A_{b2} - A_{b1} A_{b2}}, E'_2 = \frac{E_1 + E_2 - A_{b2} E_1}{A_{b1} + A_{b2} - A_{b1} A_{b2}}$$

故两平行壁面间单位时间、单位面积上净的辐射传热量为此两壁面辐射的总能量之差,即

$$q_{1-2} = E'_1 - E'_2 = \frac{E_1 A_{b2} - E_2 A_{b1}}{A_{b1} + A_{b2} - A_{b1} A_{b2}} \tag{4.68}$$

再以 $E_1 = \varepsilon_1 c_0 \left(\dfrac{T_1}{100}\right)^4$,$E_2 = \varepsilon_2 c_0 \left(\dfrac{T_2}{100}\right)^4$ 及 $A_{b1} = \varepsilon_1$,$A_{b2} = \varepsilon_2$ 代入式(4.68)整理后得

$$q_{1-2} = \frac{c_0}{\dfrac{1}{\varepsilon_1} + \dfrac{1}{\varepsilon_2} - 1} \left[\left(\frac{T_1}{100}\right)^4 - \left(\frac{T_2}{100}\right)^4\right] \tag{4.69}$$

或

$$q_{1-2} = c_{1-2} \left[\left(\frac{T_1}{100}\right)^4 - \left(\frac{T_2}{100}\right)^4\right] \tag{4.70}$$

式(4.70)中 c_{1-2} 称为总辐射系数,即

$$c_{1-2} = \frac{c_0}{\dfrac{1}{\varepsilon_1} + \dfrac{1}{\varepsilon_2} - 1} = \frac{1}{\dfrac{1}{c_1} + \dfrac{1}{c_2} - \dfrac{1}{c_0}} \tag{4.71}$$

若两平行壁面积均为 A,则辐射传热速率为

$$\Phi_{1-2} = c_{1-2} A \left[\left(\frac{T_1}{100}\right)^4 - \left(\frac{T_2}{100}\right)^4\right] \tag{4.72}$$

4.4.3.2 角系数

当两平行壁面间距离与壁面积相比不是很小时,从壁面 1 所发射出的辐射能只有一部分达到另一壁面 2,为此引入一几何因素 $X_{1,2}$(角系数),以考虑上述影响。于是式(4.72)可以写成更普遍适用的形式:

$$\Phi_{1-2} = c_{1-2} X_{1,2} A \left[\left(\frac{T_1}{100} \right)^4 - \left(\frac{T_2}{100} \right)^4 \right] \tag{4.73}$$

式中　Φ_{1-2}—— 净的辐射传热速率,W;

　　　c_{1-2}—— 总辐射系数,对于不同的辐射情况,其计算式见表 4.9;

　　　A—— 辐射面积,m^2;

　　　T_1、T_2—— 高温和低温表面绝对温度,K;

　　　ε_1、ε_2—— 相应两表面材料的黑度;

　　　$X_{1,2}$—— 角系数。

角系数 $X_{1,2}$ 表示从一个表面辐射的总能量被另一表面所拦截的分数,其值与两表面的形状、大小、相互位置及距离有关。$X_{1,2}$ 值已利用模型通过试验方法测出,可查有关手册。几种简单情况下的 $X_{1,2}$ 值见表 4.10 和图 4.16。

表 4.10　$X_{1,2}$ 与 c_{1-2} 的计算式

序号	辐射情况	面积 A	角系数 $X_{1,2}$	总辐射系数 c_{1-2}
1	极大的两平行面	A_1 或 A_2	1	$c_0 \left/ \left(\dfrac{1}{\varepsilon_1} + \dfrac{1}{\varepsilon_2} - 1 \right) \right.$
2	面积有限的两相等平行面	A_1	< 1[①]	$\varepsilon_1 \varepsilon_2 c_0$
3	很大的物体 2 包住物体 1	A_2	1	$\varepsilon_1 c_0$
4	物体 2 恰好包住物体 1,$A_1 \approx A_2$	A_1	1	$c_0 \left/ \left(\dfrac{1}{\varepsilon_1} + \dfrac{1}{\varepsilon_2} - 1 \right) \right.$
5	在 3、4 两种情况之间	A_1	1	$c_0 \left/ \left[\dfrac{1}{\varepsilon_1} + \dfrac{A_1}{A_2} \left(\dfrac{1}{\varepsilon_2} - 1 \right) \right] \right.$

注:① 此种情况的 $X_{1,2}$ 值由图 4.16 查得

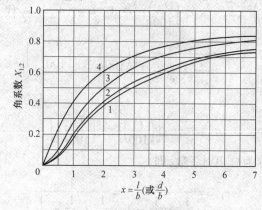

图 4.16　两平行灰体间的相互辐射

$$\frac{l}{b} \text{ 或 } \frac{d}{b} = \frac{边长(长方形圆短边) 或直径}{辐射面间的距离}$$

1— 圆盘形;2— 正方形;3— 长方形(边长之比为 2:1);4— 长方形(狭长)

例 4.8　某车间内有一高 0.5 m、宽 1 m 的铸铁炉门,表面温度为 627 ℃,室温为 27 ℃。试求:

(1) 因炉门辐射而散失的热量;

(2) 若在距炉门前 30 mm 处放置一块同等大小的铝板作为热屏,散热量可降低多少?

已知铸铁和铝板的黑度分别为 0.78 和 0.15。

解　以下标 1、2 和 3 分别表示铸铁炉门、周围四壁和铝板。

(1) 未放置热屏前,炉门被四壁包围,故 $X_{1,2}=1$，$A=A_1$，$c_{1-2}=\varepsilon_1 c_0$，所以

$$
\begin{aligned}
\Phi_{1-2}/\mathrm{W} &= \varepsilon_1 c_0 A_1 \left[\left(\frac{T_1}{100} \right)^4 - \left(\frac{T_2}{100} \right)^4 \right] \\
&= 0.78 \times 5.67 \times 0.5 \times 1 \times \left[\left(\frac{273+627}{100} \right)^4 - \left(\frac{273+27}{100} \right)^4 \right] \\
&= 14\ 329
\end{aligned}
$$

(2) 放置铝板后,因炉门与铝板之间距离很小,二者之间的辐射传热可视为两个无限大平行面间的相互辐射,且稳态情况下与铝板对周围四壁的辐射传热量相等。设铝板的温度为 T_3。因为 $X_{1,3}=1$，$A=A_1=A_3$，$c_{1-3}=\dfrac{c_0}{\left(\dfrac{1}{\varepsilon_1} + \dfrac{1}{\varepsilon_3} - 1 \right)}$；$X_{3,2}=1$，$A=A_1=A_3$，$c_{3-2}=\varepsilon_3 c_0$。

所以

$$
\frac{c_0 A_1}{\dfrac{1}{\varepsilon_1} + \dfrac{1}{\varepsilon_3} - 1} \left[\left(\frac{T_1}{100} \right)^4 - \left(\frac{T_3}{100} \right)^4 \right] = \varepsilon_3 c_0 A_3 \left[\left(\frac{T_3}{100} \right)^4 - \left(\frac{T_2}{100} \right)^4 \right]
$$

即

$$
\frac{1}{\dfrac{1}{\varepsilon_1} + \dfrac{1}{\varepsilon_3} - 1} \left[\left(\frac{T_1}{100} \right)^4 - \left(\frac{T_3}{100} \right)^4 \right] = \varepsilon_3 \left[\left(\frac{T_3}{100} \right)^4 - \left(\frac{T_2}{100} \right)^4 \right]
$$

将 $\varepsilon_1 = 0.78$，$\varepsilon_3 = 0.15$，$T_1 = (273+627)\ \mathrm{K} = 900\ \mathrm{K}$，$T_2 = (273+27)\ \mathrm{K} = 300\ \mathrm{K}$ 代入,得 $T_3 = 755\ \mathrm{K}$。

此时炉门的辐射散热量为

$$
\begin{aligned}
\Phi_{1-2}/\mathrm{W} &= \varepsilon_3 c_0 A_3 \left[\left(\frac{T_3}{100} \right)^4 - \left(\frac{T_2}{100} \right)^4 \right] \\
&= 0.15 \times 5.67 \times 0.5 \times 1 \times \left[\left(\frac{755}{100} \right)^4 - \left(\frac{273+27}{100} \right)^4 \right] \\
&= 1\ 347
\end{aligned}
$$

散热量降低　　$\dfrac{14\ 329 - 1\ 347}{14\ 329} = 90.6\%$

4.4.4　气体的热辐射

4.4.4.1　气体辐射的特点

与固体和液体相比,气体辐射具有明显的特点,主要表现在以下几方面:

① 不同气体的辐射能力与吸收能力差别很大。一些气体,如 N_2、H_2、O_2 以及具有非极性对称结构的其他气体,在低温时几乎不具有吸收和辐射能力,故可视为透热体;而 CO、

CO_2、H_2O 以及各种碳氢化合物的气体则具有相当大的辐射能力和吸收率。

② 气体的辐射和吸收对波长具有选择性。如前所述,固体能够发射和吸收全部波长范围的辐射能,而气体发射和吸收辐射能仅局限在某一特定的窄波段范围内。通常将这种能够发射和吸收辐射能的波段称为光带。例如,CO_2 和水蒸气各有三条光带,如图 4.17 所示。在光带以外,气体既不辐射,也不吸收,呈现透热体的性质。由于气体辐射光谱的这种不连续性,决定了气体不能近似地作为灰体处理。

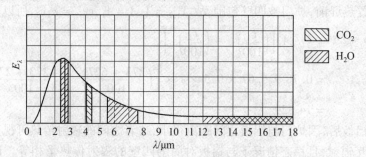

图 4.17　CO_2 和 H_2O 主要光带示意图

③ 气体发射和吸收辐射能发生在整体气体体积内部。气体发射和吸收辐射能不像固体和液体那样仅发生在物体表面,而是发生在整个气体内部。因此,热射线在穿过气体层时,其辐射能因被沿途的气体分子吸收而逐渐减少;而气体表面上的辐射应为达到表面的整个容积气体辐射的总和。即吸收和辐射与热射线所经历的路程有关。

上述特点使得气体辐射较固体间的辐射传热复杂得多。

4.4.4.2　气体的辐射能力 E 和黑度 ε

气体的辐射虽是一个容积改变过程,但其辐射能力同样定义为单位气体表面在单位时间内所辐射的总能量。气体的辐射能力实际上不遵从四次方定律,但为计算方便,仍按四次方定律处理,而把误差归到 ε_g 中进行修正,故气体的辐射能力为

$$E_g = \varepsilon_g c_0 \left(\frac{T_g}{100}\right)^4 \tag{4.74}$$

式中　　T_g——气体的温度,K;

　　　　ε_g——气体温度在 T_g 下的黑度。

气体的黑度可表示为

$$\varepsilon_g = f(T_g, p, L_e) \tag{4.75}$$

式中　　p——气体的分压,Pa;

　　　　L_e——平均射线行程,即热射线在气体层中的平均行程,与气体层的形状和容积有关,m。

气体只能选择性地吸收某些波长的辐射能,因此气体的吸收率不仅与本身状况有关,而且与外来辐射有关。显然,气体的吸收率不等于黑度。

4.4.5　对流和辐射共存时的热量传输

工程上许多设备外壁温度常高于周围环境的温度,热量将由壁面以对流和辐射两种方式散失。因此,为了减少热损失,许多设备都要进行隔热保温。设备热损失应等于对流传热

与辐射传热之和,即

对流方式散失的热通量:

$$q_c = \alpha_c(t_w - t)$$

辐射方式散失的热通量:

$$q_R = c_{1-2}X_{1,2}\left[\left(\frac{T_1}{100}\right)^4 - \left(\frac{T_2}{100}\right)^4\right]$$

令 $\alpha_R = \dfrac{c_{1-2}\left[\left(\dfrac{T_1}{100}\right)^4 - \left(\dfrac{T_2}{100}\right)^4\right]}{t_w - t}$,且 $X_{1,2} = 1$,则

$$q_R = \alpha_R(t_w - t)$$

所以,总的热损失应为

$$q = q_c + q_R = (\alpha_c + \alpha_R)(t_w - t) = \alpha_T(t_w - t) \tag{4.76}$$

式中　α_T——对流与辐射联合传热系数,$W/(m^2 \cdot C)$;

　　　t_w,t——设备外壁和周围环境的温度,℃。

对于有保温层的设备、管道等,外壁对周围环境的对流、辐射联合传热系数 α_T 可用下列各式进行估算。

① 空气自然对流时。

平壁保温层外壁:

$$\alpha_T = 9.8 + 0.07(t_w - t) \tag{4.77}$$

管壁或圆筒壁保温层外壁:

$$\alpha_T = 9.4 + 0.052(t_w - t)$$

② 空气沿粗糙壁面强制对流时。

空气的流速 $u < 5$ m/s 时:

$$\alpha_T = 6.2 + 4.2u \tag{4.78}$$

空气的流速 $u > 5$ m/s 时:

$$\alpha_T = 7.8u^{0.78} \tag{4.79}$$

4.5　换热器

在工程中,要实现热量交换,需要一定的设备,这种交换热量的设备统称为热交换器,也称为换热器。在环境工程中,冷水的加热、废水的预热、废气的冷却等,都需要应用换热器。

4.5.1　换热器的分类与结构形式

换热器种类繁多,结构形式多样。工程上对换热器的分类有多种,其中按照换热器的用途可分为加热器、预热器、过热器、蒸发器、再沸器、冷却器和冷凝器等。加热器用于将流体加热到所需温度,被加热流体在加热过程中不发生相变。预热器用于流体的预热,以提高工艺单元的效率。过热器用于加热饱和蒸气,使其达到过热状态。蒸发器用于加热液体,使之蒸发汽化。再沸器为蒸馏过程的专用设备,用于加热已被冷凝的液体,使之再受热汽化。冷却器用于冷却流体,使之达到所需要的温度。冷凝器用于冷却凝结性饱和蒸汽,使之放出潜

热而凝结液化。

按照冷、热流体热量交换的原理和方式,可将换热器分为间壁式、直接接触式和蓄热式三类,其中间壁式换热器应用最普遍,因此本节将做重点介绍。根据间壁式换热器换热面的形式,可将其分为管式换热器、板式换热器和热管换热器。

4.5.2　管式换热器

管式换热器主要有蛇管式换热器、套管式换热器和列管式换热器。

4.5.2.1　蛇管式换热器

蛇管式换热器是将金属管弯绕成各种与容器相适应的形状,多盘成蛇形,因此称为蛇管。常见的蛇管形状如图 4.18 所示。两种流体分别在蛇管内外两侧,通过管壁进行热交换。蛇管换热器是管式换热器中结构最简单、操作最方便的一种换热设备。通常按换热方式的不同,将蛇管式换热器分为沉浸式和喷淋式两类。

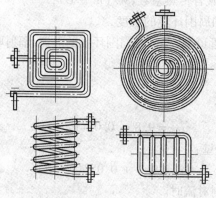

图 4.18　蛇管形状

（1）沉浸式蛇管换热器。

沉浸式换热器将蛇管沉浸在容器内的液体中。沉浸式蛇管换热器结构简单,价格低廉,能承受高压,可用耐腐蚀材料制作。其缺点是容器内液体湍动程度低,管外对流传热系数小。为提高传热系数,可在容器中安装搅拌器,以提高传热效率。

（2）喷淋式蛇管换热器。

喷淋式蛇管换热器如图 4.19 所示,多用于冷却在管内流动的热流体。这种换热器是将蛇管排列在同一垂直面上,热流体自下部的管进入,由上面的管流出。冷水则由管上方的喷淋装置均匀地喷洒在上层蛇管上,并沿着管外表面淋漓而下,逐排流经下面的管外表面,最后进入下部水槽中。冷水在流过管表面时,与管内流体进行热交换。这种换热器的管外形

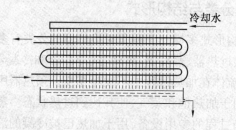

冷却水

图 4.19　喷淋式蛇管换热器

成一层湍动程度较高的液膜,因此管外对流传热系数较大。另外,喷淋式蛇管换热器常置于室外空气流通处,冷却水在空气中汽化时也带走一部分热量,可提高冷却效果。因此,与沉浸式换热器相比,其传热效果要好很多。

4.5.2.2 套管式换热器

套管式换热器是由两种不同直径的直管套在一起制成的同心套管,其内管由 U 形肘管顺次连接,外管与外管相互连接,如图 4.20 所示。换热时,一种流体在内管流动,另一种流体在环隙流动。每一段套管称为一程。

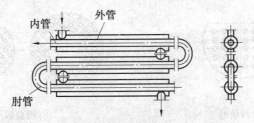

图 4.20 套管式换热器

套管式换热器的优点是结构简单,耐高压,选择适当的管内外径,可使流速增大,且两种流体呈逆流流动,有利于传热。其缺点是单位传热面积的金属耗量大,管接头多,易泄漏,检修不方便。该换热器适用于流量不大,所需传热面积不大而压力要求较高的情况。

4.5.2.3 列管式换热器

列管式换热器在换热设备中占据主导地位,其优点是单位体积所具有的传热面积大,结构紧凑,坚固耐用,传热效果好,而且能用多种材料制造,因此适应性强,尤其在高温高压和大型装置中,多采用列管式换热器。

列管式换热器主要由壳体、管束、管板和封头等部分组成,如图 4.21 所示。壳体多呈圆柱形,内部装有平行管束,管束两端固定在管板上。一种流体在管内流动,另一种流体则在壳体内流动。壳体内往往按照一定数目设置与管束垂直的折流挡板,不仅可以防止短路、增加流体流速,而且可以迫使流体按照规定的路径多次错流经过管束,使湍动程度大大提高。常用的挡板有圆缺形和圆盘形两种,前者应用广泛。图 4.22 为两种挡板形式及壳内的折流情况。

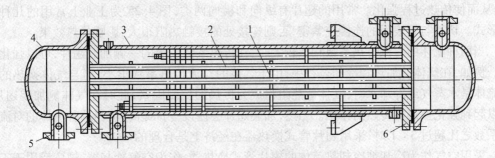

图 4.21 列管式换热器

1— 折流挡板;2— 管束;3— 壳体;4— 封头;5— 接管;6— 管板

流体在管内每通过一次称为一个管程,而每通过壳体一次称为一个壳程。图 4.21 所示为单壳程单管程换热器,通常称为 1 - 1 型换热器。为提高管内流体的流速,可在两端封头内设置隔板,将全部管子平均分为若干组。这样,流体可每次只通过部分管子而往返管束多次,称为多管程。同样,为提高管外流速,可在壳体内安装纵向挡板,使流体多次通过壳体空间,称为多壳程。图4.23所示为两壳程四管程(即2－4型)的列管式换热器示意图。

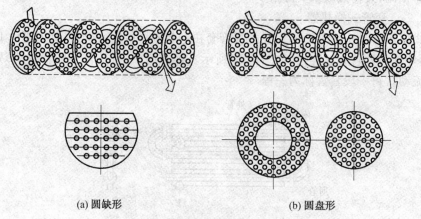

(a) 圆缺形　　　　　　　　　　　　　　(b) 圆盘形

图 4.22　　两种挡板形式及壳内的折流

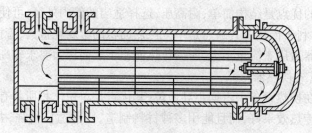

图 4.23　　两壳程四管程的列管式换热器示意图

　　列管式换热器在操作时,由于冷、热两流体温度不同,使壳体和管束的温度不同,其热膨胀程度也不同。如果两者温度差超过50 ℃,就可能引起设备变形,甚至扭弯或破裂。因此,必须从结构上考虑热膨胀的影响,采用补偿方法,如一端管板不与壳体固定连接,或采用U形管,使管进出口安装在同一管板上,从而减小或消除热应力。

　　为了强化传热效果,可采取在传热面上增设翅片的措施,此时换热器称为翅片管式换热器,如图4.24所示。在传热面上加装翅片,不仅增大了传热面积,而且增强了流体的扰动程度,从而使传热过程强化。常用的翅片有纵向和横向两类,图4.25为工业上常用的几种翅片形式。切片与管表面的连接应紧密,否则连接处的接触热阻很大,影响传热效果。

　　当两种流体的对流传热系数相差较大时,在传热系数较小的一侧加装翅片,可以强化传热。例如,在气体的加热和冷却过程中,由于气体的对流传热系数很小,当与气体换热的另一流体是水蒸气或冷却水时,气体侧热阻将成为传热的控制因素,此时在气体侧加装翅片,可以起到强化换热器传热的作用。当然,加装翅片会使设备费提高,但当两种流体的对流传热系数之比超过3∶1时,采用翅片管式换热器在经济上是合理的。

　　采用空气作为冷却剂冷却热流体的翅片管式换热器,作为空气冷却器,被广泛用于工业中。用空冷代替水冷,可以节约水资源,具有较大的经济效益。

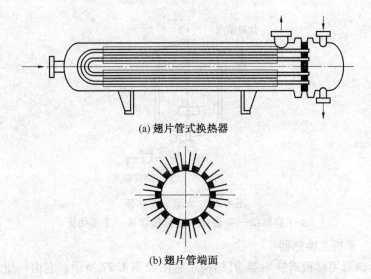

(a) 翅片管式换热器

(b) 翅片管端面

图 4.24　翅片管式换热器

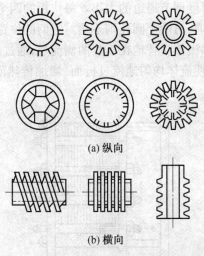

(a) 纵向

(b) 横向

图 4.25　工业上常用的翅片形式

4.5.3　板式换热器

4.5.3.1　夹套式换热器

夹套式换热器是最简单的板式换热器,如图 4.26 所示,它是在容器外壁安装夹套制成的,夹套与器壁之间形成的空间为加热介质或冷却介质的流体通道。这种换热器主要用于反应器的加热或冷却。在用蒸气进行加热时,蒸气由上部接管进入夹套,冷凝水由下部接管流出。作为冷却器时,冷却介质由夹套下部接管进入,由上部接管流出。

夹套式换热器的结构简单,但其传热面受容器壁面的限制,且传热系数不高,为提高传热系数,可在容器内安装搅拌器。

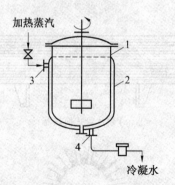

图 4.26　夹套式换热器

1— 容器;2— 夹套;3— 上部接管;4— 下部接管

4.5.3.2　平板式换热器

平板式换热器简称板式换热器,其结构示意图如图 4.27 所示。它由一组长方形的薄金属板平行排列,夹紧组装于支架上构成。两相邻板片的边缘衬有垫片,压紧后板间形成密封的流体通道,且可用垫片的厚度调节通道的大小。每块板的四个角上各开一个圆孔,其中有两个圆孔与板面上的流道相通,另两个圆孔则不通。它们的位置在相邻板上是错开的,以分别形成两流体的通道。冷、热流体交替地在板片两侧流过,通过金属板片进行换热。板片是板式换热器的核心部件。为使流体均匀地流过板面,增加传热面积,并促使流体的湍动,常将板面冲压成凹凸的波纹状。

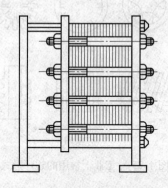

图 4.27　平板式换热器的结构示意图

板式换热器的优点是结构紧凑,单位体积设备所提供的换热面积大;组装灵活,可根据需要增减板数以调节传热面积;板面波纹使截面变化复杂,流体的扰动作用增强,具有较高的传热效率;拆装方便,有利于维修和清洗。其缺点是处理量小,操作压力和温度受密封垫片材料性能的限制而不宜过高。板式换热器适用于经常需要清洗、工作压力在 2.5 MPa 以下、温度在 – 35 ～ 200 ℃ 范围内的情况。

4.5.4　强化换热器传热过程的途径

强化换热器的传热过程,就是力求提高换热器单位时间、单位面积传递的热量,从而增加设备容量,减少占用空间,节省材料,减少投资,降低成本。因此,强化传热在实际应用中具有非常重要的意义。

由总传热速率方程 $Q = KA\Delta t_{\mathrm{m}}$ 可以看出,增大总传热系数 K、传热面积 A 和平均温差 Δt_{m} 均可以提高传热速率。因此,换热器传热过程的强化措施多从以下三方面考虑。

(1) 增大传热面积。

增大传热面积可以提高换热器的传热速率,但增大传热面积不能靠增大换热器的尺寸来实现,而是要从设备的结构入手,提高单位体积的传热面积。工程上往往通过改进传热面的结构来实现,如采用小直径管、异形表面、加装翅片等措施,这些方法不仅使传热面得到扩大,同时也使流体的流动和换热器的性能得到一定的改善。

减小管径可以使相同体积的换热器具有更大的传热面;同时,由于管径减小,使管内湍流的层流底层变薄,有利于传热的强化。

采用凹凸形、波纹形、螺旋形等异形表面,使流道的形状和大小发生变化,不仅能增加传热面积,还使流体在流道中的流动状态发生变化,增加扰动,减小边界层厚度,从而促进传热过程。

加装翅片可以扩大传热面积和促进流体的湍动,如前面讨论的翅片管式换热器。该措施通常用于传热面两侧传热系数小的场合,如气体的换热。

上述方法可提高单位体积的传热面积,使传热过程得到强化,但由于流道的变化,往往使流动阻力增加。因此应综合比较,全面考虑。

(2) 增大平均温差。

平均温差的大小主要取决于两流体的温度条件。提高热侧流体的温度或降低冷侧流体的温度固然是增大传热推动力的措施,但通常受到生产工艺的限制。当采用饱和水蒸气作为加热介质时,提高蒸气的压强可以提高蒸气的温度,但是必须考虑技术可行性和经济合理性。

当冷、热流体的温度不能任意改变时,可采取改变两侧流体流向的方法,如采取逆流方式,或增加列管式换热器的壳程数,提高平均温差。工程中应用的间壁式换热器多采用冷、热流体相向运动的逆流方式。

(3) 提高传热系数。

换热器中的传热过程是稳态的串联传热过程,其总热阻为各项分热阻之和,因此需要逐项分析各分热阻对降低总热阻的作用,设法减少对 K 值影响最大的热阻。

一般来说,在金属材料换热器中,金属壁较薄,其导热系数也大,不会成为主要热阻。污垢的导热系数很小,随着换热器使用时间的延长,污垢逐渐增多,往往成为阻碍传热的主要因素。因此工程上十分重视对换热介质进行预处理以减少结垢,同时设计中应考虑便于清理污垢。

对流传热热阻经常是传热过程的主要热阻。当换热器壁面两侧对流系数相差较大时,应设法强化对流传热系数小的一侧的换热。减小热阻的主要方法有:

① 提高流体的速度。提高流速,可使流体的湍动程度增加,从而减小传热边界层内层流底层的厚度,提高对流传热系数,也就减小了对流传热的热阻。例如,在列管式换热器中,增加管程数和壳程的挡板数,可分别提高管程和壳程的流速,减小热阻。

② 增强流体的扰动。增强流体的扰动,可使传热边界层内层流底层的厚度减小,从而减小对流传热热阻。例如,在管中加设扰动元件,采用异形管或异形换热面等。当在管内插入螺旋形翅片时,可引导流动形成旋流运动,既提高了流速,增加了行程,又由于离心力作用

促进了流体的径向对流而增强了传热。

③ 在流体中加固体颗粒。在流体中加入固体颗粒,一方面,由于固体颗粒的扰动作用和搅拌作用,使对流传热系数增加,对流传热热阻减小;另一方面,由于固体颗粒不断冲刷壁面,减少了污垢的形成,使污垢热阻减少。

④ 在气流中喷入液滴。在气流中喷入液滴能强化传热,其原因是液雾改善了气相放热强度低的缺点,当气相中液雾被固体壁面捕集时,气相换热变成液膜换热,液膜里面蒸发传热强度很高,因此使传热得到强化。

⑤ 采用短管换热器。理论和试验研究表明,在管内进行对流传热时,在流动入口处,由于层流底层很薄,对流传热系数较高,利用这一特征,采用短管换热器,可强化对流传热。

⑥ 防止结垢和及时清除污垢。为了防止结垢,可提高流体的流速,加强流体的扰动。为便于清除污垢,应采用可拆式的换热器结构,定期进行清理和检修。

4.6 环境工程中的质量传递

4.6.1 传质现象

试将一滴蓝墨水加入静止的一盆清水中,仔细观察会发现浓浓的蓝颜色逐渐自动向四周扩散,直至整盆清水变成均匀的蓝色为止。这说明水中发生了物质(蓝颜料)位置的移动,液相内各处物质的组成也随之发生了变化,最终各处浓度达到了均衡。考察变化过程中并无外力加入,但从微观分析可知,由于分子的无规则热运动,蓝颜料分子可由高浓度向低浓度处运动,也可从低浓度处向高浓度处运动,但因浓度的差异,总的统计结果,仍是蓝颜料分子自高浓度处向低浓度处运动得多,所以宏观表现为蓝颜料微粒自高浓度处向低浓度处转移。

在环境治理工程中,如果用清水喷淋含氯化氢的废气,氯化氢气体会逐渐溶于水中,致使气相中氯化氢浓度逐渐降低,水中氯化氢浓度逐渐升高。若使一定量的清水与一定量的含氯化氢的气体的接触时间足够长,最终氯化氢分别在两相中的浓度达到某一相互平衡的状态。此过程与上例过程类似,也是在存在浓度差的条件下,发生了物质的转移。不同的只是上例发生在同一相内,本例发生在直接接触的两相之间,并且最初的浓度差与最终的浓度平衡关系较为复杂。

在由两种以上的组元构成的混合物系中,如果其中处处浓度不同,则必发生旨在减少浓度不均匀性的过程,各组元将由浓度大的地方向浓度小的地方迁移,此即为质量传递现象,简称传质。

传质现象随处可见,例如食糖在水中溶化、水的蒸发、燃烧、烟在大气中弥放、金属热处理、污水处理……传质现象不但涉及人类生活的方方面面,而且涉及能源、动力、机械加工、化工、航空航天、农业、生物、冶金、环境保护等各项工程的发展。

4.6.2 环境工程中的传质过程

在环境工程中,经常利用传质过程去除水、气体和固体中的污染物,如常见的吸收、吸附、萃取及膜分离过程。此外,在化学反应和生物反应中,也常伴随着传质过程。例如,在好氧生物膜系统中,曝气过程包括氧气在空气和水之间的传质,在生物氧化过程中包括氧气、营养物及反应产物在生物膜内的传递。传质过程不仅影响反应的进行,有时甚至成为反应速率的控制因素,例如酸碱中和反应的速率往往受物质传递速度的影响。可见,环境工程中污染控制技术多以质量传递为基础,了解传质过程具有十分重要的意义。

4.6.2.1　吸收与吹脱(汽提)

吸收是指根据气体混合物中各组分在同一溶剂中的溶解度不同,使气体与溶剂充分接触,其中易溶的组分溶于溶剂进入液相,而与非溶解的气体组分分离。吸收是分离气体混合物的重要方法之一,在废气治理中有广泛的应用。如废气中含有氨,通过与水接触,可使氨溶于水中,从而与废气分离;又如锅炉尾气中含有 SO_2,采用石灰/石灰石洗涤,使 SO_2 溶于水,并与洗涤液中的 $CaCO_3$ 和 CaO 反应,转化为 $CaSO_3 \cdot 2H_2O$,可使烟气得到净化,这是目前应用最为广泛的烟气脱硫技术。

化学工程中将被吸收的气体组分从吸收剂中脱出的过程称为解吸。在环境工程中,解吸过程常用于从水中去除挥发性的污染物,当利用空气作为解吸剂时,称为吹脱;利用蒸气作为解吸剂时,称为汽提。如某一受石油烃污染的地下水,污染物中挥发性组分占 45% 左右,可以采用向水中通入空气的方法,使挥发性有机物进入气相,从而与水分离。

4.6.2.2　萃取

萃取是利用液体混合物中各组分在不同溶剂中溶解度的差异分离液体混合物的方法。向液体混合物中加入另一种液体溶剂,即萃取剂,使之形成液－液两相,混合液中的某一组分从混合液转移到萃取剂相。由于萃取剂中易溶组分与难溶组分的浓度比远大于它们在原混合物中的浓度比,该过程可使易溶组分从混合液中分离。例如,以萃取－反萃取工艺处理萘系染料活性艳红 K－2BP 生产废水,萃取剂采用 N235,使活性艳红 K－2BP 从水中分离出来,废水得到预处理,再经后续处理可达到排放标准;进入萃取剂中的活性艳红 K－2BP 通过反萃取可以回收利用,反萃取剂采用氢氧化钠水溶液,可以将浓缩液直接盐析回收活性艳红,萃取剂循环使用。该方法不仅能够减少环境污染,还使有用物质得到回收和利用。

4.6.2.3　吸附

当某种固体与气体或液体混合物接触时,气体或液体中的某一或某些组分能以扩散的方式从气相或液相进入固相,称为吸附。根据气体或液体混合物中各组分在固体上被吸附的程度不同,可使某些组分得到分离。该方法常用于气体和液体中污染物的去除。例如,在水的深度处理中,常用活性炭吸附水中含有的微量有机污染物。

4.6.2.4　离子交换

离子交换是依靠阴、阳离子交换树脂中的可交换离子与水中带同种电荷的阴、阳离子进行交换,从而使离子从水中除去。离子交换常用于制取软化水、纯水,以及从水中去除某种特定物质,如去除电镀废水中的重金属等。

4.6.2.5　膜分离

膜分离是以天然或人工合成的高分子薄膜为分离介质,当膜的两侧存在某种推动力(压力差、浓度差、电位差)时,混合物中的某一组分或某些组分可选择性地透过膜,从而与混合物中的其他组分分离。膜分离技术包括反渗透、电渗析、超滤、纳滤等,已经广泛应用于给水和污水处理中,如高纯水的制备、膜生物反应器等均采用了膜分离技术。

4.6.3　质量传递的基本原理

传质现象可分为 8 种形式:浓度梯度引起的分子(普通)扩散、温度梯度引起的热扩散、压力梯度引起的压力扩散、除重力以外的其他外力(电场或磁场)引起的强迫扩散、强迫对流传质、自然对流传质、湍流传质和相际传质。从传质机理上,上述 8 种传质现象可以归纳为两类:前 4 种为分子传质,后 4 种为对流传质。一般情况下,分子传质中的热扩散、压力扩散和强迫扩散的扩散效应都较小,可以忽略,只有在温度梯度或压力梯度很大以及有电场或磁场存在时,才会产生明显的影响。本章仅介绍由浓度差引起的传质过程的基本规律。

在任何单相(包括气相、液相和固相)中都可以发生传质,在不同相之间(如气－液、液－液、气－固、液－固、固－固)也可以发生传质。

4.6.3.1　传质机理

传质可以由分子的微观运动引起,也可以由流体质点的宏观运动引起。传质的机理包括分子扩散和涡流扩散,又称分子传质和对流传质。

(1)分子扩散。

分子传质的最基本的机理是分子扩散现象。在静止流体或层流流体中,由于存在浓度梯度,流体中各组元分子自发地由浓度大的地方向浓度小的地方迁移,从而形成分子扩散。如蓝色墨水溶于水中的现象就是分子扩散的结果。浓度梯度是分子扩散的推动力。

物质在静止流体及固体中的传递依靠分子扩散。分子扩散的速率很慢,对于气体约为 10 cm/min,对于液体约为 0.05 cm/min,固体中仅为 10^{-5} cm/min。

(2)涡流扩散。

由于分子扩散速率很慢,工程上为了加速传质,通常使流体介质处于运动状态。当流体处于湍流状态时,在垂直于主流方向上,除了分子扩散外,由于流体内部大量旋涡的出现,卷带各组元分子迅猛地向流体各处弥散,大大增强了传质。这种由流体质点强烈掺混所导致的物质扩散,称为涡流扩散。

在实际工程中,分子扩散和涡流扩散往往同时发生。例如当湍流流体统过壁面,并与壁面之间发生传质时,由于紧挨壁面的一薄层流体为层流,在此层中的传质由分子扩散控制,而远离壁面的湍流区中的传质,由涡流扩散控制。

虽然在湍流流动中分子扩散与涡流扩散同时发挥作用,但宏观流体微团的传递规模和速率远远大于单个分子,因此涡流扩散占主要地位,即物质在湍流流体中的传递主要是依靠流体微团的不规则运动。研究结果表明,涡流扩散系数远大于分子扩散系数,并随湍动程度的增加而增大。

4.6.3.2　分子扩散

分子扩散的规律可用费克定律描述。

(1)费克定律。

某一空间中充满由组分 A、B 组成的混合物,无总体流动或处于静止状态。若组分 A 的物质的量浓度为 c_A,c_A 沿 z 方向分布不均匀,上部浓度高于下部浓度,即 $c_{A2} > c_{A1}$,如图 4.28 所示。分子热运动的结果将导致 A 分子由浓度高的区域向浓度低的区域净扩散流动,即发生由高浓度区域向低浓度区域的分子扩散。

在一维稳态情况下,单位时间通过垂直于 z 方向单位面积扩散的组分 A 的量为

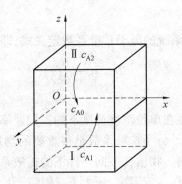

图 4.28　分子扩散示意图

$$N_{Az} = -D_{AB}\frac{dc_A}{dz} \tag{4.80}$$

式中　　N_{Az}——单位时间在 z 方向上经单位面积扩散的组分 A 的量,即扩散通量,也称为扩
散速率,$kmol/(m^2 \cdot s)$;

c_A——组分 A 的物质的量浓度,$kmol/m^3$;

D_{AB}——组分 A 在组分 B 中进行扩散的分子扩散系数,m^2/s;

$\dfrac{dc_A}{dz}$——组分 A 在 z 方向上的浓度梯度,$kmol/(m^3 \cdot m)$。

式(4.80)称为费克定律,表明扩散通量与浓度梯度成正比,负号表示组分 A 向浓度减
小的方向传递。该式是以物质的量浓度表示的费克定律。

设混合物的物质的量浓度为 c $kmol/m^3$,组分 A 的摩尔分数为 x_A。当 c 为常数时,由于
$c_A = cx_A$,则式(4.80)可写为

$$N_{Az} = -cD_{AB}\frac{dx_A}{dz} \tag{4.81}$$

对于液体混合物,常用质量分数表示浓度,于是费克定律又可写为

$$N_{Az} = -\rho D_{AB}\frac{dx_{mA}}{dz} \tag{4.82}$$

式中　　ρ——混合物的密度,kg/m^3;

x_{mA}——组分 A 的质量分数;

N_{Az}——组分 A 的扩散通量,$kg/(m^2 \cdot s)$。

当混合物的密度为常数时,由于 $\rho_A = \rho x_{mA}$,则式(4.82)可写为

$$N_{Az} = -D_{AB}\frac{d\rho_A}{dz} \tag{4.83}$$

式中　　ρ_A——组分 A 的质量浓度,kg/m^3;

$\dfrac{d\rho_A}{dz}$——组分 A 在 z 方向上的质量浓度梯度,$kg/(m^3 \cdot m)$;

因此,费克定律表达的物理意义为:

由浓度梯度引起的组分 A 在 z 方向上的质量通量 = -(分子扩散系数)×(z 方向上组分
A 的质量浓度梯度)。

（2）分子扩散系数。

式（4.80）给出了双组分系统的分子扩散系数定义式，即

$$D_{AB} = - \frac{N_{Az}}{\dfrac{dc_A}{dz}} \tag{4.84}$$

分子扩散系数是扩散物质在单位浓度梯度下的扩散速率，表征物质的分子扩散能力，扩散系数大，则表示分子扩散快。分子扩散系数是很重要的物理常数，其数值受体系温度、压力和混合物浓度等因素的影响。物质在不同条件下的扩散系数一般需要通过试验测定。

对于理想气体及稀溶液，在一定温度、压力下，浓度变化对 D_{AB} 的影响不大。对于非理想气体及浓溶液，D_{AB} 则是浓度的函数。

低密度气体、液体和固体的扩散系数随温度的升高而增大，随压力的增加而减小。对于双组分气体物系，扩散系数与总压力成反比，与绝对温度的 1.75 次方成正比，即

$$D_{AB} = D_{AB,0} \left(\frac{p_0}{p} \right) \left(\frac{T}{T_0} \right)^{1.75}$$

式中　　$D_{AB,0}$—— 物质在压力为 p_0，温度为 T_0 时的扩散系数，m^2/s；

　　　　D_{AB}—— 物质在压力为 p，温度为 T 时的扩散系数，m^2/s。

液体的密度、黏度均比气体高得多，因此物质在液体中的扩散系数远比在气体中的小，在固体中的扩散系数更小，随浓度而异，且在不同方向上可能有不同的数值。物质在气体、液体、固体中的扩散系数的数量级分别为 $10^{-5} \sim 10^{-4}\ m^2/s$、$10^{-9} \sim 10^{-10}\ m^2/s$、$10^{-9} \sim 10^{-14}\ m^2/s$。

4.6.3.3　涡流扩散

对于涡流质量传递，可以定义涡流质量扩散系数 ε_D，单位为 m^2/s，并认为在一维稳态情况下，涡流扩散引起的组分 A 的质量扩散通量 $N_{A\varepsilon}$ 与组分 A 的平均浓度梯度成正比，即

$$N_{A\varepsilon} = - \varepsilon_D \frac{d\bar{\rho}_A}{dz} \tag{4.85}$$

涡流扩散系数表示涡流扩散能力的大小，ε_D 值越大，表明流体质点在其浓度梯度方向上的脉动越剧烈，传质速率越高。

涡流扩散系数不是物理常数，它取决于流体流动的特性，受湍动程度和扩散部位等复杂因素的影响。目前，对于涡流扩散规律研究得还很不够，涡流扩散系数的数值还难以求得，因此常将分子扩散和涡流扩散两种传质作用结合在一起考虑。

工程中大部分流体流动为湍流状态，同时存在分子扩散和涡流扩散，因此组分 A 总的质量扩散通量 $N_{A\varepsilon}$ 为

$$N_{A\varepsilon} = - (D_{AB} + \varepsilon_D) \frac{d\bar{\rho}_A}{dz} = - D_{ABeff} \frac{d\bar{\rho}_A}{dz} \tag{4.86}$$

式中　　D_{ABeff}—— 组分 A 在双组分混合物中的有效质量扩散系数。

在充分发展的湍流中，涡流扩散系数往往比分子扩散系数大得多，因此有 $D_{ABeff} \approx \varepsilon_D$。

4.7　分子传质

分子传质发生在静止的流体、层流流动的流体以及某些固体的传质过程中。本节介绍在静止流体介质中,由于分子扩散所产生的质量传递问题,目的在于求解以分子扩散方式传质的速率。

当静止流体与相界面接触时,若流体中组分 A 的浓度与相界面处不同,则物质将通过流体主体向相界面扩散。在这一过程中,组分 A 沿扩散方向将具有一定的浓度分布。对于稳态过程,浓度分布不随时间变化,组分的扩散速率也为定值。

静止流体中的质量传递有两种典型情况,即单向扩散和等分子反向扩散。

4.7.1　单向扩散

静止流体与相界面接触时的物质传递完全依靠分子扩散,其扩散规律可以用费克定律描述。

但是,在某些传质过程中,分子扩散往往伴随着流体的流动,从而促使组分的扩散通量增大。例如,当空气与氨的混合气体与水接触时,氨被水吸收。假设水的汽化可忽略,则只有气体组分氨从气相向液相传递,而没有物质从液相向气相做相反方向的传递,这种现象可视为单向扩散。在气、液两相面上,由于氨溶解于水中而使氨的含量减少,氨分压降低,导致相界面处的气相总压降低,使气相主体与相界面之间形成总压梯度。在此梯度的推动下,混合气体自气相主体向相界面处流动,使流体的所有组分(氨和空气)一起向相界面流动,从而使氨的扩散量增加。

由于混合气体向界面的流动,使相界面上空气的浓度增加,因此空气应从相界面向气相主体做反方向扩散。在稳态情况下,流动带入相界面的空气量,恰好补偿空气自相界面向主体反向分子扩散的量,使得相界面处空气的浓度(或分压)恒定,因此可认为空气处于没有流动的静止状态。

设相界面与气相主体之间的距离为 L,则在相界面附近的气相内将形成氨分压的分布,如图 4.29 所示,$p_{A,0}$,$p_{B,0}$ 分别为气相主体中氨和空气的分压,$p_{A,i}$,$p_{B,i}$ 分别为相界面处氨和空气的分压。

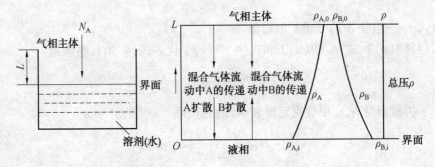

图 4.29　单方向扩散

以上分析表明,在单相扩散中,扩散组分的总通量由两部分组成,即流动所造成的传质质量和叠加于流动之上的由浓度梯度引起的分子扩散通量。分子扩散是由物质浓度(或分压)差而引起的分子微观运动,而流动是因为系统内流体主体与相界面之间存在压差而引起的流体宏观运动,其起因还是分子扩散。因此流动是一种分子扩散的伴生现象。

4.7.1.1　扩散通量

由组分 A、B 组成的双组分混合气体,假设组分 A 为溶质,组分 B 为惰性组分,组分 A 向液体界面扩散并溶于液体,则组分 A 从气相主体到相界面的传质通量为分子扩散通量与流动中组分 A 的传质通量之和。

由于传质时流体混合物内各组分的运动速率是不同的,为了表达混合物总体流动的情况,引入平均速率的概念。若组分浓度用物质的量浓度表示,则平均速率 u_M 为

$$u_M = \frac{c_A u_A + c_B u_B}{c} \tag{4.87}$$

式中　　u_A, u_B——组分 A 和组分 B 的宏观运动速率,m/s;

　　　　c, c_A, c_B——混合气体物质的量浓度及组分 A 和组分 B 在混合气体中的物质的量浓度,mol/m³。

u_A 和 u_B 可以由压差引起,也可由扩散引起。因此,流体混合物的流动是以各组分的运动速度取平均值的流动,也称为总体流动。

以上速度是相对于固定坐标系的绝对速度。相对于运动坐标系,可得到相对速度 $u_{A,D}$ 和 $u_{B,D}$,即

$$u_{A,D} = u_A - u_M \tag{4.88(a)}$$

和

$$u_{B,D} = u_B - u_M \tag{4.88(b)}$$

相对速度 $u_{A,D}$ 和 $u_{B,D}$ 即为扩散速度,表明组分因分子扩散引起的运动速度。

由通量的定义,可得

$$N_A = c_A u_A \tag{4.89(a)}$$
$$N_B = c_B u_B \tag{4.89(b)}$$
$$N_M = c u_M = N_A + N_B \tag{4.89(c)}$$

式中　　N_A, N_B, N_M——组分 A、组分 B 和流体混合物的扩散通量,mol/(m²·s)。

而相对于平均速度的组分 A 的通量即为分子扩散通量,即

$$N_{A,D} = c_A u_{A,D} \tag{4.90}$$

式中　　$N_{A,D}$——组分 A 的分子扩散通量,mol/(m²·s)。

将式(4.88(a))、式(4.89(a)) 和式(4.89(c)) 代入式(4.90),整理得

$$N_{A,D} = N_A - \frac{c_A}{c}(N_A + N_B)$$

将分子扩散通量 $N_{A,D}$ 用费克定律表示,由上式得

$$N_A = -D_{AB} \frac{dc_A}{dz} + \frac{c_A}{c}(N_A + N_B) \tag{4.91}$$

式(4.91) 为费克定律的普通表达式,即

　　　　组分 A 的总传质通量 = 分子扩散通量 + 总体流动所带动的传质通量

对于单向扩散,$N_B = 0$,故式(4.91) 可以写成

$$N_A = -\frac{c}{c - c_A} D_{AB} \frac{dc_A}{dz} \tag{4.92}$$

$N_B = 0$，表示组分 B 在单向扩散中没有净流动，所以单向扩散也称为停滞介质中的扩散。

在稳态情况下，N_A 为定值。将式(4.92)在相界面与气相主体之间积分，组分 A 的浓度分别为 $c_{A,i}$ 和 $c_{A,0}$，即

$$z = 0, c_A = c_{A,i}$$
$$z = L, c_A = c_{A,0}$$

积分得

$$N_A \int_0^L dz = -\int_{c_{A,i}}^{c_{A,0}} \frac{D_{AB}c}{c - c_A} dc_A$$

在等温等压条件下，上式中 D_{AB}、c 为常数，所以

$$N_A = \frac{D_{AB}c}{L} \ln \frac{c - c_{A,0}}{c - c_{A,i}} \tag{4.93}$$

因为 $c - c_{A,0} = c_{B,0}, c - c_{A,i} = c_{B,i}, c_{A,0} - c_{A,i} = c_{B,i} - c_{B,0}$，所以

$$N_A = \frac{D_{AB}c}{L} \times \frac{c_{A,i} - c_{A,0}}{c_{B,0} - c_{B,i}} \ln \frac{c_{B,0}}{c_{B,i}} \tag{4.94}$$

令

$$c_{B,m} = \frac{c_{B,0} - c_{B,i}}{\ln \dfrac{c_{B,0}}{c_{B,i}}} \tag{4.95}$$

式中　　$c_{B,m}$——惰性组分在相界面和气相主体间的对数平均浓度。

则

$$N_A = \frac{D_{AB}c}{Lc_{B,m}} (c_{A,i} - c_{A,0}) \tag{4.96}$$

若静止流体为理想气体，则根据理想气体状态方程 $p = cRT$，式(4.96)可写为

$$N_A = \frac{D_{AB}p}{RTLp_{B,m}} (p_{A,i} - p_{A,0}) \tag{4.97}$$

式中　　p——总压强；

$p_{B,m}$——惰性组分在相界面和气相主体间的对数平均分压，$p_{B,m} = \dfrac{p_{B,0} - p_{B,i}}{\ln \dfrac{p_{B,0}}{p_{B,i}}}$。

$p_{A,i}, p_{A,0}$——组分 A 在相界面和气相主体的分压。

4.7.1.2　浓度分布

对于稳态扩散过程，N_A 为常数，即

$$\frac{dN_A}{dz} = 0 \tag{4.98}$$

对于气体组分 A，可将式(4.92)中的浓度用摩尔分数 y_A 表示，即

$$N_A = -\frac{D_{AB}c}{1 - y_A} \frac{dy_A}{dz} \tag{4.99}$$

将式(4.99)代入式(4.98)中,得

$$\frac{\mathrm{d}}{\mathrm{d}z}\left(-\frac{D_{AB}c}{1-y_A}\frac{\mathrm{d}y_A}{\mathrm{d}z}\right)=0$$

在等温等压条件下,D_{AB},c 均为常数,于是上式化简为

$$\frac{\mathrm{d}}{\mathrm{d}z}\left(\frac{1}{1-y_A}\frac{\mathrm{d}y_A}{\mathrm{d}z}\right)=0$$

上式经两次积分,得

$$-\ln(1-y_A)=C_1z+C_2 \tag{4.100}$$

式中　C_1,C_2——积分常数,可由以下边界条件定出:

$$z=0,y_A=y_{A,i}=\frac{p_{A,i}}{p}$$

$$z=L,y_A=y_{A,0}=\frac{p_{A,0}}{p}$$

将上述边界条件代入式(4.100),得

$$C_1=-\frac{1}{L}\ln\frac{1-y_{A,0}}{1-y_{A,i}}$$

$$C_2=-\ln(1-y_{A,i})$$

将 C_1,C_2 代入式(4.100),得浓度分布方程,即

$$\frac{1-y_A}{1-y_{A,i}}=\left(\frac{1-y_{A,0}}{1-y_{A,i}}\right)^{\frac{z}{L}} \tag{4.101(a)}$$

或写成

$$\frac{y_B}{y_{B,i}}=\left(\frac{y_{B,0}}{y_{B,i}}\right)^{\frac{z}{L}} \tag{4.101(b)}$$

组分 A 通过停滞组分 B 扩散时,浓度分布曲线为对数型,如图 4.29 所示。

以上讨论的单向扩散为气体中的分子扩散。对于双组分气体混合物,组分的扩散系数在低压下与浓度无关。在稳态扩散时,气体的扩散系数 D_{AB} 及总浓度 c 均为常数。

但对于液体中的分子扩散,组分 A 的扩散系数随浓度而变,且总浓度在整个液相中也并非到处保持一致。目前,液体中的扩散理论还不成熟,可仍采用式(4.92)求解,但在使用时,扩散系数需要采用平均扩散系数,总浓度采用平均总浓度。

例 4.9　用温克尔曼方法测定气体在空气中的扩散系数,测定装置如图 4.30 所示。在

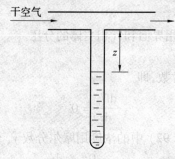

图 4.30

1.013×10^5 Pa 下,将此装置放在 328 K 的恒温箱内,立管中盛水,最初水面离上端管口的距离为 0.125 m,迅速向上部横管中通入干燥的空气,使被测气体在管口的分压接近于零。试验测得经 1.044×10^6 s 后,管中的水面离上端管口距离为 0.15 m。求水蒸气在空气中的扩散系数。

解　立管中水面下降是由于水蒸发并依靠分子扩散通过立管上部传递到流动的空气中引起的。该扩散过程可视为单向扩散。当水面与上端管口距离为 z 时,水蒸气扩散的传质通量为

$$N_A = \frac{D_{AB}p}{RTzp_{B,m}}(p_{A,i} - p_{A,0})$$

水在空气中分子扩散的传质通量可用管中水面的下降速率表示,即

$$N_A = \frac{c_A \mathrm{d}z}{\mathrm{d}t}$$

所以,有

$$\frac{c_A \mathrm{d}z}{\mathrm{d}t} = \frac{D_{AB}p}{RTzp_{B,m}}(p_{A,i} - p_{A,0})$$

即

$$z\mathrm{d}z = \frac{D_{AB}p}{c_A RTp_{B,m}}(p_{A,i} - p_{A,0})\mathrm{d}t \tag{1}$$

其中　　　　　$p_{A,i} = 15.73$ kPa(328 K 下水的饱和蒸气压)

$$p_{A,0} = 0$$

$$p_{B,m}/\mathrm{kPa} = \frac{p_{B,0} - p_{B,i}}{\ln \dfrac{p_{B,0}}{p_{B,i}}} = \frac{101.3 - (101.3 - 15.73)}{\ln \dfrac{101.3}{101.3 - 15.73}} = 93.2$$

328 K 下,水的密度为 985.6 kg/m³,故

$$c_A = \frac{985.6}{18}\mathrm{kmol/m^3} = 54.7 \ \mathrm{kmol/m^3}$$

边界条件:
$$t = 0, z = 0.125 \ \mathrm{m}$$
$$t = 1.044 \times 10^6 \ \mathrm{s}, z = 0.150 \ \mathrm{m}$$

将式(1)积分,得

$$\int_{0.125}^{0.15} z\mathrm{d}z = \frac{D_{AB}p}{c_A RTp_{B,m}}p_{A,i}\int_0^{1.044 \times 10^6} \mathrm{d}t$$

$$\frac{(0.15^2 - 0.125^2)}{2} = \frac{D_{AB} \times 101.3 \times 15.73 \times 1.044 \times 10^6}{54.7 \times 8.314 \times 328 \times 93.2}$$

解得

$$D_{AB} = 2.87 \times 10^{-5} \ \mathrm{m^2/s}$$

4.7.2　等分子反向扩散

在一些双组分混合体系的传质过程中,当体系总浓度保持均匀不变时,组分 A 在分子扩散的同时伴有组分 B 向相反方向的分子扩散,且组分 B 扩散的量与组分 A 的相等,这种传质

过程称为等分子反向扩散。

4.7.2.1　扩散通量

由于等分子反向扩散过程中没有流体的总体流动,因此 $N_A + N_B = 0$,故式(4.91)可以写成

$$N_A = -D_{AB}\frac{dc_A}{dz} \tag{4.102}$$

在稳态情况下,N_A 为定值,将上式在 $z = 0, c_A = c_{A,i}$ 和 $z = L, c_A = c_{A,0}$ 之间积分,得

$$N_A\int_0^L dz = -\int_{c_{A,i}}^{c_{A,0}} D_{AB}dc_A$$

在恒温恒压条件下,D_A 为常数,所以

$$N_A = \frac{D_{AB}}{L}(c_{A,i} - c_{A,0}) \tag{4.103}$$

4.7.2.2　浓度分布

对于稳态扩散过程,N_A 为常数,即

$$\frac{dN_A}{dz} = 0$$

将式(4.102)代入上式,得

$$\frac{d^2c_A}{dz^2} = 0 \tag{4.104}$$

有上式积分两次,得

$$c_A = C_1 z + C_2 \tag{4.105}$$

式中　C_1, C_2——积分常数,可由以下边界条件定出:

$$z = 0, c_A = c_{A,i}$$
$$z = L, c_A = c_{A,0}$$

由边界条件求出积分常数,代入式(4.105),得出浓度分布方程为

$$c_A = \frac{c_{A,0} - c_{A,i}}{L}z + c_{A,i} \tag{4.106}$$

可见组分 A 的物质的量浓度分布为直线,同样可得组分 B 的物质的量浓度分布也为直线,如图4.31所示。

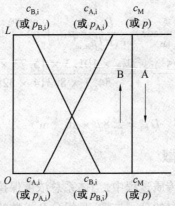

图4.31　等分子反向扩散速度分布

将式(4.103)与式(4.96)比较,可知组分 A 单向扩散时的传质通量比等分子反向扩散时要大。式(4.96)中,$\dfrac{c}{c_{B,m}}$ 项表示分子单方向扩散时,因总体流动而使组分 A 传质通量增大的因子,称为漂移因子。漂移因子的大小直接反映了总体流动对传质速率的影响。当组分 A 的浓度较低时,$c \approx c_B$,则漂移因子接近于 1,此时单向扩散时的传质通量表达式与等分子反向扩散时一致。

当某物质通过一固体或静止介质稳定扩散时,若 $c_A \ll 1$,$x_A \ll 1$,$N_A \approx 0$,在介质内无化学反应,则此扩散问题也可以采用式(4.103)来求解。

4.7.3　界面上有化学反应的稳态传质

对于某些系统,在发生分子扩散的同时,往往伴随着化学反应。对于伴有化学反应的扩散,由于整个过程中,既有分子扩散,又有化学反应,这两种过程的相对速率极大地影响着过程的性质。当化学反应的速率大大快于扩散速率时,扩散决定过程的速率,这种过程称为扩散控制过程;当化学反应的速率远远低于扩散速率时,化学反应决定过程的速率,这种过程称为反应控制过程。

下面介绍只在物质表面进行的化学反应过程。以催化反应为例,如图 4.32 所示,设在催化剂表面上进行如下一级化学反应:

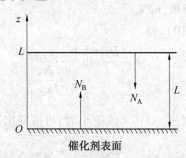

图 4.32　界面有化学反应的传质过程

$$A(g) + C(s) \Longrightarrow 2B(g)$$

根据化学反应计算式,可得出组分 A 的扩散通量 N_A 与组分 B 的扩散通量 N_B 之间的关系为

$$N_B = -2N_A \tag{4.107}$$

由式(4.91),得

$$N_A = -D_{AB}c\frac{dy_A}{dz} + y_A(N_A + N_B) \tag{4.108}$$

或

$$N_A = -\frac{D_{AB}c}{1 + y_A}\frac{dy_A}{dz} \tag{4.109}$$

将式(4.109)在催化剂表面和气相主体之间积分,边界条件为

$$z = 0,\ y_A = y_{A,i}$$

$$z = L,\ y_A = y_{A,0}$$

$$N_A \int_0^L dz = -\int_{y_{A,i}}^{y_{A,0}} \frac{D_{AB}c}{1 + y_A} dy_A$$

在一定操作条件下，D_{AB} 和 c 为常数，所以

$$N_A = -\frac{D_{AB}c}{L} \ln \frac{1 + y_{A,0}}{1 + y_{A,i}} \tag{4.110}$$

若反应是瞬时完成的，则可以认为在催化剂表面不存在组分 A，即

$$y_{A,i} = 0$$

式(4.110) 可简化为

$$N_A = -\frac{D_{AB}c}{L} \ln(1 + y_{A,0}) \tag{4.111(a)}$$

若 A 的浓度用物质的量浓度表示，则有

$$N_A = -\frac{D_{AB}c}{L} \ln \frac{c + c_{A,0}}{c} \tag{4.111(b)}$$

如果在催化剂表面化学反应进行得极为缓慢，化学反应速率远远低于扩散速率，且化学反应属一级反应，则在催化剂表面(即 $z = 0$ 处)，组分 A 的传质通量与摩尔分数的关系为

$$y_{A,i} = \frac{N_A}{k_1 c} \tag{4.112}$$

式中　　k_1——一级反应速率常数，m/s。

将式(4.112) 代入式(4.110)，得

$$N_A = -\frac{D_{AB}c}{L} \ln \frac{1 + y_{A,0}}{1 + \dfrac{N_A}{k_1 c}} \tag{4.113}$$

式(4.113) 是超越方程，当 $\dfrac{N_A}{k_1 c} < 0.4$ 或更小时，可推导出其近似解，即

$$N_A = -\frac{D_{AB}c}{L} \ln \frac{1 + y_{A,0}}{1 + \dfrac{D_{AB}}{k_1 L}} \tag{4.114}$$

式(4.114) 表示化学反应与扩散联合控制的质量传递过程。对于界面上具有化学反应的扩散传质过程，化学反应式不同，对传质通量的描述也不同。

由式(4.114) 可知，若 k_1 足够大或 $\dfrac{D_{AB}}{k_1 L} \ll 1$，则有

$$N_A = -\frac{D_{AB}c}{L} \ln(1 + y_{A,0}) \tag{4.115}$$

式(4.115) 为扩散控制的传质通量表达式。

若 $\dfrac{D_{AB}}{k_1 L} \gg 1$，即扩散过程很快，则有

$$N_A = -k_1 c \ln(1 + y_{A,0}) \tag{4.116}$$

式(4.116) 为反应控制的传质通量表达式。

例 4.10　为减少汽车尾气中 NO 对大气的污染，采用净化器对尾气进行净化处理。含有 NO 的尾气通过净化器时，NO 与净化器中的催化剂接触，在净化剂表面发生还原反应。

这一反应过程可看作气体 NO 通过静止膜的一维稳态扩散过程。若汽车尾气净化后排放温度为 540 ℃,压力为 1.18×10^5 Pa,NO 的摩尔分数为 0.002,该温度下反应速率常数为 228.6 m/h,扩散系数为 0.362 m^2/h。试确定 NO 的还原速率达到 4.19×10^{-3} kmol/($m^2 \cdot$ h) 时,净化反应器高度的最大值。

解　因为 NO 在催化剂表面的反应过程可以看作通过静止膜的扩散,所以传质通量为

$$N_A = -\frac{D_{AB}c}{L}\ln\frac{1 - y_{A,0}}{1 - y_{A,i}}$$

同时,在催化剂表面,有

$$y_{A,i} = \frac{N_A}{k_1 c}$$

尾气浓度

$$c = \frac{p}{RT} = \frac{1.18 \times 10^5 \times 10^{-3}}{8.314 \times (273 + 540)}\ \text{kmol/m}^3 = 0.017\ 5\ \text{kmol/m}^3$$

$$y_{A,i} = \frac{N_A}{k_1 c} = \frac{4.19 \times 10^{-3}}{228.6 \times 0.0175} = 1.05 \times 10^{-3}$$

$$y_{A,0} = 2.0 \times 10^{-3}$$

故

$$4.19 \times 10^{-3} = -\frac{0.362 \times 0.0175}{L}\ln\frac{1 - 2.0 \times 10^{-3}}{1 - 1.05 \times 10^{-3}}$$

求得

$$L = 1.44\ \text{m}$$

可见,需要的 L 值是很小的,在实际应用中完全可以实现。

4.8　对流传质

对流传质是指运动着的流体与相界面之间发生的传质过程,也称为对流扩散。运动流体与固体壁面之间或不互溶的两种运动流体之间发生的质量传递过程都是对流传质过程。

对流传质可以在单相中发生,也可以在两相间发生。流体流过可溶性固体表面时,溶质在流体中的溶解过程以及在催化剂表面进行的气 – 固相催化反应等,均为单一相中的对流传质;而当互不相溶的两种流体相互流动,或流体沿固定界面流动时,组分首先由一相的主体向相界面传递,然后通过相界面向另一相中传递,这一过程为两相间的对流传质。环境工程中常遇到两相间的传质过程,如气体的吸收是在气相与液相之间进行的传质,萃取是在液 – 液 两相之间进行的传质,吸附、膜分离等过程与流体和固体的相际传质过程密切相关。本节只介绍单相中的对流传质。

4.8.1　对流传质过程的机理及传质边界层

对流传质中,组分的传质不仅依靠分子扩散,而且依靠流体各部分之间的宏观位移。这时,传质过程将受到流体性质、流动状态(层流还是湍流)以及流场几何特性的影响。但是,无论流动状态是层流还是湍流,扩散速率都会因为流动而增大。

下面以流体流过固体壁面的传质过程为例,研究对流传质过程的机理及传质速率的计算。

4.8.1.1 对流传质过程的机理

有一个无限大的平固体壁面,含组分 A 的流体以速度 u_0 沿壁面流动,最终形成流动边界层,边界层厚度为 δ,如图 4.33 所示。若流体主流中组分 A 的浓度 $c_{A,0}$ 比壁面上的浓度 $c_{A,i}$ 高,则流体与壁面之间发生质量传递,壁面附近形成浓度梯度。因边界层中流体的流动状态各不相同,所以传质的机理也不同。

在层流流动中,相邻层间流体互不掺混,所以在垂直于流动的方向上,只存在由浓度梯度引起的分子扩散。此时,界面与流体间的扩散通量仍符合费克第一定律,但其扩散通量明显大于静止时的传质。这是因为流动加大了壁面附近的浓度梯度,使传质推动力增大。

在湍流流动中,流体质点在沿主流方向流动的同时,还存在其他方向上的随机脉动,从而造成流体在垂直于主流方向上的强烈混合。因此湍流流动中,在垂直于主流方向上,除了分子扩散外,更重要的是涡流扩散。

湍流边界层包括层流底层、湍流核心区及过渡区。在层流底层中,由于垂直于界面方向上没有流体质点的扰动,物质仅依靠分子扩散传递,浓度梯度较大。在此区域内,传质速率可用费克第一定律描述,扩散速率取决于浓度梯度和分子扩散系数,因此其浓度分布曲线近似为直线。在湍流核心区,因有大量的旋涡存在,$\varepsilon_D \gg D_A$,物质的传递主要依靠涡流扩散,分子扩散的影响可以忽略不计。此时由于质点的强烈掺混,浓度梯度几乎消失,组分在该区域内的浓度基本均匀,其分布曲线近似为一垂直直线。在过渡区内,分子扩散和涡流扩散同时存在,浓度梯度比层流底层中要小得多。稳态情况下,壁面附近形成如图 4.33 所示的浓度分布,组分 A 的浓度由流体主流的浓度 $c_{A,0}$ 连续降至界面处的 $c_{A,i}$。

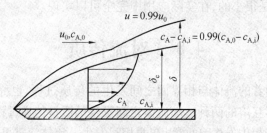

图 4.33　流体流过平壁面的对流传质

4.8.1.2 传质边界层

具有浓度梯度的流体层称为传质边界层。可以认为,质量传递的全部阻力都集中在边界层内。与流动边界层相似,对于平板壁面,将传质边界层的名义厚度 δ_c 定义为

$$\delta_c = c_A - c_{A,i} = 0.99(c_{A,0} - c_{A,i})$$

传质边界层厚度 δ_c 与流动边界层厚度 δ 一般并不相等,它们的关系取决于施密特(Schmic)数 Sc,即

$$\frac{\delta}{\delta_c} = Sc^{1/3} \qquad (4.117)$$

$$Sc = \frac{v}{D_{AB}}$$

施密特数 Sc 是分子动量传递能力和分子扩散能力的比值,表示物性对传质的影响,代

表了壁面附近速度分布与浓度分布的关系。当 $v = D_{AB}$，即 $Sc = 1$ 时，$\delta = \delta_c$，即流动边界层厚度与传质边界层厚度相等。

当浓度为 $c_{A,0}$ 的流体以速度 u_0 流过圆管进行传质时，也形成流动边界层和传质边界层，厚度分别为 δ 和 δ_c，如图 4.34 所示。当流体以均匀的浓度和速度进入管内时，由于流体中组分 A 的浓度 $c_{A,0}$ 与管壁浓度 $c_{A,i}$ 不同而发生传质，传质边界层的厚度由管前缘处的零逐渐增厚，经过一段时间后，在管中心汇合，此后传质边界层的厚度即等于管的半径并维持不变。由管进口前缘至汇合点之间沿管轴线的距离称为传质进口段长度 L_D。一般层流流动的传质进口段长度为

$$L_D = 0.05 d Re Sc \tag{4.118}$$

湍流流动时，传质进口段长度为

$$L_D = 50 d \tag{4.119}$$

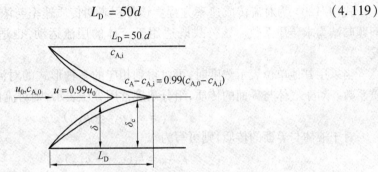

图 4.34　圆管内的传质边界层

4.8.2　对流传质速率方程

4.8.2.1　对流传质速率方程的一般形式

在对流传质过程中，当流动处于湍流状态时，物质的传递包括了分子扩散和涡流扩散。前已叙及，涡流扩散系数难以测定和计算。为了确定对流传质的传质速率，通常将对流传递过程进行简化处理，即将过渡区内的涡流扩散折合为通过某一定厚度的层流膜层的分子扩散。

如 4.35 所示，流体主体中组分 A 的平均浓度为 $c_{A,0}$，将层流底层内的浓度梯度线段延长，并与湍流核心区的浓度梯度线相交于 G 点，G 点与界面的垂直距离 l_G 称为有效膜层，也

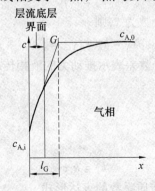

图 4.35　对流传质过程的虚拟膜模型

称为虚拟膜层。这样,就可以认为由流体主体到界面的扩散相当于通过厚度为 l_G 的有效膜层的分子扩散,整个有效膜层的传质推动力为 $(c_{A,0} - c_{A,i})$,即把全部传质阻力看成集中在有效膜层 l_G 内,于是就可以用分子扩散速率方程描述对流扩散。写出由界面至流体主体的对流传质速率关系,即

$$N_A = k_c(c_{A,i} - c_{A,0}) \tag{4.120}$$

式中 N_A——组分 A 的对流传质速率,$kmol/(m^2 \cdot s)$;

$c_{A,0}$——流体主体中组分 A 的浓度,$kmol/m^3$;

$c_{A,i}$——界面上组分 A 的浓度,$kmol/m^3$;

k_c——对流传质系数,也称传质分系数,下标"c"表示组分浓度以物质的量浓度表示,m/s。

式(4.120)为对流传质速率方程。该方程表明传质速率与浓度差成正比,从而将传递问题归结为求传质系数。该公式既适用于流体的层流运动,也适用于流体湍流运动的情况。

当采用其他单位表示浓度时,可以得到相应的多种形式的对流传质速率方程和对流传质系数。对于气体与界面的传质,组分浓度常用分压表示,则对流传质速率方程可写为

$$N_A = k_G(p_{A,i} - p_{A,0}) \tag{4.121}$$

对于液体与界面的传质,则可写为

$$N_A = k_L(c_{A,i} - c_{A,0}) \tag{4.122}$$

式中 $P_{A,i}, P_{A,0}$——界面上和气相主体中组分 A 的分压,Pa;

k_G——气相传质分系数,$kmol/(m^2 \cdot s \cdot Pa)$;

k_L——液相传质分系数,m/s;

若组分浓度用摩尔分数表示,对于气相中的传质,摩尔分数为 y,则

$$N_A = k_y(y_{A,i} - y_{A,0}) \tag{4.123}$$

式中 k_y——用组分 A 的摩尔分数差表示推动力的气相传质分系数,$kmol/(m^2 \cdot s)$。

因为

$$y_A = \frac{p_A}{p}$$

所以

$$k_y = k_G p \tag{4.123}$$

对于液相中的传质,若摩尔分数为 x,则

$$N_A = k_x(x_{A,i} - x_{A,0}) \tag{4.124}$$

式中 k_x——用组分 A 的摩尔分数差表示推动力的液相传质分系数,$kmol/(m^2 \cdot s)$;

因为

$$x_A = \frac{c_A}{c}$$

所以

$$k_x = k_L c \tag{4.125}$$

4.8.2.2   单相传质中对流传质系数的表达形式

对流传质系数体现了对流传质能力的大小,与流体的物理性质、界面的几何形状以及流

体的流动状况等因素有关。对于少数简单情况,对流传质系数可由理论计算,但多数情况下需要通过试验测定,并以无量纲数整理试验结果,得出经验关联式。

对于双组分气体混合物,单相中的对流传质也有单向扩散和等分子反向扩散两种典型情况,其对流传质系数的表达形式不同。

(1)等分子反向扩散时的传质系数。

双组分系统中,A 和 B 两组分做等分子反向扩散时,$N_A = - N_B$。对流传质系数用 k_c^0 表示,则

$$N_A = k_c^0 (c_{A,i} - c_{A,0}) \tag{4.126}$$

相应的扩散速率为

$$N_A = \frac{D_{AB}}{L} (c_{A,i} - c_{A,0})$$

$$k_c^0 = \frac{D_{AB}}{L} \tag{4.127}$$

(2)单向扩散时的传质系数。

双组分系统中,组分 A 通过停滞组分 B 单向扩散时,$N_B = 0$。对流传质系数用 k_c 表示,则

$$N_A = k_c (c_{A,i} - c_{A,0})$$

相应的扩散通量为

$$N_A = \frac{D_{AB} c}{L c_{B,m}} (c_{A,i} - c_{A,0})$$

故

$$k_c = \frac{c D_{AB}}{c_{B,m} L} = \frac{D_{AB}}{x_{B,m} L} \tag{4.128}$$

式中　$x_{B,m}$ —— 组分 B 的对数平均摩尔分数。

$$k_c = \frac{k_c^0}{x_{B,m}} \tag{4.129}$$

例 4.11　在总压为 2 atm 下,组分 A 由湿表面向大量流动的不扩散气体 B 中进行质量传递。已知界面上 A 的分压为 0.20 atm,在传质方向上一定距离处可近似地认为 A 的分压为零。已知 A 和 B 在等分子反向扩散时的传质系数 k_y^0 为 $6.78 \times 10^{-5} \, \text{kmol}/(\text{m}^2 \cdot \text{s} \cdot \Delta y)$。试求传质系数 k_y、k_G 及传质通量 N_A。

解　此题为组分 A 通过静止膜的单向扩散传质。

已知 $p = 2 \, \text{atm}$,$p_{A,i} = 0.2 \, \text{atm}$,$p_{A,0} = 0$,则

$$y_{A,i} = \frac{p_{A,i}}{p} = \frac{0.2}{2} = 0.1$$

$$y_{A,0} = 0$$

因为

$$k_y = \frac{k_y^0}{y_{B,m}}$$

$$y_{B,m} = \frac{y_{B,0} - y_{B,i}}{\ln \dfrac{y_{B,0}}{y_{B,i}}} = \frac{(1 - 0.1) - 1}{\ln \dfrac{(1 - 0.1)}{1}} = 0.949$$

故

$$k_y = \frac{6.78 \times 10^{-5}}{0.949} \text{ kmol/(m}^2 \cdot \text{s} \cdot \Delta y) = 7.14 \times 10^{-5} \text{ kmol(m}^2 \cdot \text{s} \cdot \Delta y)$$

$$k_G = \frac{k_y}{p} = \frac{7.14 \times 10^{-5}}{2 \times 1.013 \times 10^5} \text{ kmol/(m}^2 \cdot \text{s} \cdot \text{Pa}) = 3.52 \times 10^{-10} \text{ kmol/(m}^2 \cdot \text{s} \cdot \text{Pa})$$

传递通量为

$$N_A = k_y(y_{A,i} - y_{A,0}) = 7.14 \times 10^{-5} \times (0.1 - 0) \text{ kmol/(m}^2 \cdot \text{s}) = 7.14 \times 10^{-6} \text{ kmol/(m}^2 \cdot \text{s})$$

4.8.3 典型情况下的对流传质系数

计算对流传质速率的关键在于确定对流传质系数。根据有效膜层的假设,流体主体到界面的扩散相当于通过有效膜层的分子扩散,因此,在稳态传质下,组分 A 通过有效膜层的传质速率应等于对流传质速率,即

$$-D_{AB}\frac{dc_A}{dz}\bigg|_{x=0} = k_c(c_{A,i} - c_{A,0})$$

$$k_c = -\frac{D_{AB}}{c_{A,i} - c_{A,0}}\frac{dc_A}{dz}\bigg|_{z=0} \tag{4.130}$$

采用式(4.130)求解对流传质系数时,关键在于确定壁面浓度梯度$\frac{dc_A}{dz}\big|_{z=0}$,而浓度梯度的确定需要求解传质微分方程。传质微分方程中包括了速度分布,因此还需要联立运动方程和连续性方程。但是,由于方程的非线性特点和边界条件的复杂性,利用该方法只能求解一些简单的问题。对于工程中常见的湍流传质问题,基于机理的复杂性,不能采用解析方法求解,其对流传质系数一般采用类比法或由经验公式计算。

与对流传热系数的求解方法类似,通常将对流传质系数表示为无量纲准数的关系式,例如

$$Sh = f(Re, Sc) \tag{4.131}$$
$$Sh = kd/D$$

式中　Sh—— 施伍德(Sherwood)数;

d—— 传质设备的特征尺寸,m;

D—— 分子扩散系数,m^2/s;

k—— 对流扩散系数,m^2/s。

以下给出几种常见情况下计算对流传质系数的准数关联式。

4.8.3.1 平板壁面上的层流传质

平板壁面对流传质是所有几何性质壁面对流传质中最简单的情况。当壁面流动为不可压缩流体的层流流动时,距离平板前面距离为 x 处的局部传质系数满足下述关系,即

$$Sh_x = 0.32Re_x^{1/2}Sc^{1/3} \tag{4.132}$$

其中

$$Sh_x = \frac{k_{cx}^0 x}{D}$$

式中　k_{cx}^0—— 局部传质系数,m/s;

Re_x—— 以 x 为特征尺寸的雷诺数。

在实际应用中,一般采用平均传质系数。对于长度为 L 的整个板面,其平均传质系数 k_{cm}^0 可用下式计算

$$k_{cm}^0 = \frac{Sh_m D}{L}$$

$$Sh_m = 0.664 Re_L^{1/2} Sc^{1/3} \tag{4.133}$$

式中 Re_L—— 以板长 L 为特征尺寸的雷诺数。

上式适用于求 $Sc > 0.6$、平板壁面上传质速率很慢(壁面法向流动可忽略不计)、层流边界层的对流传质系数。此时

$$k_{cm}^0 = k_{cm}$$

4.8.3.2 平板壁面上的湍流传质

湍流条件下,有

$$Sh_x = 0.029\ 2 Re_x^{0.8} Sc^{1/3} \tag{4.134}$$

和

$$Sh_m = 0.036\ 5 Re_L^{0.8} Sc^{1/3} \tag{4.135}$$

4.8.3.3 圆管内的层流对流传质

因管内对流传质指在圆管内流动的流体与管壁间发生传质。当速度分布和浓度分布均已充分发展且传质速率较慢时,对于两种不同的边界条件,可以分别采用不同的公式计算。

① 组分 A 在管壁处的浓度 $c_{A,i}$ 恒定,如管壁覆盖着某种可溶性物质。此时有

$$Sh = \frac{k_c^0 d}{D} = 3.66 \tag{4.136}$$

② 组分 A 在管壁处的质量通量 $N_{A,i}$ 恒定,如多孔性管壁,组分 A 以恒定的传质速率通过整个管壁流入流体中。此时有

$$Sh = \frac{k_c^0 d}{D} = 4.36 \tag{4.137}$$

式中 d—— 管道内径,m。

由此可见,在速度分布与浓度分布均充分发展的情况下,管内层流时,对流传质系数或施伍德数为常数。

4.8.3.4 绕固体球的强制对流传质

绕固体球的强制对流传质可表示为

$$Sh = 2.0 + 0.6 Re^{1/2} Sc^{1/2} \tag{4.138}$$

$$Sh = \frac{k_c^0 d}{D}$$

$$Re = \frac{d u_0 \rho}{\mu}$$

式中 d—— 球直径,m;

u_0—— 球的运动速度,m/s。

思考题

1. 什么是对流传热？分别举出一个强制对流传热和自然对流传热的实例。

2. 若冬季和夏季的室温均为 18 ℃，人对冷暖的感觉是否相同？在哪种情况下觉得更暖和？为什么？

3. 当平壁面的导热系数随温度变化时，若分别按变量和平均导热系数计算，导热热通量和平壁内的温度分布有何差异？

4. 列管式换热器是最常用的换热器，说明什么是管程、壳程，并分析当气体和液体换热时，气体宜通入哪一侧？

5. 分析湍流流动中组分的传质机理。

6. 假设 2 h 内通过 152 mm × 152 mm × 13 mm（厚度）的试验板的导热量为 20.16 kcal，板的两面温度分别为 19 ℃ 和 26 ℃。求试验板的导热系数。

7. 某圆筒型炉壁由两层耐火材料组成，第一层为镁碳砖，第二层为黏土砖，两层紧密接触。第一层内外壁直径分别为 2.94 m、3.54 m，第二层外壁直径为 3.77 m，炉壁内外温度分别为 1 200 ℃ 和 150 ℃。求导热热流与两层接触处的温度（已知 $\lambda_1 = 4.3 - 0.48 \times 10^{-3}t$，$\lambda_2 = 0.698 + 0.5 \times 10^{-3}t$。

8. 一蒸汽管外敷两层隔热材料，厚度相同，若外层的平均直径为内层的两倍，而内层材料的导热系数为外层材料的两倍。现若将两种材料的位置对换，其他条件不变，问两种情况下的散热热流有何变化？

9. 某热风管道，内径 $d_1 = 85$ mm，外径 $d_2 = 100$ mm，管道材料导热系数 $\lambda_1 = 58$ W/(m·K)，内表面温度 $t_1 = 150$ ℃，现拟用玻璃棉保温（$\lambda_2 = 0.052\ 6$ W/(m·K)），若要求保温层外壁温度不高于 40 ℃，允许的热损失为 $Q_L = 52.3$ W/m。试计算玻璃棉保温层的最小厚度。

10. 速度为 6 m/s 的空气流过酒精表面，已知酒精表面有层流变为湍流时的临界雷诺准数为 3×10^5，边界层内酒精 – 空气混合物的运动黏度为 1.48×10^{-5} m²/s，酒精在空气中的扩散系数为 1.26×10^{-5} m²/s，考虑边界层前端有一定长度层流边界层，L 长度上的平均对流传质系数 $K_c^{湍} = \dfrac{D_{乙醇}}{L}[0.664Re_c^{1/2} + 0.036\ 5(Re_L^{4/5} - Re_c^{4/5})] \cdot Sc^{1/3}$，忽略表面传质对边界层的影响，试计算边界层前沿 1.0 m 长以内的平均对流传质系数 $K_c^{湍}$。

第 5 章　　吸收机制

5.1　　吸收概述

5.1.1　　吸收的基本概念

混合气体分离最常用的操作方法之一是吸收。吸收是依据混合气体各组分在同一种液体溶剂中物理溶解度的不同,而使气体混合物分离的操作过程。吸收操作本质上是混合气体组分从气相到液相的相间传质过程。混合气体中不能溶解的组分称为惰性成分或载体,用 B 表示,如空气。吸收操作中所用的溶剂称为吸收剂或溶剂,用 S 表示,如水;吸收操作中所得的溶液称为吸收液,用 S + A 表示;吸收操作中从吸收塔排出的气体称为吸收尾气或者净化气。

5.1.2　　吸收过程分类

按不同的分类方法,吸收过程可分为不同的类型。

（1）按溶质和吸收剂之间发生的作用。

按溶质和吸收剂之间发生的作用分类,吸收过程可分为物理吸收和化学吸收。如果气体溶质与吸收剂不发生明显反应,而是由于在吸收剂中的溶解度大而被吸收,称为物理吸收,如用油吸收煤气中的苯。在物理吸收中,溶质与溶剂的结合力较弱,解吸比较方便。如果溶质与吸收剂发生化学反应而被吸收,则称为化学吸收。例如,CO_2 在水中的溶解度较低,但若以 K_2CO_3 水溶液吸收 CO_2 时,则在液相中发生下列反应:

$$K_2CO_3 + CO_2 + H_2O \Longrightarrow 2KHCO_3$$

从而使 K_2CO_3 水溶液具有较高的吸收 CO_2 的能力,此种利用化学反应而实现吸收的操作称为化学吸收。作为化学吸收,可被利用的化学反应一般应满足以下条件。

① 可逆性。

如果该反应不可逆,溶剂将难以再生和循环使用。例如,用 NaOH 吸收 CO_2 时,因生成 Na_2CO_3 而不易再生,势必消耗大量 NaOH。因此,只有当气体中 CO_2 浓度甚低,而又必须彻底加以清除时方可使用。当然,若反应产物本身即为过程的产品时又另当别论。

② 较高的反应速率。

若所用的化学反应其速度较慢,则应加入适当的催化剂以加快反应速率。在大气污染治理工程中,需要净化的废气往往气味大,含有气态污染物浓度低等特点。单纯使用物理吸收法净化废气中的有毒有害气体,多数情况下很难达到国家或地方制定的排放标准,因而实际工程中多采用化学吸收法治理气态污染物。

（2）按混合气体中被吸收组分的数目。

按混合气体中被吸收组分的数目分类，吸收过程可分为单组分吸收和多组分吸收。吸收过程中只有单一组分被吸收时，称为单组分吸收；有两个或两个以上组分被吸收时，称为多组分吸收。如制取盐酸、硫酸等为单组分吸收，用洗油吸收焦炉气中的苯、甲苯、二甲苯等组分为多组分吸收。

（3）按在吸收过程中温度是否变化。

按在吸收过程中温度是否变化分类，吸收过程可分为等温吸收和非等温吸收。气体在被吸收的过程中往往伴随着溶解热或反应热等热效应，因此，一般情况下液相的温度会升高。如果液相温度有明显升高，称为非等温吸收；如果热效应比较小，或者吸收剂用量比较大，放热过程不至于导致液相温度明显升高，液相温度基本保持不变，则称为等温吸收。如用水吸收三氧化硫制硫酸或用水吸收氯化氢制盐酸等吸收过程均属于非等温吸收。

5.1.3　吸收剂的选用

吸收操作是气液两相之间的接触传质过程，吸收操作的成功与否在很大程度上取决于吸收剂的性质，特别是吸收剂与气体混合物之间的相平衡关系。根据物理化学中有关相平衡的知识可知，评价吸收剂优劣的主要依据应包括以下几点：

① 吸收剂应对混合气中被分离组分有较大的溶解度，或者说在一定的温度和浓度下，溶质的平衡分压要低。这样，从平衡角度来说，处理一定量混合气体所需的溶剂量较少，气体中溶质的极限残余浓度亦可降低；就过程速率而言，溶质平衡分压低，过程推动力大，传质速率快，所需设备的尺寸小。

② 吸收剂对混合气体中其他组分的溶解度要小，即溶剂应具有较高的选择性。如果溶剂的选择性不高，它将同时吸收气体混合物中的其他组分，这样的吸收操作只能实现组分间某种程度的增浓而不能实现较为完全的分离。

③ 吸收剂的蒸气压要低，以减少吸收和再生过程中溶剂的挥发损失。

④ 溶质在吸收剂中的溶解度应对温度的变化比较敏感，即不仅在低温下溶解度要大，平衡分压要小，而且随温度升高，溶解度应迅速下降，平衡分压应迅速上升。这样，被吸收的气体容易解吸，吸收剂再生方便。

⑤ 吸收剂应有较好的化学稳定性，以免使用过程中发生变质。

⑥ 吸收剂应有较低的黏度，且在吸收过程中不易产生泡沫，以实现吸收塔内良好的气液接触和塔顶的气、液分离。在必要时，可在溶剂中加入少量消泡剂。

⑦ 吸收剂应尽可能满足价廉、易得、无毒、不易燃烧等经济和安全条件。常用吸收剂见表 5.1。

表 5.1　常用吸收剂

污染物	适宜的吸收剂	污染物	适宜的吸收剂
氯化氢	水、氢氧化钙	氯气	氢氧化钠、亚硫酸钠
氟化氢	水、碳酸钠	氨	水、硫酸、硝酸
二氧化硫	氢氧化钠、亚硫酸铵、氢氧化钙	苯酚	氢氧化钠
氢氧化物	氢氧化钠、硝酸＋亚硫酸钠	有机酸	氢氧化钠
硫化氢	二乙醇胺、氨水、碳酸钠	硫醇	次氯酸钠

5.1.4　吸收设备的主要类型

吸收操作是一种气、液接触传质的过程,实现这种过程最常用的设备是吸收塔。其主要作用是为气、液两相提供充分的接触面积,使两相间的传质与传热过程能够充分有效地进行,并能使接触之后的气液两相及时分开,互不夹带。所以,吸收设备性能的好坏直接影响到产品质量、生产能力、吸收率及消耗定额等。

目前,工业生产中使用的吸收设备种类很多。吸收塔主要有两种:气、液两相在塔内逐级接触的板式塔和气、液两相在塔内连续接触的填料塔。在这两种吸收塔内,气、液两相的流动方式可以是逆流,也可以是并流,通常采用逆流方式:吸收剂从塔顶加入,自上而下流动,与从下向上流动的混合气体接触,吸收溶质,吸收液从塔底排出;混合气体从塔底送入,自下而上流动,溶质被吸收后,尾气从塔顶排出。逆流操作的优点在于,当两相进出口浓度相同时,逆流时的平均传质推动力大于并流,而且利用气、液两相的密度差,有利于两相的分离。但是逆流时,上升的气体对下降的液体将产生较大的曳力,限制了塔内允许的气、液相流量。

板式塔是以两块塔板之间的气、液相为对象,进行进出塔板的气、液相物料衡算,并且认为两块塔板空间内的气、液相传质推动力和传质系数是相同的,因此传质速率也是相同的。

填料塔的传质推动力和传质吸收沿塔高是变化的,每个截面上的传质速率都是不同的,只能在一个微元填料层高度内认为传质速率相同,进行气、液相物料衡算。因此,对两块塔板之间和微元填料层,均可以根据物料衡算、传质速率和相平衡关系,按照相同的方式计算所能达到的分离效果,然后根据总的分离任务计算所需的塔板数或者填料层高度。

除上述两种吸收塔之外,还有湍球塔、喷洒吸收塔、喷射式吸收器和文丘里吸收器等。而每种类型的吸收设备都有着各自的长处及不足之处,一个高效的吸收设备应该具备以下要求:

① 能提供足够大的气、液两相接触面积和一定的接触时间。

② 气、液间的扰动强烈,吸收阻力小,吸收效率高。

③ 气流压力损失小。

④ 结构简单,操作维修方便,造价低廉,具有一定的抗腐蚀和防堵塞能力。

常见吸收设备的结构及其特点见表5.2。

表5.2　常见吸收设备的结构及其特点

类型	设备结构	特点
喷射式吸收器	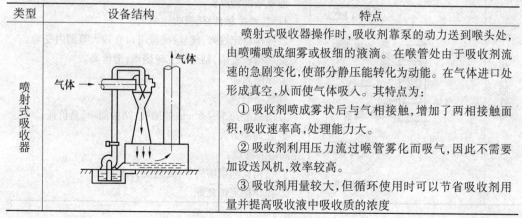	喷射式吸收器操作时,吸收剂靠泵的动力送到喉头处,由喷嘴喷成细雾或极细的液滴。在喉管处由于吸收剂流速的急剧变化,使部分静压能转化为动能。在气体进口处形成真空,从而使气体吸入。其特点为: ① 吸收剂喷成雾状后与气相接触,增加了两相接触面积,吸收速率高,处理能力大。 ② 吸收剂利用压力流过喉管雾化而吸气,因此不需要加设送风机,效率较高。 ③ 吸收剂用量较大,但循环使用时可以节省吸收剂用量并提高吸收液中吸收质的浓度

续表 5.2

类型	设备结构	特点
文丘里吸收器	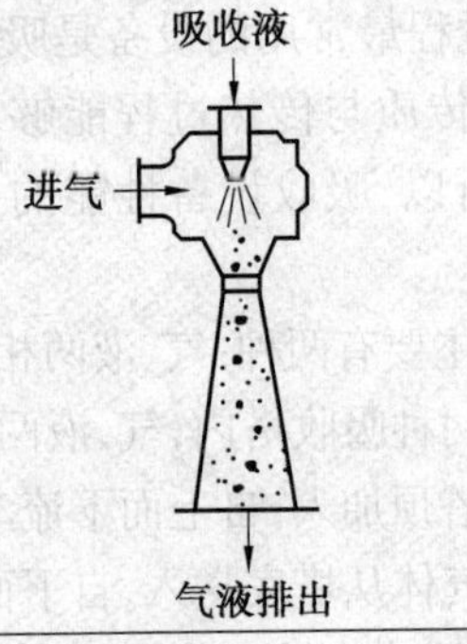	文丘里吸收器有多种形式。左图为液体喷射式文丘里吸收器,其特点如下: ①液体吸收剂借高压由喷嘴喷出,分散成液滴与抽吸过来的气体接触,气、液接触效果良好。 ②可省去气体送风机,但液体吸收剂用量大,耗能大,仅适用于气量较小的情况,气量大时,需几个文丘里管并联使用
湍球吸收塔	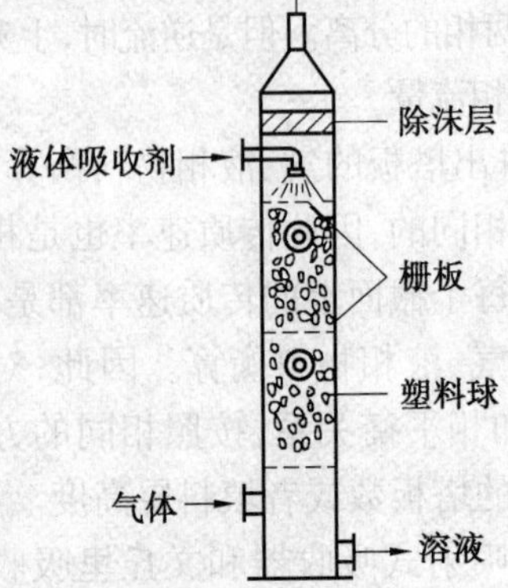	湍球吸收塔是填料吸收塔的一种特殊情况,它是以一定数量的轻质小球作为气、液两相接触的媒体,气、液、固三相接触,增大了吸收推动力,提高了吸收效率。其特点为: ①在栅板上放置空心塑料球,塑料球在气流吹动下湍动。 ②由于球的湍动,使球表面上的液面不断更新,其气、液接触良好,吸收效率高,塔型小而生产能力大,空塔气体流速达 2.5 ~ 5 m/s。 ③不易堵塞,可用于处理含尘的气体及生成沉淀的气体吸收过程,也可用于气体的湿法除尘
喷洒吸收塔	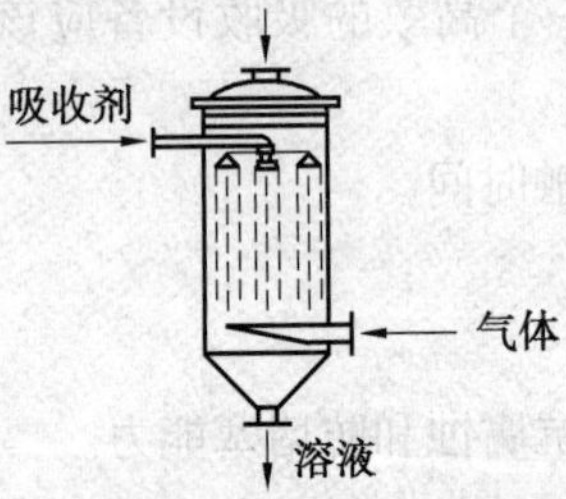	喷洒吸收塔有空心式和机械式喷洒两种,左图为空心式喷洒吸收塔。当塔体较高时,常将喷嘴或喷洒器分层布置,也可采用旋风式喷洒塔,其特点为: ①结构简单、造价低、气体压降小,净化效率不高。 ②可兼作气体冷却,除尘设备。 ③喷嘴易堵塞,不适于用污浊液体做吸收剂。 ④气、液接触面积与喷淋密度成正比,喷淋液可循环使用
板式吸收塔	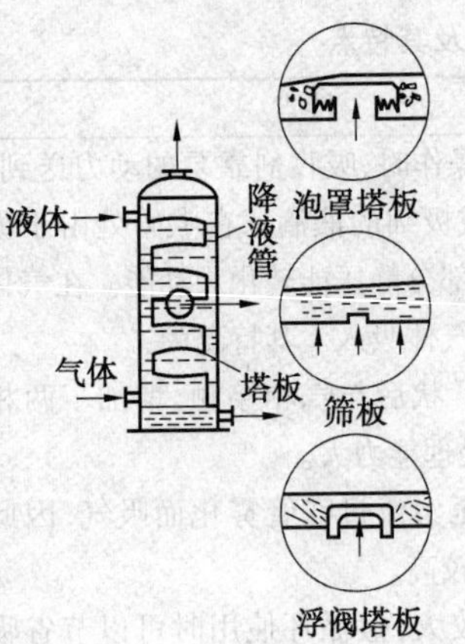	常见的板式吸收塔有泡罩塔、筛板塔和浮阀塔。 泡罩塔的特点: ①气、液接触良好,吸收速率大。 ②操作稳定性好,气、液流量可以在较大范围内变动。 ③结构较复杂,制造加工较困难,造价高。 ④压降大。 筛板塔的特点: ①塔板上开 3 ~ 6 mm 的筛孔,结构简单,造价低。 ②处理能力大。 浮阀塔的特点: ①结构比泡罩塔简单,处理能力大。 ②操作稳定性良好

5.2　吸收传质机理

将有色晶体物质(如蓝色的硫酸铜晶体)置于充满水的静置玻璃瓶底部,开始仅在瓶底呈现出蓝色,随后在瓶内缓慢扩展,一天后向上延伸几厘米。长时间放置,瓶内溶液颜色会趋于均匀。这一有色物质的运动过程是分子随机运动的结果。

这种由分子的微观运动引起的物质扩散称为分子扩散。物质在静止流体及固体中的传递依靠分子扩散。分子扩散的速率很慢,对于气体约为 10 cm/min,对于液体约为 0.05 cm/min,固体中仅为 10^{-5} cm/min。

分子扩散的规律可用菲克定律描述,详细见 4.6。

5.2.1　气、液相平衡与亨利定律

5.2.1.1　亨利定律

在特定的条件下,溶质在气、液两相中的相平衡关系函数可以表示成比较简单的形式。例如,在稀溶液条件下,温度一定,总压不大($< 5 \times 10^5$ Pa),气体溶质的平衡分压与溶解度成正比,其相平衡曲线是一条通过原点的直线,比例系数为亨利系数,这一关系称为亨利(Henry)定律,即

$$p_A^* = E x_A$$

式中　p_A^*—— 溶质 A 在气相中的平衡分压,Pa;

　　　x_A—— 溶质 A 在液相中的摩尔分数;

　　　E—— 亨利系数,kPa。

当气体混合物和溶剂一定时,亨利系数仅随温度而改变,对于大多数物系,温度上升,E 值增大,气体溶解度减少。在同一种溶剂中,难溶气体的 E 值很大,溶解度很小;易溶气体的 E 值则很小,溶解度很大。E 的数值一般由试验测定若干气体水溶液得到。

由于溶质在气、液两相中的组成可以表示成不同的形式,亨利定律也可以写成不同的形式。如果溶质的溶解度用物质的量浓度表示,则亨利定律可写为

$$p_A^* = \frac{c_A}{H}$$

式中　p_A^*—— 溶质 A 在气相中的平衡分压,Pa;

　　　c_A—— 溶质 A 在液相中的物质的量浓度,kmol/m^3;

　　　H—— 溶解度系数,kmol/(m$^3 \cdot$ kPa)。

溶解度系数 H 也是温度、溶质和溶剂的函数,但 H 随温度的升高而降低,易溶气体的 H 值较大,难溶气体的 H 值较小。

如果溶质在气、液两相中的组成均以摩尔分数表示,则亨利定律可写为

$$y_A^* = m x_A$$

式中　y_A^*—— 与溶液平衡的气相中的溶质的摩尔分数,无量纲;

　　　x_A—— 溶质在液相中的摩尔分数;

m—— 相平衡常数,无量纲。

相平衡常数 m 随温度、压力及物系而变化,m 值通过试验测定,m 值越小,表明该气体的溶解度越大,越有利于吸收操作。对一定的物系,m 值是温度和压力的函数。

亨利定律虽然有不同的表达形式,但是其实质都是反映了溶质在气、液两相间的平衡关系。三个常数之间的关系为

$$E = mp$$

$$E = \frac{c_0}{H}$$

式中 p—— 气相总压力,Pa;

c_0—— 液相总物质的量浓度,$kmol/m^3$。

溶解度系数 H 与亨利系数 E 的关系为

$$\frac{1}{H} \approx \frac{EM_s}{\rho_s}$$

式中 M_s—— 吸收剂的摩尔质量,kg/kmol;

ρ_s—— 吸收剂的密度,kg/m^3。

在单组分物理吸收过程中,气体溶质在气、液两相之间传递,而惰性气体和溶剂物质的量是保持不变的,因此以它们为基准,用摩尔比表示平衡关系会比较方便。即

$$气相摩尔比 \ Y_A = \frac{气相中溶质的物质的量}{气相中惰性气体的物质的量}$$

$$液相摩尔比 \ X_A = \frac{液相中溶质的物质的量}{液相中溶剂的物质的量}$$

所以,溶质在混合气体和溶液中的摩尔分数又可以分别表示为

$$y_A = \frac{Y_A}{1 + Y_A}$$

$$x_A = \frac{X_A}{1 + X_A}$$

将上面两式带入亨利定律,得

$$Y_A^* = \frac{mX_A}{1 + (1 - m)X_A}$$

当溶液浓度很低时,X_A 很小,上式可近似写为

$$Y_A^* = mX_A$$

可见,在稀溶液条件下,气、液两相物质的摩尔比也可以近似用线性关系表示。

5.2.1.2 气 – 液平衡

在一定的条件(温度、压力等)下,气相溶质与液相吸收剂接触,溶质不断地溶解在吸收剂中,同时溶解在吸收剂中的溶质也在向气相挥发。随着气相中溶质分压的不断减小,吸收剂中溶质浓度的不断增加,气相溶质向吸收剂的溶解速率与溶质从吸收剂向气相的挥发速率趋于相等,即气相中溶质的分压和液相中溶质的浓度都不再变化,保持恒定。此时的状态为气、液两相达到动态平衡状态。溶质组分在气相中的分压称为平衡分压,溶质组分在液相

中的饱和浓度称为平衡浓度。在平衡条件下,溶质在气、液两相中的组成存在某种特定的对应关系,称为相平衡关系。溶质在液相中的溶解度就是指溶质在液相中的饱和浓度。在温度和总压一定的条件下,溶质在液相中的溶解度只取决于溶质在气相中的组成。

吸收平衡线表示吸收过程中气、液相平衡关系的图线,在吸收过程中通常用 $X-Y$ 图表示,如图 5.1 所示。

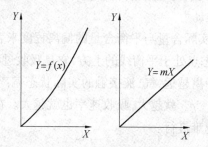

图 5.1 吸收平衡线

由于溶质在气、液两相中的组成有多种表示形式,可以用质量浓度、质量分数、质量比或者物质的量浓度、摩尔分数、摩尔比等表示,在气相中的组成还可以用分压值表示,因此溶质气、液两相组成的平衡关系函数可以有不同的表达形式,但其实质都是一样的。

相平衡关系在吸收过程中的应用有以下几种:

(1)判别过程进行的方向和限度。

气体吸收是物质自气相到液相的转移过程,属于传质过程。混合气体中某一组分能否进入溶剂里,由气体中该组分的分压 p_A 和与液相平衡的该组分的平衡分压 p_A^* 来决定,如图 5.2 所示。

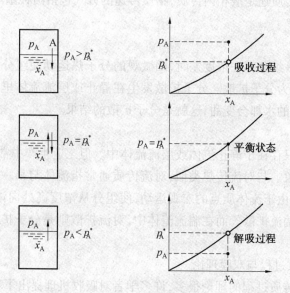

图 5.2 传质过程的方向和限度

如果 $p_A > p_A^*$,这个组分便可自气相转移到液相,此过程称为吸收过程。转移的结果是溶液里溶质的浓度增高,其平衡分压 p_A^* 也随着增高。

当 $p_A = p_A^*$,宏观传质过程就停止,这时气、液两相达到相平衡。

若 $p_A^* > p_A$ 时,则溶质便要从溶液中释放出来,即从液相转移到气相,这种过程称为解吸。

因此,根据两相的平衡关系就可判断传质过程的方向与极限。

(2) 确定吸收过程的推动力。

在吸收过程中,通常以实际含量与平衡含量的偏离程度来表示吸收的推动力。显然,当 $p_A > p_A^*$ 或 $Y_A > Y_A^*$ 时,状态点处于平衡线的上方,它是吸收过程进行的必要条件,如图5.4所示。状态点距平衡线的距离越远,气、液接触的实际状态偏离平衡状态的程度越大,其吸收过程中的推动力 $\Delta p = p_A - p_A^*$ 就越大,吸收速率也就越大。在其他条件相同的情况下,吸收越容易进行;反之,吸收越难进行。

5.2.2 吸收传质机理

5.2.2.1 传质的基本方式

吸收过程即传质过程,包括三个步骤:溶质由气相主体传递到两相界面,即气相内的物质传递;溶质在相界面上的溶解,由气相转入液相,即界面上发生的溶解过程;溶质自界面被传递至液相主体,即液相内的物质传递。

通常,第二步(即界面上发生的溶解过程)很容易进行,其阻力很小,故认为相界面上的溶解推动力亦很小,小至可认为其推动力为零,则相界面上气、液组成满足相平衡关系,这样总过程的速率将由两个单相即第一步气相传质和第三步液相内的传质速率所决定。

无论是气相内传质还是液相内传质,物质传递的方式包括两种基本方式:分子扩散和对流扩散。

(1) 分子扩散。

当流体内部某一组分存在浓度差时,因微观的分子热运动使组分从浓度高处传递到浓度低处,这种现象称为分子扩散。分子扩散发生在静止或层流流体里。将一勺砂糖投于一杯水中,片刻后整杯的水都会变甜,这就是分子扩散的结果。

(2) 对流扩散。

分子扩散现象只存在于静止流体或层流流体中。但工业生产中常见的是物质在湍流流体中的对流传质现象。与对流传热类似,对流传质通常指流体与某一界面之间的传质。当流体流动或搅拌时,由于流体质点的宏观运动,使组分从浓度高处向浓度低处移动,这种现象称为涡流扩散或湍流扩散。而在湍流流体中,对流扩散则是分子扩散和涡流扩散共同作用的结果。

5.2.2.2 吸收过程与双膜理论

描述两相之间传质过程的理论很多,许多学者对吸收机理提出了不同的简化模型,诸如双膜理论、溶质渗透理论、表面更新理论等,其中双膜理论一直占有很重要的地位。它不仅适用于物理吸收,也适用于伴有化学反应的化学吸收过程。

双膜理论示意图如图5.3所示。

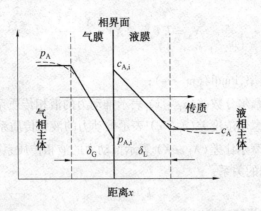

图 5.3　双膜理论示意图

双膜理论的基本论点如下。

① 相互接触的气、液两流体间存在着稳定的相界面,在界面上,气、液两相浓度互呈平衡态,即液相的界面浓度和界面处的气相组成呈平衡的饱和状态,相界面上无扩散阻力,相界面上两相处于平衡状态,即 p_{Ai} 与 c_{Ai} 符合平衡关系。

② 在相界面附近两侧分别存在一层稳定的滞留膜层,称为气膜和液膜。气膜和液膜集中了吸收的全部阻力。

③ 在两相主体中吸收质的浓度均匀一致,因而不存在传质阻力,仅在薄膜中发生浓度变化;存在分子扩散阻力,两相薄膜中的浓度差等于膜外的气、液两相的平均浓度差。

吸收质通过气相主体以分压差 $(p_A - p_{Ai})$ 为推动力克服气膜的阻力,从气相主体以分子扩散的方式通过气膜相界面,相界面上吸收质在液相中的浓度 c_{Ai} 与 p_{Ai} 平衡,吸收质又以浓度差 $(c_{Ai} - c_A)$ 为推动力克服液膜的阻力,以分子扩散的方式通过液膜,从相界面扩散到液相主体中,完成整个吸收过程。

通过上述分析可以看出,传质的推动力来自吸收质组分的分压差和在溶液中该组分的浓度差,而传质阻力主要来自气膜和液膜内。

5.2.4　吸收传质速率方程

吸收速率指单位时间内单位界际传质面积上吸收的溶质的量。表明吸收速率与吸收推动力之间关系的数学表达式称为吸收传质速率方程。吸收速率用 N_A 表示,单位是 $kmol/(m^2 \cdot s)$。

由于吸收系数及其相应的推动力的表达方式多种多样,因此出现了多种形式的吸收速率方程式。

5.2.4.1　相内吸收速率方程

(1) 液相膜内传质速率方程。

$$N_A = k_x(x_i - x) = \frac{x_i - x}{\dfrac{1}{k_x}}$$

$$N_A = k_L(c_i - c) = \frac{c_i - c}{\dfrac{1}{k_L}}$$

$$N_A = k_x(X_i - X) = \frac{X_i - X}{\dfrac{1}{k_X}}$$

式中　　N_A—— 吸收速率,kmol/(m^2·s);

　　　　k_x—— 以液相摩尔分数差$(x_i - x)$表示推动力的液相传质系数,kmol/(m^2·s);

　　　　k_L—— 以液相摩尔浓度差$(c_i - c)$表示推动力的液相传质系数,m/s;

　　　　k_X—— 以液相摩尔比差$(X_i - X)$表示推动力的液相传质系数,kmol/(m^2·s)。

液相传质系数之间的关系:

$$k_x = ck_L$$

当吸收后所得溶液为稀溶液时:

$$k_X = ck_L$$

（2）气膜内吸收速率方程。

$$N_A = k_y(y - y_i) = \frac{y - y_i}{\dfrac{1}{k_y}}$$

$$N_A = k_G(p - p_i) = \frac{p - p_i}{\dfrac{1}{k_G}}$$

$$N_A = k_Y(Y - Y_i) = \frac{Y - Y_i}{\dfrac{1}{k_Y}}$$

式中　　k_y—— 以摩尔分数差$(y - y_i)$表示推动力的液相传质系数,kmol/(m^2·s);

　　　　k_G—— 以分压差$(p - p_i)$表示推动力的气相传质系,kmol/(m^2·s·kPa);

　　　　k_Y—— 以摩尔比之差$(Y - Y_i)$表示推动力的气相传质系数,kmol/(m^2·s)。

气相传质系数之间的关系:

$$k_y = pk_G$$

同理得出低浓度气体吸收时:

$$k_Y = pk_G$$

5.2.4.2　相际传质速率方程

（1）以气相组成表示的总传质速率方程。

此时总传质速率方程称为气相总传质速率方程,具体如下:

$$N_A = K_y(y - y^*)$$

$$N_A = K_G(p - p^*)$$

$$N_A = K_Y(Y - Y^*)$$

式中　　K_y—— 以气相摩尔分数差$(y - y*)$表示推动力的气相总传质系数,kmol/(m^2·s);

　　　　K_G—— 以气相分压差$(p - p*)$表示推动力的气相总传质系数,kmol/(m^2·s·kPa);

　　　　K_Y—— 以气相摩尔比之差$(Y - Y^*)$表示推动力的气相总传质系数,

$kmol/(m^2 \cdot s)$。

（2）以液相组成表示的总传质速率方程。

此时总传质速率方程称为液相总传质速率方程，具体如下：

$$N_A = K_x(x^* - x)$$
$$N_A = K_L(c^* - c)$$
$$N_A = K_Y(X^* - X)$$

式中　K_x——以液相摩尔分数差$(x^* - x)$表示推动力的液相传质系数，$kmol/(m^2 \cdot s)$；

K_L——以液相摩尔浓度差$(c^* - c)$表示推动力的液相传质系数，m/s；

K_Y——以液相摩尔比差$(X^* - X)$表示推动力的液相传质系数，$kmol/(m^2 \cdot s)$。

由于传质速率方程式形式多种多样，使用时应该注意以下几点。

① 传质系数与传质推动力表示方式必须对应。如总传质系数与总传质推动力形式对应，膜内传质系数要与膜内传质推动力的表达形式相对应。

② 掌握各传质系数的单位与所对应的传质推动力的表达形式。能够根据已知条件的单位判断出推动力的表达形式类型。

③ 同传质系数之间的换算关系。K_Y与K_x尽管其数值大小接近，但并不相等，因为它们所对应的传质推动力不相同。

5.3　吸收在环境工程中的应用

5.3.1　吸收在化工领域中的应用

（1）净化原料气及精制气体产品：例如用水（或碳酸钾水溶液）脱除合成氨原料气中的CO_2等。

（2）制取液体产品或半成品。例如水吸收NO_2制取硝酸；水吸收HCl制取盐酸等。

（3）分离获得混合气体中的有用组分。例如用洗油从焦炉煤气中回收粗苯等。

5.3.2　吸收在环境领域中的应用

（1）净化有害气体。

（2）湿式烟气脱硫。如用水或碱液吸收烟气中SO_2，石灰／石灰石洗涤烟气脱硫。

（3）干法脱硫。喷雾干燥烟气脱硫：SO_2被雾化的$Ca(OH)_2$浆液或Na_2CO_3溶液吸收。水、酸吸收净化含NO_x废气。

（4）回收有用物质。如用吸收法净化石油炼制尾气中的硫化氢的同时，还可以回收有用的元素硫。能够用吸收法净化的气态污染物主要有SO_2、H_2S、HF和NO_x等。

⑤ 其他应用。曝气充氧。

思考题

1. 吸收法分离气体混合物的依据是什么？选择吸收剂的原则是什么？
2. 何谓平衡分压和溶解度？对于一定的物系，气体溶解度与哪些因素有关？
3. 吸收剂进入吸收塔前经换热器冷却与直接进入吸收塔两种情况，吸收效果有什么区别？
4. 化学吸收与物理吸收的本质区别是什么？化学吸收有何特点？
5. 双膜理论的要点是什么？何谓气膜控制和液膜控制？
6. 用水吸收混合气体中的 CO_2 是属于什么控制过程？提高其吸收速率的有效措施有哪些？
7. 比较温度、压力对亨利系数、溶解度常数及相平衡常数的影响。
8. 什么是最小液气比？简述液气比的大小对吸收操作的影响。
9. 填料的作用是什么？对填料有哪些基本要求？
10. 吸收塔内为什么有时要装有液体再分布器？

第6章 吸附机理

6.1 吸附基本理论

6.1.1 吸附基本概念

吸附(adsorption)是指在固相－气相、固相－液相、固相－固相、液相－气相、液相－液相等体系中,某个相的物质密度或溶于该相中的溶质浓度在界面上发生改变(与本体相不同)的现象。

吸附剂(adsorbent)是指具有吸附作用的物质。

吸附质(adsorbate)是指被吸附的物质。

吸附等温线(adsorption isotherm)是指温度一定时,吸附量与压力(气相)或浓度(液相)的关系。

吸附等压线(adsorption isobar)是指压力一定时,吸附量与温度的关系。

吸附定量线(adsorption isostere)是指吸附量一定时,压力与温度的关系。

6.1.2 吸附机理及其分类

6.1.2.1 按作用力性质分类

根据吸附质和吸附剂之间吸附力的不同,可将吸附操作分为物理吸附与化学吸附两大类。物理吸附是吸附剂分子与吸附质分子间吸引力作用的结果,这种吸引力称为范德瓦耳斯力,所以物理吸附也称为范德瓦耳斯吸附。因物理吸附中分子间结合力较弱,只要外界施加部分能量,吸附质很容易脱离吸附剂,这种现象称为脱附(或脱吸)。例如,固体和气体接触时,若固体表面分子与气体分子间引力大于气体内部分子间的引力,气体就会凝结在固体表面,当吸附过程达到平衡时,吸附在吸附剂上的吸附质的蒸气压应等于其在气相中的分压,这时若提高温度或降低吸附质在气相中的分压,部分气体分子将脱离固体表面回到气相中,即"脱吸"。因此应用物理吸附容易实现气体或液体混合物的分离。

化学吸附又称为活性吸附,它是由于吸附剂和吸附质之间发生化学反应而引起的,化学吸附的强弱取决于两种分子之间化学键力的大小。吸附过程是放热过程,由于通常化学键力大大超过范德瓦耳斯力,所以化学吸附的吸附热比物理吸附的吸附热大得多,这一过程往往是不可逆的。物理吸附的吸附热在数值上与吸附质的冷凝热相当,而化学吸附的吸附热在数值上相当于化学反应热。化学吸附在化学催化反应中起重要作用,但在分离过程中应用较少,本章主要介绍物理吸附。要判断一个吸附过程是物理吸附还是化学吸附,可通过下列一些现象进行判断。

①化学吸附热与化学反应热相近,比物理吸附热大得多。如 CO_2 和 H_2 在进行化学吸附

时放出的热量约为 83.74 kJ/mol 和 62.8 kJ/mol，而这两种气体的物理吸附热约为 25.12 kJ/mol 和 83.74 kJ/mol。

② 化学吸附与化学反应一样，有较高的选择性，物理吸附则没有很高的选择性，它主要取决于气体或液体的物理性质及吸附剂的特性。

③ 温度升高，化学吸附速率加快，而物理吸附速率可能降低。在低温下，有些物理吸附速率也较大。

④ 化学吸附力是化学键结合力，这种吸附总是单分子层或单原子层吸附，而物理吸附则不同，吸附质压力低时，一般是单分子层吸附，但随着吸附质压力的提高，可能转变为多分子层吸附。

6.1.2.2　按吸附剂再生方法分类

吸附过程还可以根据吸附剂的再生方法分为变温吸附（temperalure swing adsorption，TSA）和变压吸附（pressure swing adsorption，PSA）。在 TSA 循环中，吸附剂主要靠加热法得到再生。一般加热是借助预热清洗气体来实现，每个加热 – 冷却循环通常需要数小时乃至数十小时。因此，TSA 几乎专门用于处理量较小的物料的分离。

PSA 循环过程是通过改变系统的压力来实现的。系统加压时，吸附质被吸附剂吸附，系统降低压力，则吸附剂发生解吸，再通过惰性气体的清洗，吸附剂得到再生。由于压力的改变可以在极短时间内完成，所以 PSA 循环过程通常只需要数分钟乃至数秒钟。PSA 循环过程被广泛用于大通量气体混合物的分离。

6.1.2.3　按原料的组成分类

分离过程也可以根据吸附质组分的浓度分为大吸附量分离和杂质去除。两者之间并没有明确的分界线，通常当被吸附组分的质量分数超过 10% 时，称为大吸附量分离；当被吸附组分的质量分数低于 10% 时，称为杂质去除。

6.1.2.4　按分离机理分类

吸附分离是借助三种机理之一来实现的，即位阻效应、动力学效应和平衡效应。位阻效应是由沸石的分子筛分性质产生的。当流体通过吸附剂时，只有足够小且形状适当的分子才能扩散进入吸附剂微孔，而其他分子则被阻挡在外。动力学分离是借助不同分子的扩散速率之差来实现的。大部分吸附过程都是通过流体的平衡吸附来完成的，故称为平衡分离过程。

6.1.3　吸附平衡与吸附模型

吸附是与吸附剂和吸附质的性质、吸附剂的表面特性及其他多种条件相关的复杂现象。目前，对单组分气体的吸附研究比较透彻，其他如混合气体的同时吸附、液相吸附等的机理尚未充分了解，一些相关的理论在应用上都有一定的局限性。

6.1.3.1　吸附平衡

在一定温度和压力下，当气体或液体与固体吸附剂有足够接触时间，吸附剂吸附气体或液体分子的量与从吸附剂中解吸的量相等时，气相或液相中吸附质的浓度不再发生变化，这时吸附达到平衡状态，称为吸附平衡。

吸附平衡量是吸附过程的极限量，单位质量吸附剂的平衡吸附量受到许多因素的影响，如吸附剂的化学组成和表面结构，吸附质在流体中的浓度、操作温度、压力等。

6.1.3.2　单组分气体吸附

首先考虑单一组分气体的吸附或混合气体中只有一个组分发生吸附而其他组分几乎不被吸附的情况。一般来说,吸附剂对于相对分子质量大、临界温度高、挥发度低的气体组分的吸附要比对相对分子质量小、临界温度低、挥发度高的气体组分的吸附更加容易。优先被吸附组分可以置换已经被吸附的其他组分。在溶剂回收、气体精制过程中,经常遇到的情况是用吸附剂处理混有苯、丙酮、水蒸气等组分的空气。这时,挥发度较高的空气的存在可以认为不对吸附剂与这些低挥发度气体组分之间的平衡关系产生任何影响。而只有进行挥发度相近组分的混合气体的吸附分离时,各组分的吸附量存在平衡关系。

在一定条件下吸附剂与吸附质接触时,吸附质会在吸附剂上发生凝聚,与此同时,凝聚在吸附剂表面的吸附质也会向气相中逸出。当两者的变化速率相等,吸附质在气、固两相中的浓度不再随时间发生变化时,称这种状态为吸附平衡状态。当气体和固体的性质一定时,平衡吸附量是气体压力及温度的函数。

（1）Freundlich 方程。

吸附平衡关系可以用不同的方法表示,通常用等温下单位质量吸附剂的吸附容量 q 与气相中吸附质的分压间的关系来表示,即 $q = f(p)$,表示 p 与 q 之间的关系曲线称为吸附等温线。由于吸附剂和吸附质分子间作用力的不同,形成了不同形状的吸附等温线。图 6.1 所示是 5 种类型的吸附等温线,图中横坐标是相对压力 p/p^* ,其中 p 是吸附平衡时吸附质分压,p^* 为该温度下吸附质的饱相蒸气压,纵坐标是吸附量 q 。

图 6.1 中 Ⅰ、Ⅱ、Ⅳ 型曲线开始一段对吸附量坐标方向凸出,称为优惠等温线,从图中可以看出,当吸附质的分压很低时,吸附剂的吸附量仍保持在较高水平,从而保证痕量吸附质的脱除;而 Ⅲ、Ⅴ 型曲线开始一段线对吸附量坐标方向下凹,属非优惠吸附等温线。

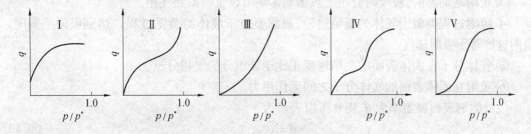

图 6.1　吸附等温线

吸附作用是固体表面力作用的结果,但这种表面力的性质至今未被充分了解。为了说明吸附作用,许多学者提出了多种假设或理论,但只能解释有限的吸附现象,可靠的吸附等温线只能依靠试验测定。

图 6.2 表示活性炭对三种物质在不同温度下的吸附等温线。由图 6.2 可知,对于同一种物质（如丙酮）,在同一平衡分压下,平衡吸附量随着温度升高而降低,所以工业生产中常用升温的方法使吸附剂脱附再生。同样,在一定温度下,随着气体压力的升高,平衡吸附量增加。这也是工业生产中用改变压力使吸附剂脱附再生的方法之一。

不同的气体（或蒸气）在相同条件下吸附程度差异较大,例如在 100 ℃ 和相同气体平衡分压下,苯的平衡吸附量比丙酮平衡吸附量大得多。一般,相对分子质量较大而露点温度较高的气体（或蒸气）吸附平衡量较大,其次,化学性质的差异也影响平衡吸附量。

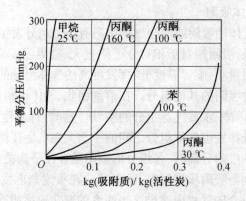

图 6.2 活性炭吸附平衡曲线

吸附剂在使用过程中经反复吸附－解吸,其微孔和表面结构会发生变化,随之其吸附性能也将发生变化,有时会出现吸附得到的吸附等温线与脱附得到的解吸等温线在一定区间内不能重合的现象,这一现象称为吸附的滞留现象。如果出现滞留现象,则在相同的平衡吸附量下,吸附平衡压力一定高于脱附的平衡压力。

(2) 朗格缪尔(Langmuir) 方程。

Langmuir 认为,固体表面的原子或分子存在向外的剩余价力,它可以捕捉气体分子。这种剩余价力的作用范围与分子直径相当,因此吸附剂表面只能发生单分子层吸附。该方程推导的基本假定为:

① 吸附剂表面性质均一,每个具有剩余价力的表面分子或原子吸附一个气体分子。

② 气体分子在固体表面为单层吸附。

③ 吸附是动态的,被吸附分子受热运动影响可以重新回到气相。

④ 吸附过程类似于气体的凝结过程,脱附类似于液体的蒸发过程。达到吸附平衡时,脱附速度等于吸附速度。

⑤ 气体分子在固体表面的凝结速度正比于该组分的气相分压。

⑥ 吸附在固体表面的气体分子之间无作用力。

设吸附剂表面覆盖率为 θ,则 θ 可以表示为

$$\theta = q/q_m \tag{6.1}$$

式中　q_m—— 吸附剂表面所有吸附点均被吸附质覆盖时的吸附量,即饱和吸附量。

气体的脱附速率与 θ 成正比,可以表示为 $k_d\theta$,气体的吸附速率与剩余吸附面积$(1-\theta)$和气体分压成正比,可以表示为 $k_a p(1-\theta)$。吸附达到平衡时,吸附速率与脱附速率相等,则

$$\theta/(1-\theta) = k_a p/k_d \tag{6.2}$$

式中　k_a—— 吸附速率常数;

　　　k_d—— 脱附速率常数。

式(6.2) 整理后可得单分子层吸附的 Langmuir 方程:

$$q = (k_1 q_m p)/(1 + k_1 p) \tag{6.3}$$

式中　q_m—— 吸附剂的饱和吸附量,即吸附剂的吸附位置被吸附质占满时的吸附量,kg(吸附质)/kg(吸附剂);

q——实际平衡吸附量，kg(吸附质)/kg(吸附剂)；

p——吸附质在气相混合物中的分压，Pa；

k_1——朗格缪尔常数，与吸附剂和吸附质的性质及温度有关，其值越大，表示吸附剂的吸附能力越强。

该方程能较好地描述低、中压力范围的吸附等温线。当气相中吸附质分压较高，接近饱和蒸气压时，该方程产生偏差。这是由于这时的吸附质可以在微细的毛细管中冷凝，单分子层吸附的假设不再成立的缘故。

式(6.3)还可写成

$$p/q = p/q_m + 1/k_1 q_m$$

如果以 p/q 为纵坐标，p 为横坐标作图，可得一直线，利用该直线的斜率 $1/q_m$ 可以求出形成单分子层的吸附量。朗格缪尔方程仅适用于 I 型等温线，如用活性炭吸附 N_2、Ar、CH_4 等气体。

(3)BET 方程。

BET 方程是 Brunauer、Emmett 和 Tdler 等人基于多分子层吸附模型推导出来的。BET 理论认为，吸附过程取决于范德瓦耳斯力。由于这种力的作用，可使吸附质在吸附剂表面吸附一层以后，再一层一层吸附下去，只不过逐渐减弱而已。

BET 吸附模型是在朗格缪尔等温吸附模型基础上建立起来的，BET 方程是等温多分子层的吸附模型，其假定条件为：

① 吸附剂表面为多分子层吸附。

② 被吸附组分之间没有相互作用力，吸附的分子可以累叠，而每层的吸附服从朗格缪尔吸附模型。

③ 第一层吸附释放的热量为物理吸附热，第二层以上吸附释放的热量为液化热。

④ 总吸附量为各层吸附量的总和。

在上述假设条件下，吸附量 q 与吸附平衡分压 p 的关系为

$$q = \frac{\dfrac{q_m k_b p}{p^*}}{\left(1 - \dfrac{p}{p^0}\right)\left[1 + (k_b - 1)\dfrac{p}{p^0}\right]} \tag{6.4}$$

式中　　q_m——第一层单分子层的饱和吸附量，kg(吸附质)/kg(吸附剂)；

p^*——吸附温度下，气体中吸附质的饱和蒸气压，Pa；

k_b——与吸附热有关的常数。

式(6.4)的适用范围为 $p/p^* = 0.05 \sim 0.35$，若吸附质的平衡分压远小于其饱和蒸气压，则式(6.4)即为朗格缪尔方程，BET 方程可认为是广泛的朗格缪尔方程。BTE 方程适用于 I、II、III 型等温线。BET 方程中有两个需要通过试验测定的参数(q_m 和 k_b)，该方程的适应性较广，可以描述多种类型的吸附等温线，但在吸附质分压很低或很高时会产生较大误差。

描述吸附平衡的吸附等温方程除朗格缪尔方程和 BET 方程外，还有基于不同假设条件下、不同吸附机理的等温吸附方程，如 Freundlich 方程、哈金斯－尤拉方程等。

当吸附剂对混合气体中的两个组分吸附性能相近时，为双组分吸附，此情况下，吸附剂对某一组分的吸附量不仅与温度和该组分的分压有关，还与该组分在双组分混合物中所占

的摩尔分数有关。至今还没有合适的数学模型对组分吸附平衡关系进描述。

6.1.3.3 双组分气体吸附

混合气体中有两种组分发生吸附时,每种组分吸附量均受另一种组分的影响。

(1) 吸附的相对挥发度 α。

设混合气体吸附平衡时 Λ、B 组分的吸附量分别为 q_A、q_B(kmol/kg(吸附剂)),气相中的分压分别为 p_A、p_B,A 组分在气相和吸附相中的摩尔分数分别为 x_A、x_B,则 A 组分相对于 B 组分的相对挥发度 α 可以表示为

$$
\begin{aligned}
\alpha &= \frac{p_B y_A}{p_A(1 - y_A)} \\
&= \frac{p_B q_A}{p_A q_B} \\
&= \frac{(1 - x_A) q_A}{x_A q_B} \\
&= \frac{y_A(1 - x_A)}{x_A(1 - y_A)}
\end{aligned}
$$

根据 Lewis 等人对碳氢化合物气体进行测定的结果,用气相摩尔分数为 0.5 时的 α 值,在各种摩尔分数条件下的计算结果与试验结果具有良好的一致性,α 可以是一定值,而且对于三组分体系也可以使用双组分体系的 α。

(2) 各组分的吸附量。

Lewis 等人提出,对于碳氢化合物体系,设 q_{A0}、q_{B0} 分别为各组分单独存在且压力等于双组分总压时的平衡吸附量(kmol/kg(吸附剂)),则下列关系成立:

$$
\frac{q_A}{q_{A0}} + \frac{q_B}{q_{B0}} = 1 \tag{6.5}
$$

这种关系也可以扩展到三组分体系。

6.1.3.4 液相吸附平衡

液相吸附的机理比气相吸附复杂得多,这是因为溶剂的种类影响吸附剂对溶质(吸附质)的吸附,因为溶质在不同的溶剂中,其分子大小不同,吸附剂对溶剂也有一定的吸附作用,不同的溶剂,吸附剂对溶剂的吸附量也是不同的,这种吸附必然影响吸附剂对溶质的吸附量。一般来说,吸附剂对溶质的吸附量随温度的升高而降低,溶质的浓度越大,其吸附量亦越大。

对于稀溶液,在较小温度范围内,吸附等温线可用 Freundlich 经验方程式表示:

$$
c^* = K[V(c_0 - c^*)]^{(1/n)} \tag{6.6}
$$

式中　　K, n——液相吸附平衡体系的特性常数,$n \geq 1$;

$\quad\quad V$——单位质量吸附剂处理的溶液体积,m^3(溶液)/kg(吸附剂);

$\quad\quad c_0$——溶质(吸附质)在液相中的初始浓度,kg(溶质)/m^3(溶液);

$\quad\quad c^*$——溶质(吸附质)在液相中的平衡浓度,kg(溶质)/m^3(溶液)。

以 c^* 为纵坐标,$V(c_0 - c^*)$ 为横坐标,在双对数坐标上作图,则式(6.6)在双对数坐标中是斜率为 $1/n$,截距为 K 的一条直线,如图 6.3 中 A、B 两条线所示。C 线则表示在高浓度范围时,直线有所偏差。由于吸附等温线的斜率随吸附质分压的增加有较大变化,该方程往

往不能描述整个分压范围的平衡关系,特别是在低压和高压区域内不能得到满意的试验拟合效果。可见应用 Freundlich 方程应在适宜的浓度范围内。

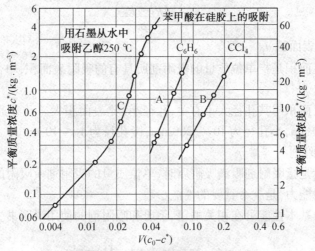

图 6.3　液相吸附等温线

在某些情况下,如在进行蔗糖、植物油、矿物油等的脱色处理时,尽管不知道吸附质的成分和性质,通过测定脱色前后的色度可以发现,脱色度和脱色后的平衡色度之间的关系符合 Freundlich 方程式。

6.1.4　影响吸附的因素

吸附剂的多孔结构和较大比表面积导致其有大的吸附量。因此吸附剂的基础性能与孔结构和比表面积有关。

6.1.4.1　密度

(1)填充密度 ρ_0。

填充密度又称堆积密度,指单位填充体积的吸附剂质量。这里的单位填充体积包含了吸附剂颗粒间的孔隙体积。

填充密度的测量方法通常是将烘干的吸附剂装入一定体积的容器中,摇实至体积不变,此时吸附剂的质量与其体积之比即为填充密度。

(2)表观密度 ρ_p。

表观密度是指单位体积的吸附剂质量。这里的单位体积未包含吸附剂颗粒间的孔隙体积。真空下苯置换法可测量表观密度。

(3)真实密度 ρ_t。

真实密度是指扣除吸附剂孔隙体积后的单位体积的吸附剂质量。常用氦、氖及有机溶剂置换法来测定真实密度。

6.1.4.2　孔隙率

吸附剂床层的孔隙率 ε_b 是指堆积的吸附剂颗粒间孔隙体积与堆积体积之比。可用常压下汞置换法测量。

吸附剂颗粒的孔隙率 ε_p 是指单个吸附剂颗粒内部的孔隙体积与颗粒体积之比。

吸附剂密度与孔隙率的关系为

$$\varepsilon_{\rm b} = 1 - \frac{\rho_{\rm b}}{\rho_{\rm p}} \tag{6.7}$$

$$\varepsilon_{\rm p} = \frac{(\rho_{\rm t} - \rho_{\rm p})}{\rho_{\rm t}} \tag{6.8}$$

6.1.4.3　比表面积 $a_{\rm p}$

吸附剂的比表面积是指单位质量的吸附剂所具有的吸附表面积,单位为 m^2/g。通常采用气相吸附法测定。

吸附剂的比表面积与其孔径大小有关,孔径小,比表面积大。孔径通常划分三类:大孔径为 200 ～ 10 000 nm,小孔径为 10 ～ 200 nm,微孔径为 1 ～ 10 nm。

6.1.4.4　吸附剂的容量 q

吸附剂的容量是指吸附剂吸满吸附质时,单位质量的吸附剂所吸附的吸附质质量,它反映了吸附剂的吸附能力,是一个重要的性能参数。

常见吸附剂的基本性能可在相关书籍、手册和吸附剂的使用说明书中查到。

6.2　吸附剂及其再生

6.2.1　吸附剂

工业上常采用天然矿物,如硅藻土、白土、天然沸石等作为吸附剂,虽然其吸附能力较弱,选择吸附分离能力较差,但价廉易得,主要用于产品的简易加工。硅藻土在 80 ～ 110 ℃ 的温度下,经硫酸处理活化后得到活性白土,在炼油工业上作为脱色、脱硫剂应用较多。此外,常用的吸附剂还有活性炭、硅胶、活性氧化铝、沸石分子筛、炭分子筛、活性炭纤维、金属吸附剂和各种专用吸附剂等。

6.2.1.1　吸附剂的基本要求

固体通常都具有一定的吸附能力,但只有具有很高选择性和很大吸附容量的固体才能作为工业吸附剂。优良的吸附剂应满足以下条件:

① 具有较大的平衡吸附量,一般比表面积大的吸附剂吸附能力强。

由于吸附过程发生在吸附剂表面,所以吸附容量取决于吸附剂表面积的大小。吸附表面积包括吸附剂颗粒的内表面积和外表面积,通常吸附剂的总表面积主要由颗粒空隙内表面积提供,外表面积只占总表面积的极小部分。吸附剂的总表面积与颗粒微孔的尺寸、数量以及排列有关,一般孔径为 20 ～ 100 nm,比表面积可达数百至数千平方米每克。

② 具有良好的吸附选择性。

为了实现对目的组分的分离,吸附剂对要分离的目的组分应有较大的选择性,吸附剂的选择性越高,一次吸附操作的分离就越完全。因此,对于不同的混合体系应选择适合的吸附剂。例如,活性炭对 SO_2 和 NH_3 的吸附能力远远大于空气,通常被用来分离空气中的 SO_2 和 NH_3,达到净化空气的目的。吸附剂对吸附质的吸附能力随吸附质沸点的升高而增大,当吸附剂与流体混合物接触时,首先吸附高沸点的组分。

③ 容易解吸,也就是说平衡吸附量与温度或压力有很大关系。

④ 具有一定的机械强度和耐磨性。

吸附剂应具有良好的流动性和适当的堆积密度,对流体的阻力较小。另外,还应具备一定的机械强度,以防在运输和操作过程中发生过多的破碎,造成设备堵塞或组分污染。吸附剂破碎还是造成吸附剂损失的直接原因。

⑤ 性能稳定。

吸附剂应具有较好的热稳定性,在较高温度下分解再生其结构不会发生太大的变化。同时,还应具有耐酸耐碱的良好化学稳定性。

⑥ 吸附剂床层压降较低,价格便宜。

6.2.1.2　常用的吸附剂

目前工业上常用的吸附剂主要有活性炭、活性氧化铝、硅胶、沸石分子筛、树脂等,其外观是各种形状的多孔颗粒。

工业上常用的吸附剂的种类、性质及用途见表6.1。

表6.1　工业上常用的吸附剂的种类、性质及用途

名称	粒度（目数）	颗粒密度/(kg·m^{-3})	颗粒孔隙率	填充密度/(kg·m^{-3})	比表面积/(m^2·g^{-3})	平均孔径/nm	用途
活性炭　成型　破碎　粉末	4～10　6～32　<100	700～900　700～900　500～700	0.5～0.65　0.5～0.65　0.6～0.8	350～550　350～550　—	900～1 300　900～1 500　700～1 300	2～4　2～4　2～6	溶剂回收、碳氢气体分离、气体精制、溶液脱色、水净化、气体除臭等
硅胶	4～10	1 300～1 100	0.4～0.45	700～800	300～700	2～5	气体干燥、溶剂脱水、碳氢化合物分离等
活性氧化铝	2～10	1 800～1 000	0.45～0.7	600～900	200～300	4～10	气体除湿、液体脱水等
活性白土	16～60	950～1 150	0.55～0.65	450～550	120	8～18	油品脱色、气体干燥等

（1）活性炭吸附剂。

活性炭是由煤或木质原料加工得到的产品,通常一切含碳的物料,如煤、重油、木材、秸秆等都可以加工成黑炭,经活化后制成活性炭。常用的活性炭活化方法有药剂活化法和水蒸气活化法两种。前者是将含碳原材料炭化后,用氯化锌、硫化钾和磷酸等药剂进一步活化。目前多采用将氯化锌直接与原材料混合,同时进行炭化和活化的方法,这种方法主要用于制粉炭。后者是将炭化和活化分别进行,即将干燥的物料经破碎、混合、成型后,送入炭化炉内,在200～600 ℃下炭化以去除大部分挥发性物质,炭化温度取决于原料的水分及挥发性物质含量。然后在800～1 000 ℃下部分汽化形成孔道结构高度发达的活性炭。汽化过程中使用的气体除了水蒸气外,还可以使用空气、烟道气或CO_2。

活性炭的微观结构特征是具有大比表面积的特征,其值可达数百甚至上千平方米每克,居各种吸附剂之首。非极性表面疏水亲有机物质,故又称为非极性吸附剂。活性炭的特点是吸附容量大,化学稳定性好,解吸容易,热稳定性高,在高温下解吸再生,其晶体结构不发

生变化,经多次吸附和解吸操作,仍能保持原有的吸附性能。活性炭吸附剂常用于溶剂回收、脱色、水体的除臭,水的净化,难降解有机废水的处理,有毒有机废气的处理等过程,是当前环境治理中最常用的吸附剂。

通常所有含碳的物料,如木材、褐煤等都可以加工成黑炭,经活化制成活性炭。活化方法主要有两种,即药品活化和气体活化。药品活化是在原料中加入 $ZnCl_2$、H_3PO_4 等药品,在非活性气体(如水蒸气、CO)中加热、干馏活化,活化通常在 700 ~ 1 100 ℃ 进行。一般活性炭的活化比表面积为 6 000 ~ 1 700 m^2/g,活性炭在水中的活性降低。

(2)硅胶。

硅胶吸附剂是一种坚硬、无定形的链状或网状结构硅酸聚合物颗粒,是亲水性吸附剂,即极性吸附剂。具有多孔结构,比表面积可达 350 m^2/g 左右,主要用于气体的干燥脱水、催化剂载体及烃类分离等过程。

(3)活性氧化铝。

活性氧化铝吸附剂是一种无定形的多孔结构颗粒,对水具有很强的吸附能力。活性氧化铝吸附剂一般由氧化铝的水合物(以三水合物为主)经加热、脱水后活化制得,其活化温度随氧化铝水合物种类不同而不同,一般为 250 ~ 500 ℃,其孔径为 2 ~ 5 nm,比表面积一般为 200 ~ 500 m^2/g。活性氧化铝吸附剂颗粒的机械强度高,主要用于液体和气体的干燥。

(4)沸石分子筛。

沸石分子筛是硅铝四面体形成的三维硅铝酸盐金属结构的晶体,是一种具有均一孔径的强极性吸附剂。每种沸石分子筛都具有相对均一的孔径,其大小随分子筛种类的不同而异,大致相当于分子的大小。因此具有筛分分子的作用,故又称为分子筛。

沸石有天然沸石和人工合成沸石,其化学通式为

$$Me_x/n[(AlO_2)_x(SiO_2)_y] \cdot mH_2O$$

式中　　Me——阳离子;

　　　　n——原子价数;

　　　　m——结晶水分子数;

　　　　x,y——化学式中的原子配半数。

沸石分子筛是含有金属钠、钾、钙的硅酸盐晶体。通常用硅酸钠(钾)、铝酸钠(钾)与氢氧化钠(钾)水溶液反应制得胶体,再经干燥得到沸石分子筛。

根据原料配比、组成和制造方法不同,可以制成不同孔径(一般为 0.3 ~ 0.8 nm)形状(圆形、椭圆形)的分子筛,其比表面积可达 750 m^2/g。分子筛是极性吸附剂,对极性分子,尤其对水具有很大的亲和力。其极性随硅与铝摩尔比的增加而下降。

沸石分子筛的吸附特性、孔径大小以及物化性质均随硅与铝摩尔比的变化而改变。按硅与铝摩尔比的大小,沸石分子筛可以分为低硅铝比沸石(硅与铝摩尔比为 1 ~ 1.5)、中硅铝比沸石(硅与铝摩尔比为 2 ~ 5)、高硅沸石(硅与铝摩尔比为 10 ~ 100)和硅分子筛。沸石分子筛的极性随着硅与铝摩尔比的增加而逐渐减弱。低硅铝比沸石能对气体或液体进行脱水和深度干燥,而且在较高的温度和相对湿度下仍具有较强的吸附能力。此外,随着硅与铝摩尔比的增加,沸石分子筛的"酸性"提高,阳离子含量减少,热稳定性从低于 700 ℃ 升高至约 1 300 ℃, 表面选择性从亲水变为憎水, 抗酸性能提高, 按照

A 型 < X 型 < Y 型 < L 型 < 毛沸石 < 丝光沸石的次序增强,在碱性介质中的稳定性则相应降低。

天然沸石的种类很多,但并非所有的天然沸石都具有工业价值。目前实用价值较大的天然沸石有斜发沸石、镁沸石、毛沸石、片沸石、钙十字沸石、丝光沸石等。天然沸石虽然具有种类多、分布广、储量大、价格低廉等优点,但由于天然沸石杂质多、纯度低,在许多性能上不如合成沸石,所以人工合成沸石在工业生产中占有相当重要的地位。

目前人工合成的沸石分子筛已有 100 多种,工业上最常用的合成分子筛有 A 型、X 型、Y 型、L 型、丝光沸石和 ZSM 系列沸石。在工业生产中,沸石分子筛主要用于各种气体和液体的干燥,芳烃或烷烃的分离以及用作催化剂及催化剂载体等。目前从事环境方面的研究者正在探索沸石分子筛在水处理方面的应用。

(5) 有机树脂吸附剂。

有机树脂吸附剂是由高分子物质(如纤维素、淀粉)经聚合、交联反应制得。不同类型的吸附剂因其孔径、结构、极性不同,吸附性能也大不相同。

有机树脂吸附剂品种很多,从极性上分,有强极性、弱极性、非极性、中性。在工业生产中,常用于水的深度净化处理、维生素的分离、过氧化氢的精制等方面。在环境治理中,树脂吸附剂常用于废水中重金属离子的去除与回收。

(6) 活性炭纤维。

活性炭纤维是将活性炭编织成各种织物的一种吸附剂形式。由于其对流体的阻力较小,因此其装置更加紧凑。活性炭纤维的吸附能力比一般活性炭要高 1 ~ 10 倍,对恶臭的脱除最为有效,特别是对丁硫醇的吸附量比颗粒活性炭高出 40 倍。在废水处理中,活性炭纤维也比颗粒活性炭去除污染物的能力强。

活性炭纤维分为两种,一种是将超细活性炭微粒加入增稠剂后与纤维混纺制成单丝,或用热熔法将活性炭黏附于有机纤维或玻璃纤维上,也可以与纸浆混粘制成活性炭纸。另一种是以人造丝或合成纤维为原料,与制备活性炭一样经过炭化和活化两个阶段,加工成具有一定比表面积和一定孔分布结构的活性炭纤维。

(7) 碳分子筛。

碳分子筛类似沸石分子筛,具有接近分子大小的超微孔,由于孔径分布均一,在吸附过程中起到分子筛的作用,故称为碳分子筛,但其孔隙形状与沸石分子筛完全不同。碳分子筛与活性炭同样由微晶碳构成,具有表面疏水的特性,耐酸碱性、耐热性和化学稳定性较好,但不耐燃烧。

由于活性炭的孔径分布较广,故对同系化合物或有机异构体的选择系数较低,选择分离能力较弱。而经过严格加工的炭分子筛孔径分布较窄,孔径大小均一,能选择性地让尺寸小于孔径的分子进入微孔,而尺寸大于孔径的分子则被阻隔在微孔外,从而起到筛选分子的作用。碳分子筛的制备方法有热分解法、热收缩法、气体活化法、蒸气吸附法等。

许多组分在炭分子筛上的平衡吸附常数接近,但在常温下的扩散系数差别较大,如氧与氮的扩散系数相差 2 ~ 3 倍,乙烷与乙烯的扩散系数相差 3 倍,丙烷与丙烯的扩散系数相差 5 倍。在这种情况下,碳分子筛可以利用不同组分扩散系数的差别完成分离。在氧和氮分离过程中,当微孔孔径控制在 0.3 ~ 0.4 nm 时,氧在孔隙中的扩散速度比氮快,因而在短期间内主要吸附氧,氮则从床层中流出。相反,采用沸石分子筛作为吸附剂时,由于其表面静电场与氮分子的四极作用对氮产生强吸附,氮的吸附量比氧多,氧从床层中通过。

(8) 活性氧化铝。

活性氧化铝是由含水氧化铝加热脱水制成的一种极性吸附剂。活性氧化铝与硅胶不同,不仅含有无定形凝胶,还含有氢氧化物晶体形成的刚性骨架结构。活性氧化铝无毒、坚硬,对多数气体和蒸气稳定,在水或液体中浸泡不会软化、膨胀或破碎,具有良好的机械强度。

活性氧化铝的比表面积为 $200 \sim 300 \ m^2/g$,对水分有极强的吸附能力,主要用于气体和液体的干燥、石油气的浓缩与脱硫,同时也是常用的催化剂载体。

6.2.2　吸附剂再生

吸附剂再生是指在吸附剂本身结构不发生或极少发生变化的情况下用某种方法将吸附质从吸附剂微孔中除去,从而使吸附饱和的吸附剂能够重复使用的处理过程。常用的再生方法有:

① 加热法:利用直接燃烧的多段再生炉使吸附饱和的吸附剂干燥、炭化和活化(活化温度达 $700 \sim 10\ 000 \ ℃$)。

② 蒸气法:用水蒸气吹脱吸附剂上的低沸点吸附质。

③ 溶剂法:利用能解吸的溶剂或酸碱溶液造成吸附质的强离子化或生成盐类。

④ 臭氧化法:利用臭氧将吸附剂上吸附质强氧化分解。

⑤ 生物法:将吸附质生化或氧化分解。每次再生处理的吸附剂损失率不应超过 $5\% \sim 10\%$。

吸附剂的再生:活性炭是一种非常重要的吸附剂,活性炭的再生主要有以下几种方法:

(1) 加热再生法:在高温下,吸附质分子提高了振动能,因而易于从吸附剂活性中心点脱离;同时,被吸附的有机物在高温下能氧化分解,或以气态分子逸出,或断裂成短链,因而也降低了吸附能力。 加热再生过程分五步进行:

① 脱水:使活性炭和输送液分离。

② 干燥:加温到 $100 \sim 150 \ ℃$,将细孔中的水分蒸发出来,同时使一部分低沸点的有机物也挥发出来。

③ 碳化:加热到 $300 \sim 700 \ ℃$,高沸点的有机物由于热分解,一部分成为低沸点物质而挥发,另一部分被碳化留在活性炭细孔中。

④ 活化:加热到 $700 \sim 1\ 000 \ ℃$,使碳化后留在细孔中的残留碳与活化气体(如蒸气、CO_2、O_2 等)反应,反应产物以气态形式(CO_2、CO、H_2)逸出,达到重新造孔的目的。

⑤ 冷却:活化后的活性炭用水急剧冷却,防止氧化。

上述 ② $\sim$ ⑤ 步骤在一个多段再生炉中进行,炉内分隔成 $4 \sim 9$ 段炉床,中心轴转动时带动耙柄使活性炭自上段向下段移动。六段炉的第一、二段用于干燥,第三、四段用于碳化,第五、六段用于活化。炉内保持微氧化气氛,既供应氧化所需要的氧气,又不致使炭燃烧损失。采用这种再生炉时,排气中含有甲烷、乙烷、乙烯、焦油蒸气、二氧化硫、一氧化碳等气体,应该加以净化,防止污染大气。

(2) 化学再生法:通过化学反应,可使吸附质转化为易溶于水的物质而解吸下来。例如,处理含铬废水时,用质量分数为 $10\% \sim 20\%$ 的硫酸浸泡活性炭 $4 \sim 6 \ h$,使铬变成硫酸铬溶解出来;也可用氢氧化钠使六价铬转化成 Na_2CrO_4 溶解下来。再如,吸附苯酚的活性炭,可用氢氧化钠再生,使其以酚钠盐的形式溶于水而解吸。

化学再生法还包括使用某种溶剂将被活性炭吸附的物质解吸下来。常用的溶剂有酸、碱、苯、丙酮、甲醇等。化学氧化法也属于一种化学再生法。

(3) 生物再生法:利用微生物的作用,将被活性炭吸附的有机物氧化分解,从而可使活性炭得到再生。此法目前尚属于试验阶段。

6.3　吸附设备及其工艺

吸附分离过程包括吸附过程和解吸过程。因要处理的流体浓度、性质及要求吸附的程度不同,故吸附操作有多种形式,如接触过滤式吸附操作、固定床吸附操作、流化床吸附操作和移动床吸附操作等。根据操作方式还可分为间歇操作及连续操作。

6.3.1　固定床吸附

工业上应用最多的吸附设备是固定床吸附装置。固定床吸附装置是吸附剂堆积为固定床,流体流过吸附剂,流体中的吸附质被吸附。装吸附剂的容器一般为圆柱形,放置方式有立式(图 6.4)和卧式两种。

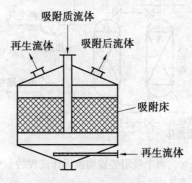

图 6.4　立式吸附器

图 6.5 所示为卧式圆柱形固定床吸附装置,容器两端通常为球形封头,容器内部支撑吸附剂的部件有支撑栅条和金属网(也可用多孔板替代栅条),若吸附剂颗粒细小,可在金属网上堆放一层粒度较大的砾石再堆放吸附剂。

在连续生产过程中,往往要求吸附过程也要连续工作,因吸附剂在工作一段时间后需要再生,为保证生产过程的连续性,通常在吸附流程中安装两台以上的吸附装置,以便脱附时切换使用。图 6.6 是两个吸附装置切换操作流程的示意图,当 A 吸附装置进行吸附时,阀 1、5 打开,阀 2、6 关闭,含吸附质流体由下方进口流入 A 吸附装置,吸附后的流体从顶部出口排出。与此同时,吸附装置 B 处于脱附再生阶段,阀 3、8 打开,阀 4、7 关闭,再生流体由加热器加热至所需温度,从顶部进入 B 吸附装置,再生流体进入吸附装置的流向与被吸附的流体流向相反,再生流体携带吸附质从 B 吸附装置底部排出。

固定床吸附装置的优点是结构简单、造价低;吸附剂磨损小;操作方便灵活;物料的返混小;分离效率高,回收效果好。其缺点是两个吸附器需不断地周期性切换;备用设备处于非

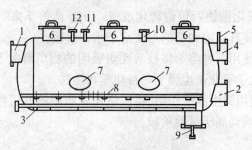

图 6.5 卧式吸附器示意图

1—含吸附质体入口;2—吸附后流体出口;3—解
吸用热流体分布管;4— 解吸流体排出口;5— 温
度计插套;6— 装吸附剂操作孔;7— 吸附剂排出
口;8— 吸附剂支撑网;9— 排空口;10— 排气管;
11— 压力计接管;12— 安全阀接管

生产状态,单位吸附剂生产能力低;传热性能较差,床层传热不均匀;当吸附剂颗粒较小时,
流体通过床层的压降较大。固定床吸附装置广泛用于工业用水的净化、气体中溶剂的回收、
气体干燥和溶剂脱水等方面。

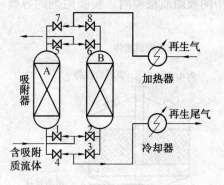

图 6.6 两个吸附装置切换操作流程的示意图

6.3.2 移动床吸附

6.3.2.1 移动床吸附操作

移动床吸附操作是指含吸附质的流体在塔内顶部与吸附剂混合,自上而下流动,流体在
与吸附剂混合流动过程中完成吸附,达到饱和的吸附剂移动到塔下部,在塔的上部同时补充
新鲜的或再生的吸附剂。移动床连续吸附分离的操作又称为超吸附。移动床吸附是连续操
作,吸附 – 再生过程在同一塔内完成,设备投资费用较少;在移动床吸附设备中,流体或固
体可以连续而均匀地移动,稳定地输入及输出,同时使流体与固体两相接触良好,不致发生
局部不均匀的现象;移动床操作方式对吸附剂要求较高,除要求吸附剂的吸附性能良好外,
还要求吸附剂应具有较高的耐冲击强度和耐磨性。

移动床连续吸附分离应用于糖液脱色、润滑油精制等过程中,特别适用于轻烃类气体混
合物的提纯。图 6.7 所示的是从甲烷、氢气混合气体中提取乙烯的移动床吸附流程。

吸附剂的流动路径是:从吸附装置底部出来的吸附剂由吸附剂气力输送管送往吸附器
顶部的料斗,然后加入吸附塔内,吸附剂从吸附塔顶部以一定的速度向下移动,在向下移动

过程中,依次经历冷却器、吸附段、第一精馏段、第二精馏段、解吸器。由吸附器底部排出的吸附剂已经过再生,可供循环使用。但是,若在活性炭吸附高级烯烃后,由于高级烯烃容易聚合,影响了活性炭的吸附性能,则需将其送往活化器中进一步活化(用400～500 ℃ 蒸气)后再继续使用。

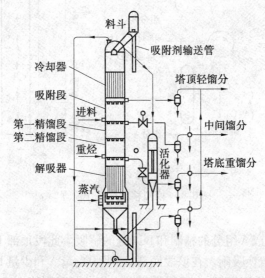

图 6.7　从甲烷、氢气混合气体中提取乙烯的移动床吸附流程

　　烃类混合气体提纯分离过程是:气体原料倒入吸附段中,与吸附剂(活性炭)逆流接触,吸附剂选择性吸附乙烯和其他重组分,未被吸附的甲烷气和氢气从塔顶排出口引到下一工段,已吸附乙烯和其他重组分的吸附剂继续向下移动,经分配器进入第一精馏段、第二精馏段,在此段内与重烃气体逆流接触,由于吸附剂对重烃的吸附能力比乙烯等组分强,已被吸附的乙烯组分被重烃组分从吸附剂中置换出来,再次成为气相,由出口进入下一工段。混合的烃类组分在吸附塔中经反复吸附和置换脱附而被提纯分离,吸附剂中的重组分含量沿吸附塔高从上至下不断增大,最后经脱附分离,回流使用。

6.3.2.2　模拟移动床的吸附操作

　　模拟移动床的操作特点是吸附塔内吸附质流体自下而上流动,吸附剂固体自上而下逆流流动。在各段塔节的进(或出)口未全部切断时间内,各段塔节如同固定床,但整个吸附塔在进(或出)口不断切换时,却是连续操作的"移动"床。模拟移动床兼具有固定床和移动床的优点,并保持吸附塔在等温下操作,便于自动控制,其原理如图 6.8(a) 所示。

　　模拟移动床由许多小段塔节组成。每一塔节均有进、出物料口,采用特制的多通道(如24 通道) 的旋转阀控制物料进和出。操作时,微机自动控制,定期(启闭)切换吸附塔的进、出料液和解吸剂的阀门,使各层料液进、出口依次连续变动与4 个主管道相连,即进料管、抽出液管、抽余液管和解吸剂管。

　　如图 6.8(b) 所示,模拟移动床一般由 4 段组成:吸附段、第一精馏段、解吸段和第二精馏段。

　　在吸附段内进行的是 A 组分的吸附。混合液从吸附塔的下部向上流动,与吸附剂(已吸附解吸剂 D) 逆流接触,A 组分与解吸剂 D 进行置换吸附(少量 B 组分也进行置换吸附),吸附段出口溶液的主要组分为 B 和 D。将吸附段出口溶液送至精馏柱中进一步分离,得到 B

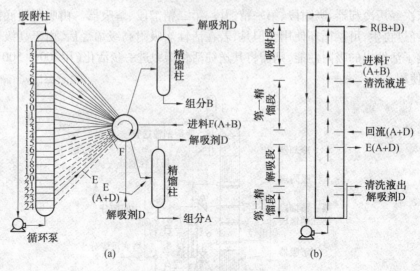

图 6.8　　模拟移动床工作原理

组分和解吸剂 D。

　　在第一精馏段内完成 A 组分的精制和 B 组分的解吸。此段顶部下降的吸附剂再与新鲜物料液接触,再次进行置换吸附。在该段底部,已吸附大量 A 和少量 B 的吸附剂与解吸段上部回流的(A + D) 流体逆流接触,由于吸附剂对 A 组分的吸附能力比对 B 组分强,故吸附剂上少量 B 组分被(A + D) 流体中浓度高的 A 组分全部置换,吸附剂上的 A 组分再次被提纯。

　　在解吸段内将吸附剂上 A 组分脱附,使吸附剂再生。在该段内,已吸附大量纯净 A 组分的吸附剂与塔底通入的新鲜热解吸剂 D 逆流接触,A 被解吸。获得的(A + D) 流体少部分上升至第一精馏段提纯 A 组分,大部分由该段出口送至精馏柱分离,得到产品 A 及解吸剂 D。

　　第二精馏段回收部分解吸剂 D。为减少解吸剂的用量,将吸附段得到的 B 组分从第二精馏段底部输入,与解吸段流入的只含解吸剂 D 的吸附剂逆流接触,B 组分和 D 组分在吸附剂上部分置换,被解吸出的 D 组分与新鲜解吸剂 D 一起进入吸附段形成连续循环操作。

　　模拟移动床最早应用于混合二甲苯的分离,后来又用于从煤油馏分中分离正烷烃以及从 C_8 芳烃中分离乙基苯等,解决了用精馏或萃取等方法难分离的混合物。

6.3.3　流化床吸附

　　流化床吸附操作是含吸附质的流体在塔内自下而上流动,吸附剂颗粒由顶部向下移动,流体的流速控制在一定的范围内,使系统处于流态化状态的吸附操作。这种吸附操作方式优点是生产能力大、吸附效果好;缺点是吸附剂颗粒磨损严重,吸附 - 再生间歇操作,操作范围窄。

　　流化 - 移动床联合吸附操作是利用流化床的优点,克服其缺点。如图 6.9 所示,流化 - 移动床将吸附、再生集于同一塔中,塔的上部为多层流化床,在此处原料与流态化的吸附剂充分接触,吸附后的吸附剂进入塔中部带有加热装置的移动床层,升温后进入塔下部的再生段。在再生段中,吸附剂与通入的惰性气体逆流接触得以再生。再生后的吸附剂流入设备底部,利用气流将其输送至塔上部循环吸附。再生后的流体可通过冷却分离,回收吸附质。流化 - 移动床联合吸附常用于混合气中溶剂的回收、脱除 CO_2 和水蒸气等场合。

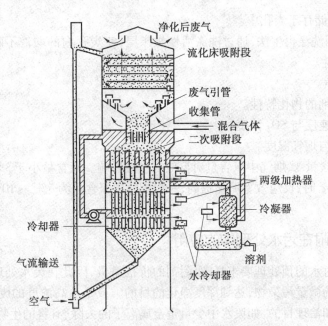

图 6.9　流化 – 移动床联合吸附分离

该操作具有连续性好、吸附效果好的特点。因为吸附在流化床中进行,再生前须加热,所以此操作存在吸附剂磨损严重、吸附剂易老化变性的问题。

6.4　吸附在环境工程中的应用

6.4.1　吸附在气态污染物控制中的应用

常用的吸附剂是活性炭、分子筛、硅胶等,下面介绍活性炭吸附法。

(1)活性炭吸附脱硫的特点。

活性炭吸附脱硫最早出现于 19 世纪下半叶,20 世纪 70 年代后期日本、德国、美国得到工业应用。其代表法有月立法、住友法、鲁奇法、BF 法及 Reinluft 法等。发展趋势:由电厂到石油化工、硫酸及肥料工业等领域。能否应用该方法的关键问题如下:

① 解决副产物稀硫酸的应用市场。

② 提高活性炭的吸附性能。

活性炭脱硫的主要特点:

① 过程比较简单,再生过程中副反应很少。

② 吸附容量有限,常需在低气速($0.3 \sim 1$ m/s)下进行,因而吸附器体积较大。

③ 活性炭易被废气中 O_2 氧化而导致损耗。

④ 长期使用后,活性会产生磨损,并因微孔堵塞丧失活性。

(2)原理。

① 脱硫。

步骤:SO_2、O_2 通过扩散传质从排烟中到达炭表面,穿过界面后继续向微孔通道内扩散,直至被内表面活性催化点吸附;被吸附的 SO_2 进一步催化氧化成 SO_3,再经过水合稀释形成一定浓度的硫酸,储存于炭孔中。

②再生:采用洗涤再生法,通过洗涤活性炭床层,使炭孔内的酸液不断排出炭层,从而恢复炭的催化活性。

（3）影响因素。

①脱硫催化剂的物化特性。

②烟气空床速度与 SO_2 浓度。

③床层温度与烟气湿度。

④烟气中氧含量。烟气中氧含量对反应有直接影响。氧含量小于 3% 时,反应效率下降;氧含量大于 5% 时,反应效率明显提高;一般烟气中氧含量为 5% ~ 10%,能够满足脱硫反应要求。

6.4.2　吸附在污水处理中的应用

由于吸附法对水的预处理要求高,吸附剂的价格昂贵,因此在废水处理中,吸附法主要用来去除废水中的微量污染物,达到深度净化的目的。或是从高浓度的废水中吸附某些物质达到资源回收和治理目的,如废水中少量重金属离子的去除、有害的生物难降解有机物的去除、脱色除臭等。

6.4.2.1　吸附法除汞

（1）水体中汞污染物的来源。

汞在天然水中的质量浓度为 0.03 ~ 2.8 μg/L。水中汞污染物的来源可追溯到含汞矿物的开采、冶炼、各种汞化合物的生产和应用领域。因此在冶金、化工、化学制药、仪表制造、电气、木材加工、造纸、油漆颜料、纺织、鞣革、炸药等工业的含汞生产废水都可能是环境水体中汞的污染源。

（2）含汞废水治理方法

对含汞废水可能有很多种可供选择的处理方法。这些方法的有效性和经济性取决于汞在废水中的化学形态、初浓度、其他存在组分的性质和含量、处理深度等因素。常用的处理方法有沉淀法、离子交换法、吸附法、混凝法以及将离子态汞还原为元素态后再过滤的方法。其中离子交换法、铁盐或铝盐混凝法和活性炭吸附法都可使废水中含汞量降到小于 0.01 mg/L 水平;硫化法沉淀配以混凝法可使废水含汞量达到 0.01 ~ 0.02 mg/L 水平;还原法一般只用于少量废水处理,最终流出液中含汞量可达到相当低的水平。

吸附法处理含汞废水,最常用吸附剂是活性炭。其有效性取决于废水中汞的初始形态和浓度、吸附剂用量、处理时间等。增大用量和增长时间有利于提高对有机汞和无机汞的去除效率。一般有机汞的去除率优于无机汞。某些浓度颇高的含汞废水经活性炭吸附处理后,去除率可达85% ~ 99%,但对含汞浓度较低的废水,虽处理后流出液中含汞水平已相当低,但去除率却很小。

除了以活性炭作为吸附剂外,近来还常用一些具有强螯合能力的天然高分子化合物来吸附处理含汞废水,如用腐殖酸含量高的风化烟煤和造纸废液制成的吸附剂;又如用甲壳素(是甲壳类动物外壳中提取加工得到的聚氨基葡萄糖),经再加工制得的名为 Chitosan 的高分子化合物,也可作为含汞废水处理的吸附剂。

6.4.2.2　印染废水的深度处理

（1）国内印染企业现状。

我国单个企业规模小，区域内数量大，一个镇印染废水排放量每天 1～10 万 t，最大一天 30 万 t，一个县级市每天印染废水达 60 万 t。如此大的污水排放量自然造成的污染也就非常严重。我国的印染废水产生如此之大，主要有两个原因：第一，我国由于使用低档棉较多，杂质多，需多次冲洗，因此废水量大、COD 高、pH 高；第二，环保管理落后，工艺相对落后。

印染废水造成的太湖污染如图 6.10 所示。

图 6.10　印染废水污染的太湖

（2）印染废水处理方法。

① 生物方法：利用微生物新陈代谢作用去除废水中的有机物。

② 化学方法：基于胶体化学理论，采用混凝手段。

③ 物理方法：天然矿物质多孔材料吸附和膜分离技术。

（3）吸附法处理印染废水。

在物理方法中吸附脱色用得最多，即利用多孔性的固体介质，将染料分子吸附在其表面，从而达到脱色的效果。吸附剂包括再生吸附剂如活性炭、离子交换纤维和不可再生吸附剂如各种天然矿物（膨润土、硅藻土）、工业废料（煤渣、粉煤灰）及天然废料（木炭、锯屑）等。这种方法是将活性炭、黏土等多孔物质的粉末或颗粒与废水混合，或让废水通过其颗粒状物质组成的滤床，使废水中的污染物质被吸附在多孔物质表面上或被过滤而除去。

思考题

1. 固体表面吸附力有哪些？常用的吸附剂有哪些？

2. 气、液相传质系数与总传质系数的关系是什么？如何判定吸附过程是受外部扩散（液膜或气膜）控制的？

3. 依据吸附结合力来说明为什么不同的吸附剂要用不同的解吸方法再生？

4. 固定床吸附装置有什么特点？它能用于水的深度处理吗？

5. 说明移动床的特点及吸附分离提纯的工作原理。

6. 用于环境保护的新型吸附剂有哪些？生物吸附剂可吸附哪些物质？

参考文献

[1] 张自杰. 排水工程[M]. 下册. 北京:中国建筑工业出版社,2000.

[2] 王宝贞. 水污染控制工程[M]. 北京:高等教育出版社,1990.

[3] 崔鹏,魏凤玉. 化工原理[M]. 合肥:合肥工业大学出版社,2003.

[4] 赵文,玉晓红,唐继国,等. 化工原理[M]. 东营:石油大学出版社,2001.

[5] 昌友权. 化工原理[M]. 北京:中国计量出版社,2006.

[6] 陈礼,余华明. 流体力学及泵与风机[M]. 北京:高等教育出版社,2007.

[7] 李凤华,于士君. 化工原理[M]. 大连:大连理工大学出版社,2004.

[8] 张言文. 化工原理60讲[M]. 北京:中国轻工业出版社,1997.

[9] 钟秦,王娟,陈迁乔,等. 化工原理[M]. 北京:国防工业出版社,2001.

[10] 于震江,傅振英. 化工原理基础理论——流体流动[M]. 徐州:中国矿业大学出版社,
    1990.

[11] 汪楠,陈桂珍. 工程流体力学[M]. 北京:石油工业出版社,2006.

[12] 毛根海. 应用流体力学[M]. 北京:高等教育出版社,2006.

[13] 余志豪,苗曼倩,蒋全荣,等. 流体力学[M]. 3版. 北京:气象出版社,2007.

[14] 周晓四. 重力选矿技术[M]. 北京:冶金工业出版社,2006.

[15] (丹)霍夫曼,(美)斯坦因. 旋风分离器(原理设计和工程应用)[M]. 彭维明,姬忠礼,
    译. 北京:化学工业出版社,2004.

[16] 杨世铭,陶文铨. 传热学[M]. 4版. 北京:高等教育出版社,2006.

[17] (日)田中良修. 离膜技术及应用[M]. 葛道才,任庆春,译. 北京:化学工业出版社,
    2010.